建筑装饰专业系列教材

建筑装饰工程定额与预算

侯国华　主编

天 津 科 学 技 术 出 版 社

内 容 提 要

本书系“建筑装饰专业系列教材”之一。

本书分上、下两篇，共计13章。上篇——建筑装饰工程定额，包括5章：(1) 建筑装饰工程定额概述；(2) 施工定额；(3) 建筑装饰工程预算定额；(4) 建筑装饰工程预算定额基价的确定；(5) 建筑装饰工程概算定额及概算指标。下篇——建筑装饰工程预算，包括8章：(6) 建筑装饰工程概(预) 算概论；(7) 建筑装饰工程工程量的计算；(8) 建筑装饰工程用料的计算；(9) 建筑装饰工程施工图预算编制与实例；(10) 建筑装饰工程概算；(11) 建筑装饰工程施工预算；(12) 建筑装饰工程竣工结算与决算；(13) 建筑装饰工程投标报价。此外，还包括15个附录。

本书具有体系完备、结构新颖、内容翔实、语言精练、重点突出、图文并茂、实用性强、适用面广等特点。

本书系高等院校、中等职业技术学校建筑装饰专业通用教材，同时适用于室内装饰、室内设计、装饰装潢、广告装潢、美术装潢等专业。此外，还可作为建筑装饰企业岗位培训教材和有关人员的自学用书。

图书在版编目(CIP)数据

建筑装饰工程定额与预算 / 侯国华主编. - 天津:天津科学技术出版社,1997.7(2003.1重印)
建筑装饰专业系列教材
ISBN 7-5308-2343-4

Ⅰ.建… Ⅱ.侯… Ⅲ.①建筑装饰-建筑预算定额-教材 Ⅳ.TU767

中国版本图书馆CIP数据核字(2000)第12968号

责任编辑:刘万年
责任印制:张军利

天津科学技术出版社出版
出版人:王树泽
天津市张自忠路189号 邮编300020 电话(022)27306314
天津新华印刷二厂印刷
新华书店天津发行所发行

*

开本787×1092 1/16 印张16.75 字数393 000
1997年7月第1版
2003年1月第6次印刷
印数:26 501-29 500
定价:26.50元

建筑装饰专业系列教材编委会

序

当前，随着我国改革开放的进一步深入和社会主义市场经济的迅猛发展，全国各地城乡建设速度正在日益加快，建筑装饰业作为一个新兴行业正在大江南北、长城内外蓬勃发展。然而，近几年来我国的建筑装饰专业技术人才却又供不应求。这就需要加快对建筑装饰专业技术人才的教育和培养。正因为如此，全国各地很多高等院校、中专学校、技工学校乃至职业中学等，先后都已设置了建筑装饰专业或室内装饰、室内设计、装饰装潢、美术装潢等专业；建筑装饰企业岗位培训班，也在全国各地普遍开办。

然而，迄今为止，全国尚没有一套系统的建筑装饰专业系列教材。这无疑会给各院校建筑装饰专业的教学工作带来许多困难，同时也在很大程度上影响和制约了该专业教学质量的提高。

鉴于此，我们特组织东南大学、南京建筑工程学院、南京经济学院、中国矿业大学、福建建筑高等专科学校、河南城建高等专科学校、广州市建筑总公司职工大学等高等院校和河北省石家庄城建学校，以及上海、天津、重庆、山东、江苏、浙江、山西、辽宁、湖北、四川、甘肃、青海等省、市城市（乡）建设学校、建筑工程学校（技校）等单位的有关专家、学者，根据多年来的教学经验、实践经验和科研成果，共同编写了这一套建筑装饰专业系列教材。

本套建筑装饰专业系列教材，共计12种：(1)《美术》；(2)《构成》；(3)《建筑绘画》；(4)《建筑物理》；(5)《建筑设备》；(6)《民用建筑构造与设计》；(7)《建筑装饰材料》；(8)《建筑装饰构造》；(9)《建筑装饰设计》；(10)《建筑装饰施工技术》；(11)《建筑装饰工程定额与预算》；(12)《建筑装饰施工组织与管理》。其中，前5种为基础课，后7种为专业课。

本套建筑装饰专业系列教材，是根据中华人民共和国建设部人事教育劳动司颁布的《普通中等专业学校建筑装饰专业教学计划》、《普通中等专业学校建筑装饰专业教学大纲》，以及东南大学、南京建筑工程学院、南京经济学院、中国矿业大学、福建建筑高等专科学校、河南城建高等专科学校、广州市建筑职工大学等高等院校的建筑装饰专业或相关专业的教学计划和教学大纲，历时3年编写而成的。

本套建筑装饰专业系列教材在编写过程中，坚持理论与实践相结合、国外与国内相结合、目前与将来相结合、各书的内容与观点相统一、高等院校和中等职业技术学校两个层次相兼顾的原则，融建筑装饰新材料、新技术、新工艺、新规范、新成果于一体，因而具有体系完备、结构新颖、语言精练、内容翔实、图文并茂、深入浅出、系统性强、可操作性强、适用面广等特点。

本套建筑装饰专业系列教材，共有彩色插图300幅、黑白插图4000余幅。

本套建筑装饰专业系列教材，可作为高等院校、中等职业技术学校建筑装饰专业通用教材，同时亦适用于室内装饰、室内设计、装饰装潢、广告装潢、美术装潢等专业。此外，还可作为建筑装饰企业岗位培训教材和有关人员的自学用书。

组织编写本套建筑装饰专业系列教材，是一项十分复杂的系统工程。为了编好本套建筑装饰专业系列教材，我们先后于南京、石家庄和枣庄等地多次召开了规模不一的编委会，认真讨论，反复磋商，广泛听取各方面的意见。

本套建筑装饰专业系列教材，由陆现柱同志总纂定稿；黑白插图，由沈印国同志负责绘制。

本套建筑装饰专业系列教材在编写过程中，承蒙编委会成员所在院校、各书作者所在院校，以及天津科学技术出版社、山东省枣庄市长城文化出版实业公司等单位的大力支持；参考了大量的国内外有关专家、学者的著作，吸收和借鉴了许多最新科研成果，限于篇幅，恕未一一标注；各书作者以及一些有关人员付出了大量的辛勤劳动。在此，我们一并深表衷心的感谢！

尽管我们做出了很多努力，但是由于水平所限，本套建筑装饰专业系列教材可能还会有一些错误或不足之处，敬请有关专家、学者和广大读者多予批评指正，以便再版时修订完善！

建筑装饰专业系列教材编委会

1997年4月

前　言

随着建筑装饰业的蓬勃发展，规范、准确地确定建筑装饰工程的造价，在我国社会主义市场经济体制下，具有越来越重要的作用。它直接影响着建筑装饰企业的经济效益和社会效益。因此，建筑装饰工程定额与预算是建筑装饰工程专业技术人员面临的一个新课题。

本书作为“建筑装饰专业系列教材”之一，是为了满足《建筑装饰工程定额与预算》课程的教学需要而编写的。本书分上、下两篇，共计13章。上篇——建筑装饰工程定额，包括5章：(1) 建筑装饰工程定额概述；(2) 施工定额；(3) 建筑装饰工程预算定额；(4) 建筑装饰工程预算定额基价的确定；(5) 建筑装饰工程概算定额及概算指标。下篇——建筑装饰工程预算，包括8章：(6) 建筑装饰工程概（预）算概论；(7) 建筑装饰工程工程量的计算；(8) 建筑装饰工程用料的计算；(9) 建筑装饰工程施工图预算编制与实例；(10) 建筑装饰工程概算；(11) 建筑装饰工程施工预算；(12) 建筑装饰工程竣工结算与决算；(13) 建筑装饰工程投标报价。此外，还包括15个附录。

本书力求语言精炼、通俗易懂、系统性强、可操作性强。本书通过对建筑装饰工程定额和概（预）算编制方法的系统介绍，使读者能够掌握正确计算建筑装饰工程造价的方法。

本书以国家新颁布的《全国统一建筑装饰工程预算定额》、《全国室内装饰工程预算定额》以及部分地区的建筑装饰工程预算定额为基础，集百家之长，理论紧密联系实际。

参加本书编写的人员有：侯国华、阎明光、郑遵洋。本书由侯国华担任主编。

本书在编写过程中，参考了许多书籍和资料。在此，一并深表衷心的感谢！

由于编者水平所限，加之时间仓促，书中错误或不足之处在所难免，恳请有关专家、学者和广大读者批评指正，以便再版时修订完善！

编　者

1997年2月

目　录

下篇 建筑装饰工程预算

绪　论

一、《建筑装饰工程定额与预算》的研究对象和任务

《建筑装饰工程定额与预算》是建筑装饰专业中的一门专业课，是建筑装饰企业进行现代科学管理的基础。它主要研究建筑装饰工程产品生产和消耗之间的定量关系。即从研究完成一定建筑装饰工程产品的生产消耗数量的规律着手，合理地确定单位建筑装饰工程产品的消耗数量标准（定额）和建筑装饰工程产品的计划价格（预算），并在此基础上加强建筑装饰企业管理和经济核算，把装饰工程施工过程中投入的巨大人力、物力和财力，科学、合理地组织起来，在确保安全施工的前提下，以最少的人力、物力和财力消耗，生产（施工）出数量更多、质量更好的建筑装饰工程产品。

建筑装饰工程施工中的消耗，虽然受诸多因素的影响，但在一定生产力水平条件下，生产一定质量合格的建筑装饰工程产品与消耗的人力、物力和财力之间，必然存在着一种以质量为基础的定量关系。这就是建筑装饰工程定额。例如，镶贴 $1m^2$ 的锦砖（马赛克）面层，在面层厚度和打底厚度一定的条件下，一般来说所需锦砖的面积和砂浆的体积是固定的；在工人的技术水平、劳动强度和生产条件相同的情况下，所需的劳动量、机械消耗也应该是固定不变的。

研究建筑装饰工程产品的生产消耗，无论在理论还是在实践上，都具有十分重要的意义。

目前，我国建筑装饰水平已有显著提高，建筑装饰工程费用正在不断增加。据有关资料介绍，在建筑安装工程费用中，结构、安装和装饰工程的费用比例，过去是 5∶3∶2，现在已变为 3∶3∶4。国家重点建筑工程、高级饭店（宾馆）、涉外工程等建筑装饰工程费用，已占总投资的 50％左右。特别是豪华建筑，其中的建筑装饰工程费用，已远远超过总投资的 50％。在一些装饰用品中，一件进口灯具或名贵家具，就要几万元人民币。一座高级宾馆所需的装饰材料，多达四五千种。随着科学技术的进步，新材料、新设备和新工艺的不断出现，建筑装饰工程费用还将不断提高。有关专家预测，在今后几年中，我国建筑装饰施工费用每年将达人民币 150～170 亿元。其中，属于商业饮食服务、娱乐场所的为 30 亿元；文化、卫生、教育和办公用房的为 25 亿元；用于居民家庭装饰的为 60～80 亿元。

不仅如此，由于我国人民的文化素质正在不断提高，物质生活条件也在逐步改善，因而人们对自己生活环境中美的要求，已愈来愈强烈。目前，建筑装饰工程的内容，已开始在家庭中体现出来；新房的装饰水平普遍提高，原有住房重新装饰的比例越来越大；经济条件充裕的家庭，在乔迁和新婚用房上，都要进行不同程度的装饰，费用少则上千元，多

达上万元；室内装饰正在逐渐变成家庭投资的热点。从全国来看，不仅在城市，就是在广大的农村，住房建筑的室内外装饰也开始使用彩色水刷石、水磨石、涂料、壁纸和大理石等高级建筑装饰材料，并进行新颖的设计和精细的施工。

因此，为了更好地满足人们日益增长的物质和文化生活需要，迫切要求我国建筑装饰企业，要不断改善经营管理，进一步降低建筑装饰工程产品的生产消耗和成本费用，节约资金，提高经济效益。这是建筑装饰工程管理中的主要任务，也是《建筑装饰工程定额与预算》的主要任务。

建筑装饰工程产品的计划价格，就是建筑装饰工程概（预）算。它主要以货币指标的形式，来研究、确定某一建筑装饰工程的预算造价。建筑装饰工程概（预）算不正确，就会造成经济混乱，就会影响工程建设计划的准确性和财政开支的合理性，以及建筑装饰企业经济收入和工程成本分析的正确性。

建筑装饰工程定额与建筑装饰工程概（预）算之间，既有联系，又有区别。

建筑装饰工程定额与概（预）算的联系，主要体现在：建筑装饰工程施工定额、预算定额、概算定额、间接费定额、其它工程和费用定额等，是编制建筑装饰工程施工预算、施工图预算和工程概算的主要依据；而建筑装饰工程概（预）算的编制和执行情况，则能检查建筑装饰工程定额的编制质量、定额水平以及简明适用性等问题，并为修订定额提供必要的资料。

建筑装饰工程定额与概（预）算的区别，主要体现在：建筑装饰工程定额一般是以建筑装饰工程中的各个组成部分作为研究对象，通过一定的形式规定出各种人工、材料和机械台班消耗的数量标准；建筑装饰工程概（预）算，则是把某一建设项目、单项工程或单位工程作为研究对象，以货币指标形式来确定其计划价格。

二、《建筑装饰工程定额与预算》与其它学科的关系

《建筑装饰工程定额与预算》是一门技术性、专业性和综合性很强的专业课。它是建筑装饰企业进行经济核算、考核工程成本，对工程建设投资进行分配管理和监督的依据。它涉及到《建筑识图》、《民用建筑构造与设计》、《建筑装饰施工技术》、《建筑装饰材料》、《建筑装饰构造》、《建筑装饰设计》、《建筑装饰施工组织与管理》以及其它工程技术课程等有关知识。因此，要学好这门课，必须与上述有关课程结合起来。

三、《建筑装饰工程定额与预算》的学习方法

由于《建筑装饰工程定额与预算》课程的课堂学时数较少，而且牵涉的内容又很多，因此在授课时要贯彻“少而精”的原则，同时要注意以下几个问题：

（1）本课的教学内容具有很强的地区性，必须使学生了解本地区各种建筑工程定额。授课时要注意地区的特点，使本地区的有关规定与教材有关部分结合起来。

（2）在编制建筑装饰工程施工图预算时，各项费用计取程序要结合本地区规定的计取程序和费率计算。

（3）在套定额时，要注意定额的调整和换算方法。要理论联系实际，避免教条主义的生搬硬套。

上　篇

建筑装饰工程定额

第一章

建筑装饰工程定额概述

第一节　建筑装饰工程定额的概念及作用

一、建筑装饰工程定额的概念

为了完成建筑装饰产品的生产，就必须消耗一定数量的劳动力、材料、机械台班和资金。这些人力、物力和资金的消耗，是随着生产条件的变化而变化的。因此，规定产品生产中的各消耗因素，应该反映出一定时期的社会劳动生产率水平。

建筑装饰工程定额，是指在一定的施工技术与建筑艺术综合创作条件下，为生产该项装饰工程质量合格的产品，消耗在单位装饰基本构造要素上的人工、机械和材料的数量标准与费用额度。这里说的基本构造要素，就是通常所说的分项装饰工程或装饰结构构件。

以楼地面装饰工程作为一个分部工程为例，该分部工程中的找平层、整体面层、块料面层及面饰，就是该分部装饰工程中的分项工程。

分项工程往往还可按照不同结构部位的结构构件及不同的装饰工艺，细分为若干项。例如，“块料面层及面饰”这一分项工程，又可分为大理石、花岗岩、预制水磨石、彩釉砖、水泥花砖等项，详见1993年颁布的《全国统一建筑装饰工程预算定额》。

各类建筑安装工程概预算定额，按工程基本构造要素规定的人工、材料、机械的消耗量，主要是为了满足编制各类工程概预算的需要。建筑装饰工程定额不仅规定了数据，而且还规定了工作内容、质量和安全要求。

在建筑装饰企业的生产活动中，应力求用最少的人力、物力和财力，生产出更多、更好的建筑装饰产品，获得最佳的经济效益。

随着生产的发展和先进技术的采用，必须制定出符合新的生产条件的新定额，以满足指导与组织生产的需要。

二、建筑装饰工程定额的性质

建筑装饰工程定额是建筑工程定额的组成部分。它涉及建筑装饰技术、建筑艺术创作，也与建筑装饰施工企业（公司）的内部管理，以及建筑装饰工程造价的确定关系密切。因此，建筑装饰定额具有以下几个性质：

（一）科学性

装饰工程定额是装饰工程进入科学管理阶段的产物。随着改革开放和科技进步，装饰工程定额在借鉴各类工程定额科学管理的基础上，不断地吸取了现代定额管理的最先进的管理成果，为正确地反映装饰工程造价和所需活劳动与物化劳动的消耗量、促进装饰工程质量的不断提高，提供了科学依据和手段。装饰工程定额是在认真研究市场经济规律的基础上，在运用现代科学技术方法的同时，特别注意了市场经济条件下的价值规律、供求规律和时间节约规律，以及对装饰商品的客观要求，为定额的测定和编制提供了科学的理论依据。装饰工程定额是以现阶段装饰施工的劳动生产率为前提，根据广泛收集到的技术测定资料，经过科学的分析、研究、论证后制定出的，为准确地确定装饰定额水平和人工、材料、机械等各项定额指标提供了科学依据。

（二）法规性和强制性

装饰工程定额的法规性，是指国家为适应市场经济体制下确定装饰工程造价的需要，授权工程建设管理部门负责编制技术经济法规性质的装饰工程定额。任何单位或个人只要在其规定的执行范围内，都应严格认真地贯彻执行。既然装饰定额具有法规性，也就具有了强制性的特点。强制性反映了在定额执行中的一种刚性约束，从某种意义上说也是法制经济的一种严肃性。

装饰工程定额的法规性和强制性的客观基础是定额的科学性，具有科学性的定额才具有法规性和强制性。因此，必须强化作为装饰工程造价基础和依据的定额管理，对擅自修改定额指标和高估冒算、不顾装饰质量、偷工减料和以次充好的做法，无论任何人都应追究其法律责任。需要说明的是，定额的强制性也不是绝对的。在市场竞争中，为了维护交易双方的合法权益，尽管装饰工程定额具有法规性和强制性，但在供求规律的作用下，允许买方“货比三家”，也允许卖方在保证装饰质量的前提下，降低取费标准和装饰工程成本。装饰工程定额的法规性和强制性，不过是工程建设管理部门为调控和引导装饰市场计价和保证装饰工程质量及安全，使其用工用料达到合理消耗水平标准的一种量的规定和限制，是规范化市场交易准则的一种客观要求，而不是对双方合法交易行为的限制，更不是对生产力发展的限制。

（三）统一性和时效性

装饰工程定额的统一性和时效性，主要表现在国家对建筑装饰工程定额的管理，由行政职能向宏观调控职能转换的客观需要上。在市场经济条件下的装饰定额，除要发挥作为微观管理和计价的基础、手段外，尚需借助定额实物消耗量指标、价格参数，对装饰工程造价和建筑市场的范围做到消耗有标准、计价有依据。只有统一尺度，才能实现上述职能的转换，才能利用定额的统一性对项目装饰决策、装饰设计和装饰工程招标、投标进行比较和引导。

装饰工程定额的统一性与装饰工程本身的资金投入巨大和装饰产品的艺术性、民族性有关。因此，它的统一性还表现在既要有全国统一的装饰定额，也应有地区统一和部门统一的装饰定额。这样来理解定额的统一性，也是市场经济规律对各具特色的装饰工程的客观要求。

在通常情况下，任何一种定额的科学性、法规性与统一性都表现出一种相对的稳定性。随着劳动生产率的不断提高和依据定额进行估价的时效性，定额本身不可能一成不变地反映已经变化了的劳动价值消耗量。所以，装饰工程定额在具有相对稳定的统一性的同时，也就具有了明显的时效性。当装饰工程定额在市场经济中不再起到应有的作用，不再具有科学性、法规性的时候，也就丧失了统一性和时效性，重新编制或修订原有定额也就成了一种客观需要。

总之，建筑装饰工程定额的上述性质，是互为条件、互相制约的，具有整体性。可以说，定额的科学性是定额具有法规性和强制性的客观依据；而定额的法规性和强制性，又是得以规范市场交易行为和国家进行宏观调控的保证；定额的统一性和时效性，则是定额得以贯彻、执行的前提条件。

三、建筑装饰工程定额的作用

在以市场价格为主的价格机制中，建筑装饰工程定额具有以下几方面的作用：

（一）建筑装饰工程定额是编制、确定装饰工程造价及编制招标标底和投标报价的基础

任何一个建筑装饰工程造价（即价格）的确定，均需通过编制装饰工程概预算的方法来计算。建筑装饰工程定额特别是建筑装饰工程概预算定额，在确定和控制装饰工程造价中起着特殊的作用。装饰工程定额的特点，决定了在装饰设计规定的条件下，装饰工程活劳动与物化劳动消耗量的控制，是依据概预算定额中规定的量进行计算的。在量的规定的基础上，再换算成以货币指标表现的价。显然，装饰工程定额可以起着编制、确定装饰工程造价的作用。此外，在市场价格机制运行中，装饰工程招标标底的编制和投标报价，都要以建筑装饰工程定额为基础。装饰工程定额在招投标中，同样起着控制劳动消耗和装饰工程价格水平的作用。

（二）建筑装饰工程定额是对装饰工程设计进行经济比较的依据

装饰设计在建筑设计中占有愈来愈重要的地位。装饰工程设计在注意装饰美观、舒适、安全和方便的同时，更要讲究经济效果。这就要求设计人员在装饰设计中，必须进行多方案比较，对选择的新材料、新工艺在不影响装饰功能、效果的前提下，借助于装饰工程定额进行技术经济分析和比较，通过分析比较才有可能把握不同的设计方案中人工、材料、机械等消耗量对装饰造价的影响。因此，依据装饰工程定额对装饰创作进行技术经济比较，从经济角度考虑装饰设计效果最佳并且经济合理，是优化选择装饰设计方案的最佳途径。

（三）建筑装饰工程定额是编制装饰工程施工组织设计的依据

为了更好地组织和管理装饰工程施工生产，保证装饰工程施工得以顺利进行，必须编制装饰工程施工组织设计。根据装饰工程定额规定的各种消耗量指标，能较精确地计算出拟装饰部位所需要的人工、材料、机械、水电资源需要量，科学安排相应的施工方法和技术组织措施，以便为有计划的组织装饰材料供应，平衡劳动力与机械调配，安排合理的装饰施工进度，提供可靠的计算依据。

（四）建筑装饰工程定额是装饰工程申请商业银行贷款和签定施工合同的依据

在建设资金短缺的情况下，向商业银行等金融机构申请装饰工程贷款时，必须以装饰

工程定额及其编制的装饰工程造价为依据，经审查后方可贷款。此外，装饰工程承包双方，在商品交易中按照法定程序签定装饰工程施工合同时，为明确双方的权利与义务，其合同条款的主要内容、结算方式和当事人的法律行为，也必须以装饰定额的有关规定，作为合同执行的依据。

（五）建筑装饰工程定额，是建筑装饰企业进行成本分析的依据

在以市场价格为导向的商品交换中，加强经济核算，进行装饰成本分析，是作为独立的经济实体的建筑装饰企业自主定价、自负盈亏的重要前提。因此，建筑装饰企业必须按照装饰工程定额提供的各种消耗量，确定社会平均成本及生产价格，并结合本企业装饰成本的现状，作出客观分析，以便找出活劳动与物化劳动的薄弱环节及其造成的原因，便于装饰预算成本与实际成本对照比较、分析，从而改进管理，提高劳动生产率和降低成本消耗。这样，企业才能在市场价格竞争中具有较强的应变能力，进而促使企业以最少的耗费取得最佳的经济效益。

第二节　建筑装饰工程定额的分类

在建设活动中所使用的定额种类较多，我国已形成工程建设定额管理体系。建筑装饰工程定额，是工程建设定额体系的重要组成部分。就建筑装饰工程定额而言，不同的分类方法有不同的名称。为了对建筑装饰工程定额从概念上有一个全面的了解，按其内容、形式、用途和适用范围，可大致分为以下几类。

一、根据生产要素的不同分

根据其生产要素的不同，建筑装饰工程定额可分为劳动消耗定额、材料消耗定额和机械台班消耗定额。这是最基本的分类，因为它直接反映出生产某项单位合格产品所必须具备的基本因素。

二、根据用途的不同分

根据其用途的不同，建筑装饰工程定额可分为装饰施工定额、装饰预算定额、装饰概算定额及装饰概算指标等。这种分类方法所归纳出的各类定额，其内容都包括按生产要素分类的各种定额。

三、根据主编单位和执行范围的不同分

根据主编单位和执行范围的不同，建筑装饰工程定额可分为全国统一定额、主管部门定额、地方统一定额和企业定额等。

四、根据费用性质的不同分

根据费用性质的不同，建筑装饰工程定额可分为装饰工程直接费定额、装饰工程间接费定额等。

建筑装饰工程定额分类，详见图 1—1。

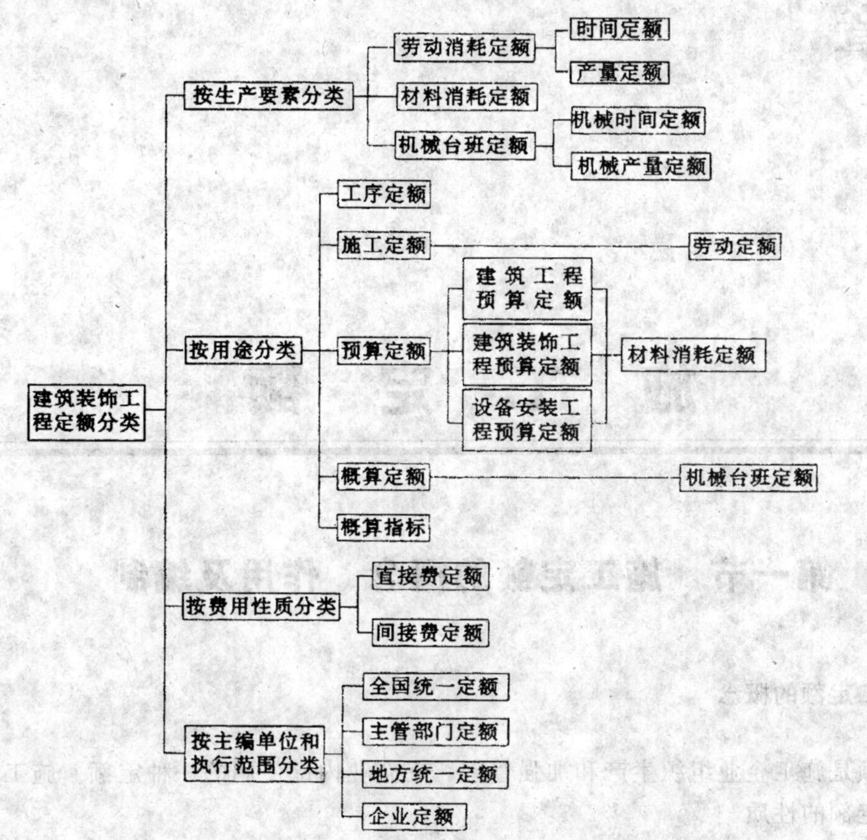

图 1—1 建筑装饰工程定额的分类

复习思考题

1. 什么是建筑装饰工程定额？
2. 建筑装饰工程定额有哪些性质？
3. 建筑装饰工程定额有何作用？
4. 建筑装饰工程定额是怎样分类的？

第二章

施 工 定 额

第一节　施工定额的概念、作用及编制

一、施工定额的概念

施工定额是施工企业组织生产和加强管理，在企业内部使用的一种定额。施工定额属于企业生产定额的性质。

施工定额，是指以同一性质的施工过程为测定对象，规定在正常生产条件下，完成单位分项工程（或施工过程）所需消耗的人工、材料和机械台班的限额标准数值。

施工定额是地区专业主管部门和企业的有关职能机构，根据专业施工的特点规定出来并按一定程序颁发执行的。它反映了制定和颁发施工定额的机构和企业，对工人劳动成果的要求，同时也是衡量施工企业劳动生产率水平和管理水平的标准。

施工定额由劳动定额、材料消耗定额和机械台班消耗定额三个相对独立的部分组成。为了适应组织施工生产和管理的需要，施工定额的项目划分很细，是建筑工程定额中分项最细、定额子目最多的一种定额，也是建筑工程定额中的基础性定额。

在预算定额的编制过程中，施工定额的劳动、材料、机械消耗的数量标准，是计算预算定额中劳动、材料、机械消耗数量标准的重要依据。

目前，全国尚无统一的施工定额。原城乡建设环境保护部于1985年颁发的《全国建筑安装工程统一劳动定额》，是具有施工定额性质的单项定额。各地区（企业）在此定额的基础上，结合现行的建筑材料消耗定额、工程质量标准、安全操作规程及本施工企业的机械配备、施工条件、施工技术水平，并参考有关工程的历史资料，进行调整、补充而编制出本地区、本企业或本工程范围内使用的单项消耗定额。

二、施工定额的作用

施工定额的作用，主要表现在合理组织施工生产和按劳分配两个方面。

认真执行施工定额，正确地发挥施工定额在施工管理中的作用，对于促进施工企业的

发展，具有十分重要的意义。

（一）施工定额是施工企业编制施工组织设计和制定施工作业计划的依据

装饰施工企业利用施工组织设计，全面安排和指导施工生产，以确保生产顺利进行。企业编制施工组织设计，大致确定三部分内容：确定装饰工程所需的材料等的用量；拟定这些材料使用的最佳时间；进行施工规划。显然，要确定出装饰工程所需的人工、材料、机械等的数量，必须借助于现行的施工定额。施工作业计划是施工企业进行计划管理的重要环节，它能对施工中劳动力的需要量和施工机械的使用进行平衡，同时又能计算材料的需要量和实物工程量等。而要进行这些工作，都需要以施工定额为依据。

（二）施工定额是衡量企业工人劳动生产率的依据，也是提高劳动生产率的前提条件

装饰施工定额中的劳动定额是衡量和分析施工工人劳动生产率的主要尺度。企业可以通过施工定额来衡量每一个工人在生产劳动中的成绩，奖勤罚懒，调动劳动者的积极性和创造性，促使他们超额完成定额水平要求的合格产品数量，不断提高劳动生产率。

（三）施工定额是编制施工预算的主要依据，也是加强企业成本核算和实现施工投标承包制的基础

根据装饰施工定额编制的施工预算，是装饰施工企业用来确定单位装饰工程产品上的人工、机械、材料以及资金等所消耗量的一种计划性文件。运用施工预算，企业可以有效地控制在生产中消耗的人力、物力，达到控制成本、降低费用开支的目的。同时，企业可以运用施工定额进行成本核算，挖掘企业潜力，提高劳动生产率，降低成本，在招投标竞争中提高竞争力。

（四）施工定额是编制预算定额和单位估价表的基础

装饰工程预算定额是以装饰施工定额为基础的，这样就使预算定额符合现实的施工生产和经营管理的要求，进而使施工生产中所耗费的人力、物力能够得到合理的补偿。当前装饰工程施工中，由于应用新材料、采用新工艺而使预算定额缺项时，就必须以装饰施工定额为依据，制定补充预算定额和补充单位估价表。

由此可见，施工定额无论对企业内部管理还是编制预算定额等工作，都具有十分重要的作用。

三、施工定额的编制

（一）施工定额的编制原则

1. 定额水平应为平均先进水平

定额水平，是指生产单位产品所需消耗的劳动、材料、机械的数量多少。消耗量越少，说明定额水平越高；消耗量越多，说明定额水平越低。

所谓平均先进水平，就是在正常条件下，多数工人和多数施工企业经过努力能够达到和超过的水平。它低于先进水平，略高于平均水平。定额水平既要反映先进，反映已经成熟并得到推广的先进技术和先进经验，又要从实际出发，认真分析各种有利和不利因素，做到合理可行。

2. 定额的内容和形式要简明适用

定额的内容和形式，要有多方面的适应性，能够满足不同用途的需要，达到项目齐全、简单明了、易于掌握、便于利用、粗细适度的要求。这也就是说，项目划分应做到粗

而不漏、细而不繁，以工序为基础，适当进行综合。对于主要工种、主要项目、常用项目定额，步距要综合得细一些；对于次要项目和不常用的项目，步距可以综合得大一些。

此外，还要注意选择适当的计量单位，以准确反映工程项目的特性；系数的利用要恰当合理；设计说明和附注要明确。在定额的章、节编排上，要尽可能同施工过程一致，以便于组织施工，便于计算工程量，便于施工企业使用。

3. 贯彻专业人员与群众相结合，以专业人员为主的原则

施工定额编制工作量大，工作周期长，编制工作本身又具有很强的技术性和政策性。因此，不但要有专门的机构和专业人员组织把握方针政策，做经常性的积累资料和管理工作，还要有工人群众的配合。因为工人是施工定额的直接执行者，他们熟悉施工过程，了解实际消耗水平，知道定额在执行过程中的情况和存在的问题。

（二）施工定额的编制依据

(1) 现行的全国建筑安装工程统一劳动定额、建筑材料消耗定额。

(2) 现行的建筑装饰工程施工验收规范、工程质量检查评定标准、技术安全操作规程等资料。

(3) 有关的建筑装饰工程历史资料及定额测定资料。

(4) 建筑装饰工人技术等级资料。

(5) 有关建筑装饰工程标准图。

（三）施工定额的编制方法

施工定额的编制方法，目前全国尚无统一规定，都是各地区（企业）根据需要，自己组织编制的。

归纳起来，施工定额有两种编制方法：

第一种是实物法。即施工定额由劳动消耗定额、材料消耗定额和机械台班消耗定额三部分消耗量组成。

第二种是实物单价法。即由劳动消耗定额、材料消耗定额和机械台班定额的消耗量，分别乘以相应单价并汇总得出单位总价，称为“施工定额单价表”。

目前，我国的施工定额，都是由各地区组织编写的。

1. 定额的册、章、节的编制

定额的册、章、节的编制，主要是依据劳动定额编排的，所以应与现行全国统一劳动定额相似。

2. 定额项目的划分方法

定额项目的划分方法主要有五种：

(1) 按构件的类型及形、体划分。

(2) 按建筑材料的品种和规格划分。

(3) 按不同的构造作法和质量要求划分。

(4) 按工作高度划分。

(5) 按操作的难易程度划分。

3. 选择定额项目的计量单位

定额项目的计量单位，要能够最确切地反映工日、材料以及建筑产品的数量，便于工人掌握，一般尽可能同建筑产品的计量单位一致。例如，墙面抹灰工程项目的计量单位，

就要同抹灰墙面的计量单位一致，即按 m^2 计。

第二节　劳动消耗定额、材料消耗定额和机械台班消耗定额

施工定额由劳动消耗定额、材料消耗定额和机械台班消耗定额三种定额组成。它们之间，存在着密切联系。但是，从其性质和用途来看，它们又可以根据不同的需要，单独发挥作用。

一、劳动消耗定额

劳动消耗定额，简称“劳动定额”或“人工定额”，是指在一定生产技术条件下，生产质量合格的单位产品所需要的劳动消耗量标准；或规定在一定劳动时间内，生产合格产品的数量标准。

劳动消耗定额反映了大多数企业和职工经过努力，能够达到的平均先进水平。

（一）劳动定额的表现形式

劳动定额有时间定额和产量定额两种表现形式。

1. 时间定额

时间定额，是指某种专业的工人班组或个人，在合理的劳动组织与合理使用材料的条件下，完成符合质量要求的单位产品所必须的工作时间（工日）。

时间定额的一般采用工日为计量单位，每个工日的工作时间接现行制度规定为 8 小时。

时间定额的计算公式如下：

$$\text{单位产品时间定额（工日）}=\frac{1}{\text{每工产量}}$$

或：

$$\text{单位产品时间定额（工日）}=\frac{\text{小组成员工日数总和}}{\text{台班产量（班组完成产品数量）}}$$

2. 产量定额

产量定额，是指某种专业的工人班组或个人，在合理的劳动组织与合理使用材料的条件下，单位工日应完成符合质量要求的产品数量。

产量定额的计量单位是多种多样的，通常是以 1 个工日完成合格产品数量来表示。产量定额的计算公式如下：

$$\text{每工产量}=\frac{1}{\text{单位产品时间定额}}$$

$$台班产量=\frac{小组成员工日数总和}{单位产品时间定额}$$

3. 时间定额与产量定额的关系

在实际应用中，经常会碰到要由时间定额推算出产量定额，或由产量定额折算出时间定额。这就需要了解两者的关系。

时间定额与产量定额在数值上互为倒数关系。即：

$$时间定额=\frac{1}{产量定额}$$

$$时间定额\times产量定额=1$$

例如表 2—1，定额规定了完成每 $10m^2$ 地面贴缸砖（勾缝）工程，劳动定额为 1.99 工日，每一工日的综合产量定额为 $0.503\times10=5.03$（m^2）。

从时间定额与产量定额的关系公式可得出：

$\frac{1}{1.99}=0.503$（$10m^2$/工日）$=5.03m^2$/工日

$\frac{1}{0.503}=1.99$（工日/$10m^2$）

【说明】

表 2—1 和表 2—2 摘自 1985 年《全国建筑安装工程统一劳动定额》。劳动定额是用分数表示的，分子为时间定额，分母为产量定额。

表 2—1　镶贴块料面层、抹假面砖

项　目	贴缸砖										序号
	水泥砂浆										
	地（楼）面		墙面墙裙		柱		台阶		腰线	踢脚线	
	勾缝	不勾缝	勾缝	不勾缝	勾缝	不勾缝	勾缝	不勾缝			
	$10m^2$								10m		
综合	$\frac{1.99}{0.503}$	$\frac{1.71}{0.585}$	$\frac{3.3}{0.303}$	$\frac{2.84}{0.352}$	$\frac{5.0}{0.2}$	$\frac{4.17}{0.24}$	$\frac{2.75}{0.364}$	$\frac{2.3}{0.435}$	$\frac{1.0}{1.0}$	$\frac{0.741}{1.35}$	一
贴砖	$\frac{1.59}{0.629}$	$\frac{1.31}{0.763}$	$\frac{2.92}{0.342}$	$\frac{2.44}{0.5}$	$\frac{4.42}{0.226}$	$\frac{3.59}{0.279}$	$\frac{2.2}{0.455}$	$\frac{1.77}{0.565}$	$\frac{0.683}{1.46}$	$\frac{0.361}{2.77}$	二
运砂浆	$\frac{0.202}{4.95}$	$\frac{0.202}{4.95}$	$\frac{0.208}{4.81}$	$\frac{0.21}{4.76}$	$\frac{0.315}{3.17}$	$\frac{0.308}{3.25}$	$\frac{0.282}{3.55}$	$\frac{0.271}{3.69}$	$\frac{0.119}{8.4}$	$\frac{0.14}{7.14}$	三
运砖	$\frac{0.081}{12.4}$	$\frac{0.081}{12.4}$	$\frac{0.062}{16.1}$	$\frac{0.071}{14.1}$	$\frac{0.095}{10.5}$	$\frac{0.104}{9.62}$	$\frac{0.114}{8.77}$	$\frac{0.109}{9.17}$	$\frac{0.119}{8.4}$	$\frac{0.14}{7.14}$	四
调制砂浆	$\frac{0.114}{8.77}$	$\frac{0.114}{8.77}$	$\frac{0.112}{8.93}$	$\frac{0.114}{8.77}$	$\frac{0.17}{5.88}$	$\frac{0.167}{5.99}$	$\frac{0.158}{6.33}$	$\frac{0.154}{6.49}$	$\frac{0.079}{12.66}$	$\frac{0.1}{10.00}$	五
编号	202	203	204	205	206	207	208	209	210	211	

续 表

项 目	贴瓷砖（10m²）					序号
	水泥砂浆			沥青玛琋脂		
	平面	立面	小型贴砖	平面	立面	
综合	2.78/0.36	4.44/0.225	6.37/0.157	3.49/0.287	6.94/0.144	一
贴砖	2.24/0.446	3.59/0.279	5.14/0.195	2.8/0.357	5.55/0.18	二
运砂浆	0.278/3.6	0.427/2.34	0.613/1.63	0.243/4.12	0.698/1.43	三
运砖	0.1/10	0.171/5.85	0.246/4.07	0.243/4.12	0.293/3.41	四
调制砂浆	0.166/6.02	0.256/3.91	0.368/2.72	0.207/4.83	0.394/2.54	五
编号	212	213	214	215	216	

项 目	贴马赛克								序号
	地(楼)面	墙面、墙裙	柱		台阶	腰线	檐口装饰线	小型贴面	
			方形	圆形、多角形					
	10m²					10m		10m²	
综合	3.47/0.288	5.56/0.18	6.45/0.155	7.58/0.132	5.0/0.2	1.43/0.699	0.667/1.5	8.32/0.13	一
贴砖	2.78/0.36	4.46/0.224	5.16/0.194	6.06/0.165	4.0/0.25	1.14/0.877	0.583/1.88	6.66/0.15	二
运砂浆	0.35/2.86	0.56/1.79	0.645/1.55	0.758/1.32	0.5/2.0	0.143/6.99	0.067/14.9	0.833/1.2	三
运砖	0.136/7.35	0.216/4.63	0.258/3.88	0.303/3.3	0.2/5.0	0.057/17.5	0.027/37.0	0.333/3.0	四
调制砂浆	0.204/4.9	0.324/3.09	0.387/2.58	0.455/2.2	0.3/3.33	0.086/11.6	0.04/25.0	0.5/2.0	五
编号	217	218	219	220	221	222	223	224	

项 目	贴饰面砖（10m²）						抹假石砖（10m²）				序号
	墙裙、墙面		柱面		腰线		墙面	地面	门台阶	腰线	
	勾缝	不勾缝	勾缝	不勾缝	勾缝	不勾缝					
综合	5.0/0.2	4.44/0.225	5.56/0.18	5.0/0.2	1.32/0.758	1.0/1.0	1.67/0.599	0.900/1.1	2.12/0.472	1.0/1.0	一
贴抹砖	4.38/0.228	3.82/0.262	4.86/0.206	4.3/0.233	1.18/0.847	0.859/1.16	1.346/0.74	0.627/1.59	1.73/0.578	0.815/1.23	二
运砂浆	0.33/3.03	0.33/3.03	0.371/2.7	0.371/2.7	0.074/13.5	0.074/13.5	0.24/4.17	0.202/4.95	0.23/4.35	0.111/9.01	三
运砖	0.111/9.01	0.111/9.01	0.125/8.0	0.125/8.0	0.025/4.0	0.025/4.0					四
调制砂浆	0.179/5.59	0.179/5.59	0.201/4.98	0.201/4.98	0.04/25.0	0.04/25.0	0.091/11.0	0.08/12.5	0.161/6.21	0.0741/13.5	五
编号	225	226	227	228	229	230	231	232	233	234	

续 表

项 目	贴预制水磨石板（10m²）					贴大理石板（10m²）						序号
	地面	楼梯踏步踢脚板	墙面墙裙	方柱	窗台板	地面	楼梯踏步踢脚板	墙面墙裙	方柱	门窗套	窗台板	
综合	$\frac{1.43}{0.699}$	$\frac{2.88}{0.347}$	$\frac{2.28}{0.439}$	$\frac{3.11}{0.322}$	$\frac{2.61}{0.383}$	$\frac{1.63}{0.613}$	$\frac{3.17}{0.315}$	$\frac{3.45}{0.29}$	$\frac{4.0}{0.25}$	$\frac{5.0}{0.2}$	$\frac{2.94}{0.34}$	一
贴板	$\frac{0.833}{1.2}$	$\frac{2.27}{0.44}$	$\frac{1.67}{0.6}$	$\frac{2.5}{0.4}$	$\frac{2.0}{0.5}$	$\frac{1.0}{1.0}$	$\frac{2.5}{0.4}$	$\frac{2.78}{0.36}$	$\frac{3.33}{0.3}$	$\frac{4.33}{0.23}$	$\frac{2.27}{0.44}$	二
运砂浆	$\frac{0.202}{4.95}$	$\frac{0.216}{4.63}$	$\frac{0.216}{4.63}$	$\frac{0.216}{4.63}$	$\frac{0.216}{4.63}$	$\frac{0.235}{4.26}$	$\frac{0.253}{3.95}$	$\frac{0.253}{3.95}$	$\frac{0.253}{3.95}$	$\frac{0.253}{3.95}$	$\frac{0.253}{3.95}$	三
运板	$\frac{0.274}{3.65}$	$\frac{0.274}{3.65}$	$\frac{0.274}{3.65}$	$\frac{0.274}{3.65}$	$\frac{0.274}{3.65}$	$\frac{0.257}{3.89}$	$\frac{0.274}{3.65}$	$\frac{0.274}{3.65}$	$\frac{0.274}{3.65}$	$\frac{0.274}{3.65}$	$\frac{0.274}{3.65}$	四
调制砂浆	$\frac{0.117}{8.55}$	$\frac{0.117}{8.55}$	$\frac{0.117}{8.55}$	$\frac{0.117}{8.55}$	$\frac{0.117}{8.55}$	$\frac{0.141}{7.09}$	$\frac{0.141}{7.09}$	$\frac{0.141}{7.09}$	$\frac{0.141}{7.09}$	$\frac{0.141}{7.09}$	$\frac{0.141}{7.09}$	五
编号	235	236	237	238	239	240	241	242	243	244	245	

附注：1. 红砖、瓷砖规格以 15cm × 15cm 为准，如使用 20cm × 20cm 者，贴砖时间定额乘以 0.83；如使用 10cm × 10cm 和 15cm× 7. 5cm 者乘以 1. 43. 饰面砖规格以 15cm × 7. 5cm 和 10cm × 10cm 为准，大于该规格者，贴砖的时间定额乘以 0.83。

2. 贴砖打洞眼，每 10 个增加抹灰工 1 工日。
3. 大便槽、小便槽、洗涤池、水糟、化验台、试验台及面积 1m² 以内者，贴瓷砖，按小型瓷砖定额执行。
4. 屋面贴缸砖按地（楼）面相应项目定额执行。
5. 地（楼）面贴水泥花砖（包括对花），按贴缸砖地（楼）面定额执行。
6. 贴瓷砖阴阳角、压顶线加条砖者，每 10m 增加贴砖工 0.5 工日。
7. 贴玻璃马赛克，按贴马赛克相应项目定额执行。
8. 小型贴马赛克面积超过 1m² 者，按相应项目定额执行。
9. 腰线高度以 30cm 以内为准，超过 30cm 者，按墙面定额执行。
10. 预制水磨石板需改规格、锯口磨细者，每 10m 锯口增加 0.5 工日。
11. 楼梯踏步（包括踢脚板）按实贴面积计算。

表 2—2　钢屋架及钢天窗架拼装

工程内容：

1. 钢屋架拼装：包括将分段屋架拼成整体、校正、按设计要求起拱、拧紧全部螺栓、绑扎好加固杆、全部电平焊焊接。

2. 钢天窗架拼装：包括将分段的天窗架拼成整体、拧紧接头处的全部螺栓、绑扎好加固杆、全部电焊焊接。人力拼装劳动组织：安装工 6 人，电焊工 2 人。平均等级：3. 5 级。

每1 榀的劳动定额

施工方法	钢屋架拼装		钢天窗架拼装			序号
	跨度在（米）					
	18	24	6	9	12	
桅杆式起重机、独脚拔杆	$\frac{3.33}{4.5}$	$\frac{4.29}{3.5}$				一
人力			$\frac{0.667}{12.0}$	$\frac{0.8}{10.0}$	$\frac{1.14}{7.0}$	二
编号	1	2	3	4	5	

附注：整体钢天窗架拼插在钢屋架上，按天窗架拼装相应项目的台班产量乘以 1.25。

时间定额和产量定额，虽然以不同的形式表示同一个劳动定额，但却有不同的用途。时间定额是以工日为计量单位，便于计算某分部（项）工程所需的总工日数，也易于核算工资和编制施工进度计划。产量定额是以产品数量为计量单位，便于施工小组分配任务，考核工人劳动生产率。

现举例说明时间定额和产量定额的不同用途。

【例 2—1】 某工程有 400m² 地面贴缸砖，每天有 8 名专业工人投入施工，时间定额为 0.059工日/m²。试计算完成该项工程的定额施工天数。

【解】

完成贴缸砖需要的总工日数= 0.059 × 400 = 23.6（工日）

需要的施工天数= 23.6÷8≈3（天）

即完成该项工程额定施工天数为 3 天。

【例 2—2】 某抹灰班有 13 名工人，抹某住宅楼白灰砂浆墙面，施工 25 天完成抹灰任务。产量定额为 10.20m²/工日。试计算抹灰班应完成的抹灰面积。

【解】

抹灰班完成的工日数量= 13 × 25 = 325（工日）

抹灰班应完成的抹灰面积= 10.2 × 325 = 3315（m²）

（二）劳动定额的测定

劳动定额的测定，通常采用技术测定法、类推比较法、统计分析法和经验估计法，如图 2—1 所示。在此，我们重点介绍技术测定法。

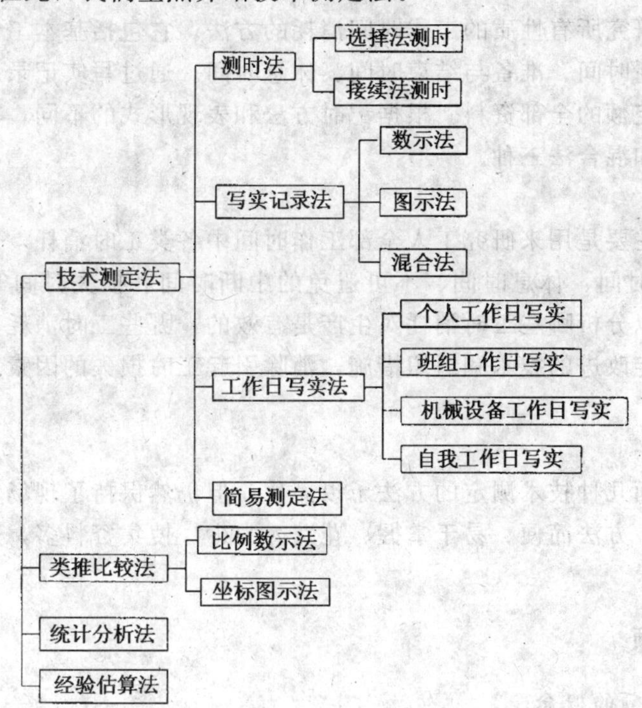

图 2—1 劳动定额测定方法

技术测定法，是对施工过程各个组成部分的工作进行实地观察，详细地记录各个组成部分工时消耗的性质及数据、完成产品的数量，以及施工过程中出现的各个影响因素，并将记录的结果予以整理，去伪存真，分析各种因素对消耗量的影响，从而获得可靠的原始数据资料，为制定和修改定额提供可靠的科学依据的一种方法。

根据具体任务、对象和方法不同，技术测定法通常采用的主要方法有：测时法、写实记录法、工作日写实法、简易测定法等几种。

1. 测时法

测时法，是研究施工过程中，各循环组成部分定额工作时间的消耗数值的观测方法。它不研究准备与结束工作时间、工人休息与其它非循环的工作时间。在采用测时法观察施工过程时，必须严格按照各个组成部分的定时点，及时记录每个组成部分的延续时间。

根据观察施工过程中读数和记时的方法不同，测时法又可分为选择法测时（间隔记时法）和接续法测时（连续记时法）两种。

(1) 选择法测时。选择法测时，是选择施工过程中几个彼此不相邻的组成部分，分别进行时间消耗的观测和记录。这种方法比较容易掌握，使用比较广泛。

(2) 接续法测时。接续法测时，是循序地观测和记录施工过程中，各个循环组成部分延续时间的一种方法。接续法测时对每个组成部分循序地观察和记录，可以连续得出同一循环各个组成部分的延续时间。它使误差相互抵消而不是叠加，比选择测时更为准确完善，但是测时、记时工作量较大，只是在各个组成部分延续时间较长时才采用这种方法。

2. 写实记录法

写实记录法，是研究所有性质的工作时间消耗的方法。它包括基本工作时间、辅助工作时间、不可避免中断时间、准备与结束时间、休息时间。通过写实记录，可以获得分析工作时间消耗和制定定额的全部资料。根据记时方法和表现形式的不同，写实记录法又可分为数示法、图示法和混合法三种。

3. 工作日写实法

工作日写实法，主要是用来研究工人全部工作时间中各类工时消耗，包括基本工作时间、准备与结束工作时间、休息时间、不可避免的中断时间和损失时间等的一种测定方法。运用这种方法可以分析哪些工时消耗对生产是有效的，哪些工时消耗是无效的，找出工时损失的原因，拟定改进的技术和组织措施，消除引起工时损失的因素，促进劳动生产率的提高。

4. 简易测定法

简易测定法对前面几种技术测定的方法予以简化，但仍然保持了现场实地观察记录的基本原则。其特点是：方法简便、易于掌握、花费人力少、搜集资料多，适用于大量搜集定额水平资料。

二、材料消耗定额

（一）材料消耗定额的概念

材料消耗定额，简称“材料定额”，是指在合理和节约使用材料的条件下，生产质量合格的单位产品所必须消耗的一定品种规格的材料、燃料、半成品、构件和水电等动力资源的数量标准。

材料消耗定额分为两大部分：一部分是直接用于建筑安装工程的材料，称为“材料净用量”；另一部分，则是操作过程中不可免的废料和现场内不可避免的运输、装卸损耗，称为“材料的损耗量”。

材料损耗量，用材料损耗率来表示。材料消耗率，是指材料的损耗量与材料净用量的比值。它可用下式表示：

$$材料损耗率=\frac{材料损耗量}{材料净用量}\times 100\%$$

建筑装饰材料的成品、半成品损耗率，详见表 2—3。

材料损耗率确定后，材料消耗定额可用下式表示：

$$材料消耗量=材料净用量+材料损耗量$$

或：

$$材料消耗量=材料净用量\times (1+材料损耗率)$$

在现场施工中，各种建筑装饰材料的消耗，主要取决于材料消耗定额。用科学的方法正确地规定材料净用量指标以及材料的损耗率，对降低工程成本、节约投资，具有十分重要的意义。

（二）主要材料消耗定额的制定方法

建筑装饰材料的净用量和损耗量，通常采用现场观察法、试验室试验法、统计分析法和理论计算法等方法来确定。

1. 现场观察法

现场观察法，是指在合理使用材料的条件下，对施工中实际完成的建筑装饰产品的数量与所消耗的各种材料数量，进行现场观察测定的方法。

这种方法通常用于制定材料的损耗量。通过现场的观察，获得必要的现场资料，能测定出哪些材料是施工过程中不可避免的损耗，应该计入定额内；哪些材料是施工过程中可以避免的损耗，不应计入定额内。在现场观测中，同时测出合理的材料损耗量，即可据此制定出相应的材料消耗定额。

2. 试验室试验法

试验室试验法，是指专业材料实验人员，通过实验仪器设备确定材料消耗定额的一种方法。

这种方法只适用于在试验室条件下测定混凝土、沥青、砂浆、油漆、涂料等材料的消耗定额。由于试验室工作条件与现场施工条件存在一定的差别，施工中的某些因素对材料消耗量的影响，不一定能充分考虑到。因此，对测出的数据，还要用观察法进行校核修正。

3. 统计分析法

统计分析法，是指在现场施工中，对分部分项工程拨出的材料数量、完成建筑装饰产品的数量、竣工后剩余材料的数量等资料，进行统计、整理和分析而编制材料消耗定额的方法。

这种方法主要是通过工地的工程任务单、限额领料单等有关记录取得所需要的资料，因而不能将施工过程中材料的合理损耗和不合理损耗区别开来，得出的材料消耗量准确性也不高。

表 2—3 建筑装饰材料损耗率（%）表［摘录］

材料名称	工程项目	损耗率（%）	材料名称	工程项目	损耗率（%）	材料名称	工程项目	损耗率（%）
红（青）砖	砌墙	1.0	大理石板	饰面	2.0	承插铸铁管	室内	7.0
红（青）砖	方柱	3.0	花岗岩水磨石板	饰面	2.0	承插铸铁管	室外	2.0
混凝土	现浇	1.5	蓝田玉、汉白玉板	饰面	2.0	法兰铸铁管		1.0
混凝土	预制	2.0	彩釉砖、缸砖	地面	2.0	塑料管		2.0
砌筑砂浆		1.0	水泥花砖	地面	2.5	水泥管、砼管		1.0
抹灰砂浆	平面	1.0	地砖	地面	2.0	毛石、碎石、砂		2.0
抹灰砂浆	立面	2.0	瓷砖、瓷板		2.0	白石子		4.0
抹灰砂浆	天棚	3.0	面砖	立面	2.5	汽油		10.0
细石混凝土		1.0	马赛克（锦砖）	拼花	6.0	柴油		2.0
钢筋	构件	2.0	马赛克（锦砖）	不拼花	2.0	油漆、清油、煤油		3.0
钢筋	圈梁	3.0	玻璃马赛克		2.0	107 胶		5.0
预应力筋		10.0	玻璃		18.0	沥青、柏油		1.0
铁丝、铁件		1. 0	镜面玻璃		18. 5	卫生陶瓷、阀类		1. 0
铁钉		2.0	镭射玻璃	平面	2.0	带帽螺栓		3.0
小五金	成品	1.0	镭射玻璃	立面	5.0	灯具及附件		1.0
电焊条		12.0	镜面不锈钢片	饰面	5.0	灯头、开关、插座		2.0
镀锌铁皮	屋面	2. 0	塑料板	平面	2. 0	灯泡		3. 0
镀锌铁皮	沿沟天沟	5.4	塑料板	立面	5.0	灯管		1.5
镀锌铁皮	水落管	6.0	塑料卷材	地面	10.0	玻璃灯罩		5.0
镀锌铁皮	护壁	14.0	地毯	地面	10.0	电工瓷件		3.0
木材	墙筋	4.0	丝绒面料		5.0	绝缘导线		1.8
木材	栏杆扶手	4.7	人造革面料		4.0	电力电缆		1.0
木材	木构件	6.0	油毡	衬底	8.0	控制电缆		1.5
木材	屋面板	7.7	墙纸（布）	不拼花	10.0	电线管		3.0
木材	门窗		墙纸（布）	拼花	15.79	水泥	土建	1.0
木材	企口板	13.1	金属墙纸、织锦缎		15.79	水泥	电气	4.0
硬木拼花地板		5.0	柚木皮		8.0	水泥	水卫	10.0
纤维板、胶合板	面层	5.0	铝合金板条		7.0			
柚木板、宝丽板	面层	5.0	铝合金型材					
木丝板、刨花板	面层	3.5	黄铜片	饰面	5.0			
铝塑板、钙塑板	面层	5.0	钢材		5.0			
石膏板、矿棉板	面层	5.0	焊接钢管	室内	2.0			
镁铝板、珍珠岩板	面层	5.0	焊接钢管	室外	1.5			
镁铝曲板	面层	6.0	无缝钢管		2.0			
石棉板	面层	4.0	有色金属管材		2.5			

4. 理论计算法

理论计算法，是指根据设计图纸、施工规范及材料规格，运用一定的理论计算公式，制定材料消耗定额的方法。

这种方法主要适用于计算按件论块的现成制品材料。例如，装饰材料中的砖石、镶贴材料等。理论计算法比较简单，先计算出材料的净用量、材料的损耗量，然后两者相加即为材料消耗定额。

（1）100m^2 块料面层材料消耗量计算。块料面层，一般是指瓷砖、锦砖、预制水磨石、大理石等。通常以 100m^2 为计量单位，其计算公式如下：

$$面层用量=\frac{100}{(块料长+灰缝)\times(块料宽+灰缝)}\times(1+损耗率)$$

【例 2—3】 奶油色面砖规格为 150mm × 150mm，灰缝 1mm，其损耗率为 1.5%，试计算 100m^2 地面釉面砖消耗量。

【解】

$$釉面砖消耗量=\frac{100}{(0.15+0.001)\times(0.15+0.001)}\times(1+0.015)=4452（块）$$

（2）普通抹灰砂浆配合比用料的计算。抹灰砂浆的配合比，通常是按砂浆的体积比计算的。每 1m^3 砂浆的各种材料消耗的计算公式如下：

$$砂消耗量(m^3)=\frac{砂比例数}{配合比总比例数-砂比例数\times砂空隙率}\times(1+损耗率)$$

$$水泥消耗量(kg)=\frac{水泥比例数\times水泥密度}{砂比例数}\times砂用量\times(1+损耗率)$$

$$石灰膏消耗量(m^3)=\frac{石灰膏比例数}{砂比例数}\times砂用量\times(1+损耗率)$$

【例 2—4】 试计算配合比为 1∶1∶3 水泥白灰砂浆每 1m^3 材料消耗量。已知：砂空隙率为41%，水泥密度为 1200kg/m^3，砂损耗率为 1%，水泥、石灰膏损耗率各为 1%。

【解】

$$砂消耗量=\frac{3}{(1+1+3)-3\times0.41}\times(1+0.01)=0.81(m^3)$$

$$水泥消耗量=\frac{1\times1200}{3}\times0.81\times(1+0.01)=327(kg)$$

$$石灰膏消耗量=\frac{1}{3}\times0.81\times(1+0.01)=0.27(m^3)$$

（三）周转性材料消耗定额的制定方法

周转性材料，是指在施工过程中不是一次消耗完，而是多次周转使用的工具性材料。例如，搭设脚手架用的脚手杆、跳板等均属周转性材料。制定周转性材料消耗定额，应该按照多次使用、分期摊销的方法进行计算。

三、机械台班消耗定额

机械台班消耗定额，简称“机械台班定额”。按其表现形式，可分为机械时间定额和机械产量定额。

（一）机械时间定额

机械时间定额，是指在合理劳动组织和合理使用机械正常施工的条件下，由熟练工人或工人小组操纵使用机械，完成单位合格产品所必须消耗的机械工作时间。其计量单位，用“台班”或“工日”表示。

（二）机械产量定额

机械产量定额，是指在合理劳动组织和合理使用机械正常施工的条件下，机械在单位时间内应完成的合格产品数量。其计量单位，用 m^2、m^3、块等表示。

机械时间定额与机械产量定额也互为倒数关系。即：

$$机械时间定额\times机械产量定额=1$$

《全国建筑安装工程统一劳动定额》是以一个单机作业的定员人数（台班工日）核定的。

施工机械台班消耗定额，是编制机械作业计划、核定企业机械调度和维修计划、下达施工任务的依据，也是编制预算定额的基础资料。其内容是以机械作业为主体划分项目，列出完成各种分项工程或施工过程的台班产量标准。此外，还包括机械性能、作业条件、劳动组合等说明。

施工机械台班消耗定额的编制方法，还有技术测定法、统计分析法、理论估算法等多种。究竟采用何种方法，要通过对机械时间利用系数、机械作业过程的综合分析（理论估算），再依照统计、实测资料定出初稿后，经现场试行后来制定。

第三节　施工定额的内容及应用

一、施工定额的主要内容

施工定额是由总说明和分册章节说明、定额项目表以及有关的附录、加工表等三部分内容组成的。

（一）总说明和分册章、节说明

总说明，包括说明该定额的编制依据、适用范围、工程质量要求，各项定额的有关规定及说明，以及编制施工预算的若干说明。

分册章、节说明，主要说明本册章、节定额的工作内容、施工方法、有关规定及说明工程量计算规则等内容。

（二）定额项目表

定额项目表，由完成本定额子目的工作内容、定额表、附注组成，详见表 2—1、表 2—4。

1. 工作内容

工作内容，是指除说明规定的工作内容外，完成本定额子目另外规定的工作内容。通常列在定额表上端。

2. 定额表

定额表，是由金额编号、定额项目名称、计量单位及工料消耗指标所组成。

3. 附注

某些定额项目设计有特殊要求需单独说明的，写入附注内，通常列在定额表下端。

表 2—4 干粘石

工作内容：包括清扫、打底、弹线、嵌条、筛洗石碴、配色、抹光、起线、粘石等

单位：$10m^2$

<table>
<tr><th rowspan="2">编号</th><th rowspan="2" colspan="3">项目</th><th colspan="3">人工</th><th>水泥</th><th>砂</th><th>石碴</th><th>107 胶</th><th rowspan="2">甲基硅醇钠</th></tr>
<tr><th>综合</th><th>技工</th><th>普工</th><th colspan="4">kg</th></tr>
<tr><td>147</td><td colspan="3">墙面、墙裙</td><td>2.62/0.38</td><td>2.08/0.48</td><td>0.54/1.85</td><td>92</td><td>324</td><td>60</td><td></td><td></td></tr>
<tr><td>148</td><td rowspan="2">混凝土墙面</td><td rowspan="2">不打底</td><td>干粘石</td><td>1.85/0.54</td><td>1.48/0.68</td><td>0.37/2.7</td><td>53</td><td>104</td><td>60</td><td>0.26</td><td></td></tr>
<tr><td>149</td><td>机喷石</td><td>1.85/0.54</td><td>1.48/0.68</td><td>0.37/2.7</td><td>49</td><td>46</td><td>60</td><td>4.25</td><td>0.4</td></tr>
<tr><td>150</td><td colspan="2" rowspan="2">柱</td><td>方柱</td><td>3.96/0.25</td><td>3.1/0.32</td><td>0.86/1.16</td><td>96</td><td>340</td><td>60</td><td></td><td></td></tr>
<tr><td>151</td><td>圆柱</td><td>4.21/0.24</td><td>3.24/0.31</td><td>0.97/1.03</td><td>92</td><td>324</td><td>60</td><td></td><td></td></tr>
<tr><td>152</td><td colspan="3">窗盘心</td><td>4.05/0.25</td><td>3.11/0.32</td><td>0.94/1.06</td><td>92</td><td>324</td><td>60</td><td></td><td></td></tr>
</table>

附注：1. 墙面（裙）、方柱以分格为准，不分格者，综合时间定额乘 0.85。

2. 窗盘心以起线为准，不带起线者，综合时间定额乘 0.8。

（三）附录及加工表

附录一般放在定额分册说明之后，包括有名词解释、图示及有关参考资料。例如，材料消耗计算附表，砂浆、混凝土配合比表等。

加工表，是指在执行某定额项目时，在相应的客额基础上需要增加工日的数量表。

二、施工定额的应用

要正确使用施工定额，首先要熟悉定额编制总说明，册、章、节说明及附注等有关文字说明部分，以便了解定额项目的工作内容、有关规定及说明、工程量计算规则、施工操作方法等。施工定额一般可直接套用，但有时需要换算后才可套用。

（一）直接套用定额

当设计要求与施工定额表的工作内容完全一致时，可直接套用定额。

【例 2—5】 某教学楼砖外墙干粘石（墙面分格），按施工定额工程量计算规则计算，干粘石面积为 $3200m^2$，试计算其工料用量。

【解】

由表 2—4，查得定额编号为 147，该设计项目与定额工作内容完全相符，可直接套用施工定额。其工料用量：

工日消耗量 $= 2.62 \times 3200/10 = 838.4$（工日）

水泥用量 $= 92 \times 3200/10 = 29440$（kg）

砂用量 $= 324 \times 3200/10 = 103680$（kg）

石碴用量 $= 60 \times 3200/10 = 19200$（kg）

（二）施工定额的换算

当设计要求与定额项目内容不符时，按附注、加工表的有关说明和规定换算定额。

【例2—6】 某办公楼，按施工定额工程量计算规则计算，其窗间墙干粘石面积为540m^2（不分格），试计算其工料用量。

【解】

查表2—4下方附注1规定：墙面（裙）、方柱以分格为准，不分格者综合时间定额乘以0.85。该设计项目与定额内容不符，施工定额编号147需按附注说明加以换算。其工料用量为：

工日消耗量= 2.62 × 0.85 × 540/10 = 120.3（工日）

水泥用量= 92 × 540/10 = 4968（kg）

砂用量= 324 × 540/10 = 17496（kg）

石碴用量= 60 × 540/10 = 3240（kg）

通过上面例题可以看出，施工定额的附注说明、加工表等，实际上是施工定额的另外一种表现形式。当施工定额项目内容与设计项目不符合时，必须按定额编制说明、加工表及附注说明的有关规定，加以调整换算。

复习思考题

1. 什么是施工定额？它由哪些定额组成？

2. 施工定额有何作用？

3. 施工定额的编制原则和编制依据是什么？

4. 什么是劳动消耗定额？它有几种表现形式？

5. 劳动消耗定额的测定方法有几种？它们各有哪些优缺点？

6. 什么是材料消耗定额？它有几种制定方法？

7. 什么是机械台班消耗定额？它有几种表现形式？

8. 根据本地区（或企业单位）编制的施工定额，通过计算说明当设计要求与定额项目内容不符时，施工定额应如何换算？

9. 试用理论计算法计算100m^2块料面层所需规格为400mm × 400mm × 60mm的预制混凝土块净用量（灰缝为2mm）。

第三章

建筑装饰工程预算定额

第一节　建筑装饰工程预算定额的概念与作用

一、建筑装饰工程预算定额的概念

建筑装饰工程预算定额是建筑工程预算定额的组成部分。

目前，全国已经编制了统一的建筑装饰工程预算定额。在这以前，根据我国经济建设迅速发展的需要，各省（市、自治区）所编制的建筑装饰工程预算定额的分部分项和其它内容不尽相同，有的在原建筑工程预算定额的基础上对装饰工程分部作了补充；有的单位编制了建筑装饰工程预算定额分部；有的将普通等级的装饰工程仍放在建筑工程预算定额分部内，把中、高级装饰工程部分另编建筑装饰工程预算定额。采用后一种做法的较多，但无论怎样设置，其性质和作用都是一样的。

建筑装饰工程预算定额，是指在正常合理的施工条件下，采用科学的方法和群众智慧相结合的方式，制定出生产一定计量单位的质量合格的分项工程（或构、配件）所必须的人工、材料（或构、配件）和施工机械台班及价值货币表现的消耗数量标准。在建筑装饰工程预算定额中，除了规定上述各项资源和资金消耗的数量标准外，还规定了它应完成的工程内容和相应的质量标准及安全要求等内容。

预算定额是工程建设中一项重要的技术经济文件。它的各项指标，反映了国家要求施工企业和建设单位，在完成施工任务中消耗活劳动和物化劳动的限度。这种限度，最终决定着国家和建设单位，能够为建设工程向施工企业提供多少物质资料和建设资金。可见，预算定额体现的是国家、建设单位和施工企业之间的一种经济关系。国家和建设单位按预算定额的规定，为建设工程提供必要的人力、物力和资金供应；施工企业则在预算定额的范围内，通过自己的施工活动，按质按量地完成施工任务。

二、建筑装饰工程预算定额与施工定额的关系

预算定额是在建筑装饰工程施工定额的（劳动定额、材料消耗定额、机械台班定额）

基础上，经过综合计算编制的，二者之间有着密切的关系。但是，两种定额水平确定的原则是不相同的。预算定额是按社会消耗的平均劳动时间确定其定额水平，它要对先进、中等和落后三种类型的企业和地区，分析、比较它们之间存在着水平差距的原因，并要注意能够切实反映大多数企业和地区，经过努力能够达到和超过的水平。因此，预算定额基本上反映了社会平均水平。预算定额中的人工、材料和机械台班消耗量，不是简单地套用施工定额水平的合计，而是对施工定额平均先进水平的反映。这就说明，两种定额之间存在着一定的差别。因为预算定额比施工定额包含了更多的可变因素，同时还要考虑施工定额中没有包含的影响生产消耗的因素。

例如，确定人工消耗量时，应考虑的因素有：工序搭接的停歇时间；机械的临时维护与小修移动而发生的不可避免的损失时间；工程检查与隐蔽工程验收所占用的时间；现场不可避免的零星用工所需要的时间。

和施工定额的性质不同，预算定额不是企业内部使用的定额。它不具有企业定额的性质，只是一种具有广泛用途的计价定额。而施工定额，则是企业内部使用的定额，是施工企业确定工程计划成本以及进行成本核算的依据。但是，施工定额项目的划分，远比预算定额项目的划分要细，精确度相对要高，它是编制预算定额的基础资料。因此，二者之间既有区别又有密切联系。

三、建筑装饰工程预算定额的作用

（一）建筑装饰工程预算定额是进行技术经济分析的依据

结构方案在建筑装饰设计中居于中心地位。

建筑装饰结构方案的选择，要符合设计原则。这就是说，既要符合技术的先进和适用、美观的要求，也要符合经济合理的要求。根据建筑装饰工程预算定额，对建筑结构方案进行经济分析和比较，是选择经济合理的设计方案的重要方法。

对设计方案进行经济比较，主要是对不同的建筑装饰结构方案的人工、材料和机械台班消耗量、材料用量、材料资源短缺程度等进行比较。这种比较，可以弄清不同方案、人工材料和机械台班消耗量对工程造价的影响，材料用量对基础工程量和材料运输量的影响，以及因此而产生的对工程造价的影响，短缺材料用量及其供给的可能性，某些轻型材料和变废为利的材料应用所产生的环境效益和国民经济宏观效益等。建筑装饰工程预算定额对上述诸方面，均能提供直接的或间接的比较依据，从而有助于做出最佳的选择。

对于新结构和新材料的选择和推广，也需要借助于预算定额进行技术经济分析和比较，从经济角度考虑普遍采用的可能性和效益。

（二）建筑装饰工程预算定额是编制施工组织设计的依据

在不同的设计项目、不同的设计阶段编制施工组织设计，确定出现场平面布置和施工进度安排,确定出人工、机械、材料、水电动力资源需要量以及物料运输方案，不仅是建设和施工准备工作所必不可少的内容，而且是保证任务顺利实现的条件。根据建筑装饰工程预算定额,能够比较精确地计算出劳动力、建筑装饰材料成品、半成品和施工机械及其使用台班的需要量，从而为有计划地组织材料供应和预制构件加工、平衡劳动力和施工机械，提供可靠的计算依据。

（三）建筑装饰工程预算定额是工程预结算的依据

工程预结算是建设单位（发包人）和施工企业（承包人）按照工程进度，对已完工程实行货币支付的行为，是商品交换中结算的一种形式。由于建筑安装工程工期很长，不可能都采取竣工后一次性结算的方法，往往要在工期中通过不同方式采用分期付款，以解决施工企业资金周转的困难。当采用按已完工分部分项工程量进行结算时，必须以预算定额为依据，计算应结算的工程价款。在具备地区单位估价表的条件下，虽然可以直接利用预算单独进行结算，但预算单价的计算基础仍然是预算定额。

按照现行制度和实际情况，根据形象进度按分部分项工程结算工程价款，仍然是一种普遍采用的形式。其优点如下：

(1) 便于比较正确地计算已完工分部分项工程量。

(2) 便于建设单位对已完工程进行验收和施工企业考核月度成本计划执行情况。

(3) 使企业工程价款收入符合其工程进度，符合其成本的开支顺序，使企业生产耗费可以得到及时的、合理的补偿。同时，也有利于企业的资金周转。

(4) 有利于对建设资金实行预算控制。

(四) 建筑装饰预算定额是施工企业进行核算的依据

建筑装饰企业也是独立的商品生产者，大都是自负盈亏的新型经济实体，因此实行经济核算显得尤为重要。实行经济核算的根本目的，是用经济的方法促使企业用最少的劳动消耗，取得最好的经济效果。建筑装饰工程预算定额反映着装饰企业的收入水平，因此企业就必须以建筑装饰工程预算定额作为评价工作的尺度，作为努力达到的具体目标。只有在施工中尽量降低劳动消耗，提高劳动生产率，才能达到和超过预算定额的水平，才能取得比较好的经济效果。

另外，建筑装饰企业还可以根据建筑装饰工程预算定额，对施工中的劳动、机械和材料消耗情况，进行具体的经济分析，以便找出那些低工效、高消耗的薄弱环节及其造成的原因，为改进施工管理、提高劳动生产率和避免施工中的浪费现象，提供分析对比的数据。

(五) 建筑装饰工程定额是编制概算定额和概算指标的基础

概算定额（扩大结构定额）是在预算定额的基础上编制的，概算指标的编制也往往需要以预算定额进行对比分析和参考。利用预算定额编制概算定额和概算指标，可以节省编制工作中的大量人力、物力和时间，收到事半功倍的效果。更重要的是，这样可以使概算定额和概算指标在水平上和预算定额一致，以免造成计划工作和执行定额的困难。

第二节　建筑装饰工程预算定额的组成及应用

一、建筑装饰工程预算定额的组成内容

建筑装饰工程预算定额是在实际应用过程中发挥作用的。要正确应用预算定额，必须全面了解预算定额的组成。

为了快速、准确地确定各分项工程（或配件）的人工、材料和机械台班等消耗指标及金额标准，需要将建筑装饰工程预算定额按一定的顺序，分章、节、项和子目汇编成册，

又称“建筑装饰工程预算定额手册”。

建筑装饰工程预算定额的内容，由定额目录、总说明、分部（项）工程说明及其相应的工程量计算规则和方法、分项工程定额项目表和有关的附录（附表）等组成。

（一）定额总说明

建筑装饰工程预算定额总说明，主要概述了建筑装饰工程预算定额的适用范围、指导思想及编制目的和作用；预算定额的编制原则，主要依据上级下达的有关定额修编文件精神；使用本定额必须遵守的规则及本定额的适用范围；定额所采用的材料规格、材质标准、允许换算的原则；定额在编制过程中已经考虑的和没有考虑的因素及未包括的内容；各分部工程定额的共性问题和有关统一规定及使用方法。

（二）分部工程及其说明

分部工程在建筑装饰工程预算定额中，称为“章”。它是将单位工程中性质相近、材料大致相同的施工对象结合在一起。目前，各专业部或省、市、自治区的现行建筑装饰工程预算定额，是根据本地区（本系统）建筑装饰业的实际情况，将装饰单位工程按其性质不同、部位不同、工种不同和使用材料不同等因素，划分成若干分部工程（章）。例如，某部现行全国室内装饰工程预算定额划分为21个分部工程（章），即脚手架工程、天棚工程、木作工程、油漆工程、墙与柱面工程、楼地面工程、楼梯扶手工程、卫生器具工程、铝合金门窗工程、管道工程、栓类阀门工程、供暖器具工程、防锈工程、保温工程、电器工程、室内弱电工程、室内通讯工程、音响及灯光工程、制冷和空调及通风工程、园林装饰与古典建筑修复工程等。在预算定额中，分部工程（章）用汉字小写号码，按一、二、三……顺序排列。

分部工程说明，是预算定额的重要组成内容。它详细地介绍了该分部工程所包括的定额项目内容和子目数量，分部工程各定额项目工程量计算方法，分部工程内综合的内容及允许换算和不得换算的界限及特殊规定，以及使用本分部工程允许增减系数范围的规定。

（三）定额项目表

分项工程（或配件、设备）在建筑装饰工程预算定额中，称为“节”。它是将分部工程又按装饰工程性质、工程内容、施工方法和使用材料不同等因素，划分成若干分项工程。例如，某省现行建筑装饰工程预算定额中的铝合金分部工程，划分为铝合金门、铝合金窗、铝合金门窗安装、铝合金间壁墙、玻璃幕墙和铝合金卷帘门窗制作安装等七个分项工程。分项工程在定额中的编号，采用括号汉字小写号码（一）、（二）、（三）……顺序排列或采用阿拉伯数字 1．2．3……顺序排列。

分项工程（节）以下，又按建筑装饰工程构造、使用材料和施工方法不同等因素，划分成若干项目。如上例中的铝合金窗（白色）分项工程，划分为单扇平开窗、双扇平开窗、双扇推拉窗、三扇推拉窗、四扇推拉窗、固定窗和橱窗等七个项目。

项目以下，还可以按建筑构造、材料种类和规格及联接不同，再细划分为若干子项目。例如，上例中的铝合金橱窗项目，划分为单面玻璃、双面玻璃等四个子项目。子项目在预算定额中的编号，也用阿伯数字 1．2．3……顺序排列。

定额项目表，就是以分部工程归类，并又以不同内容划分的若干分项工程子项目排列的定额项目表。它主要由分节说明（工程内容）、子项目栏和附注等内容组成。

定额项目表的分节说明（工程内容）列于表的左上方，它着重说明定额项目包括的主要工序。例如，铝合金窗（白色）分项工程项目表左上方列有的分节说明，包括型材矫正、放样下料、切割断料、铝孔组装、半成品运输、现场搬运、安装框扇、校正、安玻璃及配件、周边塞口和清扫等工序。

定额项目表的右上方，列有定额建筑装饰产品的计量单位。例如，铝合金窗（白色）定额项目表的右上方计量单位为 $100m^2$ 框外围面积。

定额项目表的各栏，是分项工程（或配件、设备）的子项目排列。在子项目栏内，列有完成定额单位产品所必须的人工（按技工、普通工分列）、材料（按主要材料或成品半成品、辅助材料和次要材料顺序分列）和机械台班（按机械类别、型号和台班数量分列）的“三量”消耗指标。

定额项目表的下方，一般列有附注内容。有些附注内容带有补充定额性质，以便进一步说明各子项目的适用范围或有出入时如何进行换算调整。

定额项目表的表达形式，见表 3—1。

表3—1　装饰抹灰

水刷石

工程内容：1. 清扫、修补、湿润墙面、堵墙眼、调运砂浆、清扫落地灰、翻移脚手板。

2. 分层抹灰、刷浆、找平、起线拍平压实、刷面（包括门窗侧壁抹灰）。

单位：$100m^2$

	定额编号			2072	2073	2074	2075
	项　目			水刷豆石			
				砖、砼墙面	毛石墙面	柱面	零星项目
	名　称	单位	单价	数　量			
	基　价	元	—	938.68	1093.49	1058.45	1528.15
其中	人工费	元	—	450.56	522.38	592.20	1059.14
	材料费	元	—	472.47	551.74	451.44	452.44
	机械费	元	—	15.65	19.37	14.81	16.57
	综合人工	工日	10.50	42.91	49.75	56.40	100.87
材料	12厚1∶3水泥砂浆	m^3	114.84	1.39	—	—	—
	1∶3水泥砂浆	m^3	114.84	—	—	1.33	1.33
	18厚1∶3水泥砂浆	m^3	114.84	—	2.08	—	—
	12厚1∶1.25豆石浆	m^3	194.44	1.39	1.39	—	—
	1∶1.25豆石浆	m^3	194.44	—	—	1.33	1∶33
	107胶素水泥浆	m^3	384.38	0.11	0.11	0.10	0.10
	水	m^3	0.22	5.70	5.80	5.70	5.70
	其它材料费	元	—	3.00	3.00	4.00	5.00
机械	卷扬机	台班	31.33	0.35	0.43	0.33	0.37
	（塔式起重机）	台班	146.86	(0.22)	(0.27)	(0.20)	(0.22)
	砂浆搅拌机	台班	10.17	0.46	0.58	0.44	0.49

（四）定额附录

建筑装饰工程预算定额的附录，各地区编入的内容不尽相同，一般包括装饰工程材料预算价格参考表、施工机械台班费用参考表、装饰定额配合比表、某些建筑装饰材料用料参考表和工程量计算表以及简图等。上述附录资料，可作为定额换算和制定补充定额的基本依据、施工企业编制作业计划和备料的参考资料。

二、建筑装饰工程预算定额的应用

建筑装饰工程预算定额是确定装饰工程预算造价，办理工程价款，处理承发包工程经济关系的主要依据之一。定额应用的正确与否，直接影响建筑装饰工程造价。因此，预算工作人员必须熟练而准确地使用预算定额。

（一）套用定额时应注意的几个问题

(1) 查阅定额前，应首先认真阅读定额总说明，分部工程说明和有关附注内容；要熟悉和掌握定额的适用范围，定额已考虑和未考虑的因素以及有关规定。

(2) 要明确定额中的用语和符号的含义。

例如，定额中凡注有“××以内”“××以下”者均包括本身在内，而“××以外”“××以上”者均不包括本身；凡带有“()”的均未计算价格，发生时可按地区材料预算价格，列入定额单价中。

(3) 要正确地理解和熟记装饰面积计算规则和各个分部工程量计算规则中所指出的计算方法，以便在熟悉施工图纸的基础上，能够迅速准确地计算各分项工程（或配件、设备）的工程量。

(4) 要了解和记忆常用分项工程定额所包括的工作内容，人工、材料、施工机械台班消耗数量和计量单位，以及有关附注的规定，做到正确地套用定额项目。

(5) 要明确定额换算范围，正确应用定额附录资料，熟练进行定额项目的换算和调整。

（二）定额编号

为了便于查阅、核对和审查定额项目选套是否准确合理，提高建筑装饰工程施工图预算的编制质量，在编制建筑装饰工程施工图预算时，必须填写定额编号。定额编号的方法，通常有以下两种：

1.“三符号”编号法

“三符号”编号法，是以预算定额中的分部工程序号——分项工程序号（或工程项目所在定额页数）——分项工程的子项目序号等三个号码，进行定额编号。其表达形式如下：

△——△——△

↓　↓　↓

分部　分项　子项目

或：

例如，某部现行全国室内装饰工程预算定额中的铝合金骨架装矿棉板天棚定额项目，它是属于天棚工程项目，在定额中被排在第二部分；铝合金天棚排在第五分项内；铝合金骨架装矿棉板天棚项目排在定额第 19 页第 34 个子项目栏内。其定额编号为：

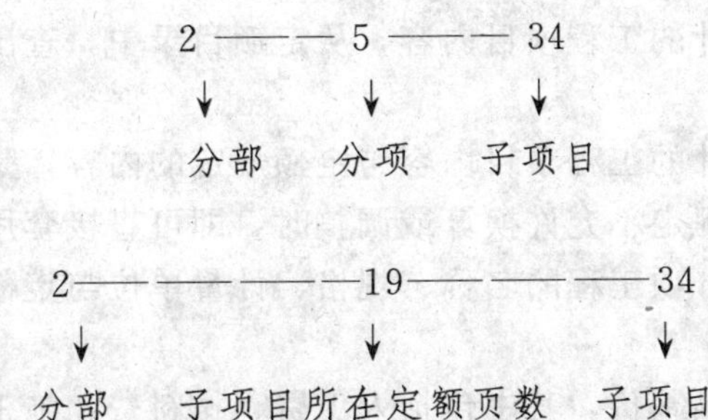

或：

2. “二符号”编号法

“二符号”编号法，是在“三符号”编号法的基础上，去掉一个符号（分部工程序号或分项工程序号），采用定额中分部工程序号（或子项目所在定额页数）——子项目序号等两个号码，进行定额编号。其表达形式如下：

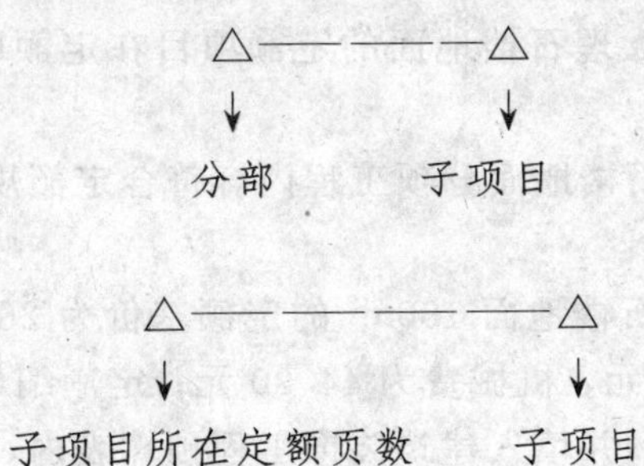

或：

例如，铝合金骨架装矿棉板天棚项目的定额编号为：

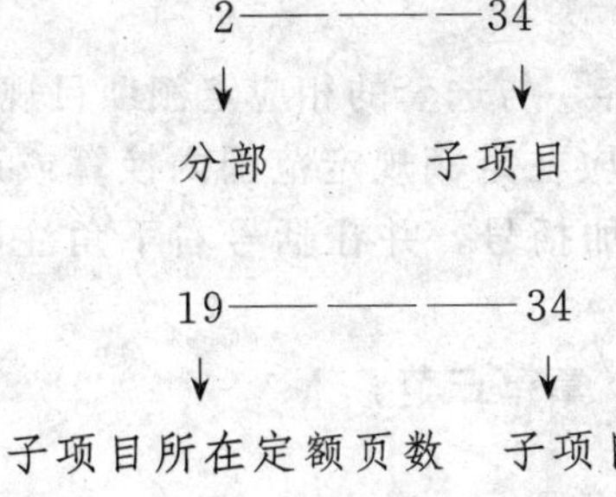

或：

（三）定额项目的选套方法

1. 预算定额的直接套用

当施工图纸设计的工程项目内容，与所选套的相应定额项目内容一致时，则必须按定额的规定，直接套用定额。在编制建筑装饰工程施工图预算、选套定额项目和确定单位预算价值时，绝大部分属于这种情况。

当施工图纸设计的工程项目内容，与所选套的相应定额项目规定内容不相一致时，而定额规定又不允许换算或调整，此时也必须直接套用相应定额项目，不得随意换算或调整。直接套用定额项目的方法步骤如下：

（1）根据施工图纸设计的工程项目内容，从定额目录中，查出该工程项目所在定额中的页数及其部位。

（2）判断施工图纸设计的工程项目内容与定额规定的内容，是否相一致。当完全一致或虽然不相一致，但定额规定不允许换算或调整时，即可直接套用定额基价。但是，在套用定额基价前，必须注意分项工程的名称、规格、计量单位与定额规定的名称、规格、计量单位相一致。

（3）将定额编号和定额基价，其中包括人工费、材料费和施工机械使用费，分别填入建筑装饰工程预算表内。

（4）确定工程项目预算价值。其计算公式如下：

工程项目预算价值=工程项目工程量×相应定额基价

【例 3—1】某装饰工程大理石楼地面工程量为 196.36m²，试确定其预算价值。

【解】

以全国统一建筑装饰工程预算定额为例：

（1）从定额目录中，查出大理石楼地面的定额项目在定额中第 25 页，其部位为该页第 51 子项目。

（2）通过判断可知，大理石楼地面分项工程内容符合定额规定的内容，即可直接套用定额项目。

（3）从定额表中查得大理石楼地面 100m² 的定额基价为 26279.34 元，其中人工费为 264.8l 元、材料费为 25970.33 元、机械费为 44.20 元；定额编号为 1—25 — 51 或 1—51；将查得的上述技术经济数据，一并填入建筑装饰工程预算表内。

（3）确定大理石楼地面预算价值。

$$\text{大理石楼地面预算价值} = 26279.34 \times 196.36/100 = 51602.11\ (\text{元})$$

2. 套用换算后的定额项目

施工图纸设计的工程项目内容，与选套的相应定额项目规定的内容不相一致时，如果定额规定允许换算或调整时，则应在定额规定范围内换算或调整，套用换算后的定额项目。对换算后的定额项目编号应加括号，并在括号右下角注明“换”字，以示区别，如 $(4—21)_{换}$。

定额项目的换算方法，详见本章第三节。

3. 套用补充定额项目

施工图纸中的某些工程项目，由于采用了新结构、新构造、新材料和新工艺等原因，在编制预算定额时尚未列入。同时，也没有类似定额项目可供借鉴。在这种情况下，为了确定建筑装饰工程预算造价，必须编制补充定额项目，报请工程造价管理部门审批后执行。套用补充定额项目时，应在定额编号的分部工程序号后注明“补”字，以示区别，如“2 补—1”。

编制补充预算定额的方法通常有两种：一种是按照本章第四节预算定额的编制方法，计算人工、各种材料和机械台班消耗量指标，然后乘以人工工资标准、材料预算价格及机械台班使用费并汇总，即得补充预算定额基价；另一种，则是补充项目的人工、机械台班消耗量，可以用同类型工序、同类型产品定额水平消耗的工时、机械台班标准为依据，套用相近的定额项目。而材料消耗量，则按施工图纸进行计算或实际测定。

第三节　建筑装饰工程预算定额项目的换算

在确定某一工程项目单位预算价值时，如果施工图纸设计的工程项目内容，与所套用相应定额项目内容的要求不完全一致，并且定额规定允许换算，则应按定额规定的换算范围、内容和方法进行定额换算。因此，定额项目的换算，就是将定额项目规定的内容与设计要求的内容，取得一致的换算或调整过程。

例如，某装饰工程施工图纸设计的铝合金 70 系列平板玻璃推拉窗项目，其银白色铝合金型材的定额预算价格为 18.00 元/kg，而现行市场价格为 29 元/kg。由于铝合金型材价格变动，引起定额基价变化，定额规定允许换算。即计算出定额计量单位银白色铝合金型材价差，加入原定额基价中，以此作为新的铝合金 70 系列中，平板玻璃推拉窗项目的定额基价。因此，定额项目换算的实质，就是按定额规定的换算范围、内容和方法，对某些工程项目的预算定额基价、工程量及其它有关内容进行调整。

目前，各专业部或省、市、自治区现行的建筑装饰工程预算定额中的总说明、分部工程说明和定额项目表及附注内容中都有所规定：对于某些工程项目的工程量，定额基价（或其中的人工费），材料品种、规格和数量增减，装饰砂浆配合比不同，使用机械、脚手架、垂直运输原定额需要增加系数等方面，均允许进行换算或调整。以下换算或调整的范围、内容和方法，均以某部现行的《全国统一建筑装饰工程预算定额》、某部现行的《全国室内装饰工程预算定额》和某省现行的《建筑装饰工程预算定额》为例说明。

一、工程量换算法

工程量的换算，是依据建筑装饰工程预算定额中的规定，将施工图纸设计的工程项目工程量，乘以定额规定的调整系数。换算后的工程量，一般可按下式进行计算：

$$\text{换算后的工程量} = \begin{matrix}\text{按施工图纸}\\\text{计算的工程量}\end{matrix} \times \begin{matrix}\text{定额规定的}\\\text{调整系数}\end{matrix}$$

【例 3—2】 某酒吧间拱型高低级灯带槽艺术造型吊顶天棚，其施工图纸计算的装饰面积为 59.27m^2,试计算其确定预算价值的工程量。

【解】

天棚分部工程的工程量计算规则中规定，立体造型天棚按展开面积乘 1.15 系数计算。

换算后工程量= 59.27 × 1.15 = 68.16（m^2）

二、系数增减换算法

由于施工图纸设计的工程项目内容与定额规定的相应内容不完全相符，定额规定在其允许范围内，采用增减系数调整定额基价或其中的人工费、机械使用费等。

系数增减换算法的方法步骤如下：

(1) 根据施工图纸设计的工程项目内容，从定额手册目录中，查出工程项目所在定额中的页数及其部位，并判断是否需要增减系数，调整定额项目。

(2) 如需调整，从定额项目表中查出调整前定额基价和定额人工费（或机械使用费等)，并从定额总说明、分部工程说明或附注内容中查出相应调整系数。

(3) 计算调整后的定额基价，一般可按下式进行计算：

$$\begin{matrix}\text{调整后}\\\text{定额基价}\end{matrix}=\begin{matrix}\text{调整前}\\\text{定额基价}\end{matrix}\pm\left[\begin{matrix}\text{定额人工费}\\\text{(或机械费)}\end{matrix}\times\begin{matrix}\text{相应调整}\\\text{系数}\end{matrix}\right]$$

(4) 写出调整后定额编号，即 $(\triangle—\triangle)_{换}$。

(5) 计算调整后的预算价值，一般可按下式进行计算：

$$\begin{matrix}\text{调整后}\\\text{预算价值}\end{matrix}=\begin{matrix}\text{工程项目}\\\text{工程量}\end{matrix}\times\begin{matrix}\text{调整后}\\\text{定额基价}\end{matrix}$$

【例 3—3】 某餐厅墙面镶贴玻璃镜面层的工程量为 97.84m^2，试确定其预算价值。

【解】

(1) 根据工程项目内容，从定额目录中查出墙面镶贴玻璃镜面层定额项目，在定额手册 72 页第205 子项目栏上，并经判断必须对定额人工费进行调整。

(2) 从墙面墙裙镶贴玻璃镜面层定额表中，查出调整前定额基价为 9082.36 元/100m^2，定额人工费为 409.90 元/100m^2；从附注内容中，查出人工费调整系数为 100%。

(3) 计算调整后的定额基价。

$$\begin{matrix}\text{调整后}\\\text{定额基价}\end{matrix}=9082.36+(409.90\times100\%)=9492.26\ (\text{元})$$

(4) 写出调整后定额编号。

$(72—205)_{换}=9492.26$ (元)

(5) 计算调整后的预算价值。

$$\begin{matrix}\text{调整后}\\\text{预算价值}\end{matrix}=97.84/100\times9492.26=9287.23\ (\text{元})$$

三、材料价格换算法

当建筑装饰材料的“主材”和“五材”(见表 3—2) 的市场价格，与相应定额预算价格不同而引起定额基价的变化时，必须进行换算。

表 3—2 装饰“主材”和“五材”项目表

项目	内容
建筑装饰主材	铝合金、不锈钢、有色金属、轻钢骨架、石膏板、大理石、花岗岩板、玻璃马赛克、艺术瓷砖、艺术马赛克、墙布纸、进口玻璃、铝合金电化装饰板、镁铝曲板、玻璃镜子、铝合金五金、防静电地板、塑料地板块、玻璃砖等
建筑装饰五材	水泥、钢材、木材、沥青、玻璃

材料价格换算法的方法步骤如下：

(1) 根据施工图纸设计的工程项目内容，从定额手册目录中查出工程项目所在定额的页数及其部位，并判断是否需要定额换算。

(2) 如需换算，则从定额项目表中查出工程项目相应的换算前定额基价、材料预算价格和定额消耗量。

(3) 从建筑装饰材料市场价格信息资料中，查出相应的材料市场价格。

(4) 计算换算后定额基价，一般可用下式进行计算：

$$\begin{matrix}\text{换算后}\\\text{定额基价}\end{matrix}=\begin{matrix}\text{换算前}\\\text{定额基价}\end{matrix}\pm\left[\begin{matrix}\text{换算材料}\\\text{定额消耗量}\end{matrix}\times\left(\begin{matrix}\text{换算材料}\\\text{市场价格}\end{matrix}-\begin{matrix}\text{换算材料}\\\text{预算价格}\end{matrix}\right)\right]$$

(5) 写出换算后的定额编号，即 $(\triangle—\triangle)_{\text{换}}$。

(6) 计算换算后预算价值，一般可用下式进行计算：

$$\begin{matrix}\text{换算后}\\\text{预算价值}\end{matrix}=\begin{matrix}\text{工程项目}\\\text{工程量}\end{matrix}\times\begin{matrix}\text{相应的换算}\\\text{后定额基价}\end{matrix}$$

【例 3—4】 某工程轻钢龙骨石膏板天棚（上人）的工程量为 83.45m^2，其轻钢骨架 CS_{60}主龙骨的市场价格为 12.38 元/m，而定额预算价格为 10.67 元/m，试计算轻钢骨架 CS_{60}主龙骨价格变动后的定额基价和预算价值。

【解】

(1) 根据施工图纸设计的工程项目内容，从定额手册目录中查出，轻钢龙骨石膏板天棚（上人）项目，在定额手册 3～46 页第 3～1 子项目栏上，并经判断必须进行定额换算。

(2) 从天棚分部工程的《轻钢龙骨石膏板（上人）》定额项目表中，查出换算前定额基价为6478.50 元/100m^2，轻钢骨架 CS_{60}主龙骨定额消耗量为 133.00m/100m^2。

(3) 根据轻钢骨架 cs_{60}主龙骨的市场价格和预算价格，计算换算后的定额基价。

$$\begin{matrix}\text{换算后}\\\text{定额基价}\end{matrix}=6478.50+133.00\times(12.38-10.67)=6705.93\text{（元）}$$

(4) 写出换算后的定额编号。

$(3—1)_{\text{换}}=6705.93$（元）

(5) 计算换算后的预算价值。

$$\begin{matrix}\text{换算后的}\\\text{预算价值}\end{matrix}=83.45/100\times6705.93=5596.10\text{（元）}$$

四、材料用量换算法

当施工图纸设计的工程项目的主材用量，与定额规定的主材消耗量不同而引起定额基价的变化时，必须进行定额换算。其换算的方法步骤如下：

(1) 根据施工图纸设计的工程项目内容，从定额手册目录中，查出工程项目所在定额手册中的页数及其部位，并判断是否需要进行定额换算。

(2) 从定额项目表中，查出换算前的定额基价、定额主材消耗量和相应的主材预算价格。

(3) 计算工程项目主材的实际用量和定额单位实际消耗量，一般可按下式进行计算：

$$\begin{matrix}\text{主材实}\\\text{际用量}\end{matrix}=\begin{matrix}\text{主材设计}\\\text{净用量}\end{matrix}\times(1+\text{损耗率})$$

$$\begin{matrix}\text{定额单位主材}\\\text{实际消耗量}\end{matrix}=\frac{\text{主材实际用量}}{\text{工程项目工程量}}\times\begin{matrix}\text{工程项目}\\\text{定额计量单位}\end{matrix}$$

(4) 计算换算后的定额基价，一般可按下式进行计算：

$$\begin{matrix}\text{换算后的}\\\text{定额基价}\end{matrix}=\begin{matrix}\text{换算前}\\\text{定额基价}\end{matrix}\pm\left(\begin{matrix}\text{定额单位主}\\\text{材实际消耗量}\end{matrix}-\begin{matrix}\text{定额单位主}\\\text{材定额消耗量}\end{matrix}\right)\times\begin{matrix}\text{相应主材}\\\text{预算价格}\end{matrix}$$

(5) 写出换算后的定额编号，即 $(\triangle-\triangle)_{换}$。

(6) 计算换算后的预算价值。

【例 3—5】 某工程茶色玻璃栏板铝合金（白色）扶手项目的工程量为 342.56m，施工图纸设计的白色铝合金扁管（120mm × 40mm × 1.5mm）的实际用量为 369.97m（包括各种损耗），试确定其换算后的定额基价和预算价值。

【解】

(1) 根据施工图纸设计的工程项目内容，从定额手册目录中，查出茶色玻璃栏板铝合金（白色）扶手定额项目，在定额手册 5～95 页第 5～6 子项目栏上，并经判断必须进行定额换算。

(2) 从楼梯栏杆扶手分部工程的《铝合金扶手》定额项目表中，查出铝合金（白色）扶手项目的换算前定额基价为 8943.49 元/100m，其主材白色铝合金扁管（120mm × 40mm × 1.5mm）的定额消耗量为 106.00m，相应预算价格为 18.38 元/m。

(3) 计算白色铝合金扁管（120mm × 40mm × 1.5mm）的定额单位实际消耗量。

$$\begin{matrix}\text{定额单位白色铝合金}\\\text{扁管实际消耗量}\end{matrix}=\frac{369.97}{342.56}\times 100=108\ (\text{m})$$

(4) 计算换算后定额基价。

$$\begin{matrix}\text{换算后}\\\text{定额基价}\end{matrix}=8943.49+(108-106)\times 18.38=8980.25\ (\text{元})$$

(5) 写出换算后定额编号。

$(5-6)_{换}=8980.25$ (元)

(6) 计算换算后预算价值。

$$\begin{matrix}\text{换算后}\\\text{预算价值}\end{matrix}=369.97/100\times 8980.25=33224.23\ (\text{元})$$

五、材料种类换算法

当施工图纸设计的工程项目所采用的材料种类，与定额规定的材料种类不同而引起定额基价的变化时，定额规定，必须进行换算。其换算的方法和步骤如下：

(1) 根据施工图纸设计的工程项目内容，从定额手册目录中，查出工程项目所在定额手册中的页数及其部位，并判断是否需要进行定额换算。

(2) 如需换算，从定额项目表中查出换算前定额基价、换出材料定额消耗量及相应的定额预算价格。

(3) 计算换入材料定额计量单位消耗量，并查出相应的市场价格。

(4) 计算定额计量单位换入（出）材料费，一般可按下式进行计算：

$$\text{换入材料费}=\begin{matrix}\text{换入材料}\\\text{市场价格}\end{matrix}\times\begin{matrix}\text{相应材料}\\\text{定额单位消耗量}\end{matrix}$$

$$换出材料费=\frac{换出材料}{预算价值}\times\frac{相应材料}{定额消耗量}$$

(5) 计算换算后的定额基价，一般可按下式进行计算：

$$\frac{换算后}{定额基价}=\frac{换算前}{定额基价}\pm\left(\frac{换入}{材料费}-\frac{换出}{材料费}\right)$$

(6) 写出换算后定额编号，即 $(\triangle—\triangle)_{换}$。

(7) 计算换算后的预算价值。

【例 3—6】 某工程宝丽板面艺术墙裙工程量为 62.58m^2，其宝丽板实际用量为 81.98m^2（包括各种损耗），试计算其预算价值。

【解】

(1) 根据施工图纸设计的工程项目内容，从定额手册目录中，查出胶合板面艺术墙裙项目在定额手册 30 页第 72 子项目栏上，并经判断必须进行定额换算。

(2) 从木制作分部工程的《其它隔墙》定额项目表中，查出胶合板面板艺术墙裙项目的换算前定额基价为 4693.50 元/100m^2，胶合板面板的定额消耗量为 128m^2，相应预算价格为 18.51元/m^2。

(3) 计算宝丽板面板的定额计量单位实际消耗量，并查出相应的市场价格。

$$\frac{定额计量单位宝丽板}{面板实际消耗量}=\frac{81.98}{62.58}\times 100=131\ (m^2)$$

宝丽板的市场价格为 22.49 元/m^2。

(4) 计算定额计量单位换入（出）材料费。

$$\frac{换入材料}{（宝丽板）费}=22.49\times 131=2946.19\ （元）$$

$$\frac{换出材料}{（胶合板）费}=18.51\times 128=2369.28\ （元）$$

(5) 计算换算后的定额基价。

$$\frac{换算后的}{定额基价}=4693.50+(2946.19-2369.28)=5270.41\ （元）$$

(6) 写出换算后定额编号。

$(30-*72)_{换}=5270.41$ （元）

(7) 计算换算后的预算价值。

$$\frac{换算后的}{预算价值}=62.58/100\times 5270.41=3298.22\ （元）$$

六、材料规格换算法

当施工图纸设计的工程项目的主材规格与定额规定的主材规格不同而引起定额基价的变化时，定额规定必须进行换算。与此同时，也应进行差价调整。其换算与调整的方法和步骤如下：

(1) 根据施工图纸设计的工程项目内容，从定额手册目录中，查出工程项目所在的定额页数及其部位，并判断是否需要进行定额换算。

(2) 如需换算，从定额项目表中，查出换算前定额基价、需要换算的主材定额消耗量及相应的预算价格。

(3) 根据施工图纸设计的工程项目内容，计算应换算的主材实际用量和定额单位实际消耗量，一般有下列两种方法：

①虽然主材不同，但两者的消耗量不变。此时，必须按定额规定的消耗量执行。

②因规格改变，引起主材实际用量发生变化。此时，要计算设计规格的主材实际用量和定额单位实际消耗量。

(4) 从建筑装饰材料市场价格信息资料中，查出施工图纸采用的主材相应的市场价格。

(5) 计算定额计量单位两种不同规格主材费的差价，一般可按下式进行计算：

$$差价=\frac{定额计量单位}{图纸规格主材费}-\frac{定额计量单位}{定额规格主材费}$$

式中：$\frac{定额计量单位}{图纸规格主材费}=\frac{定额计量单位图纸}{规格主材实际消耗量}\times\frac{相应主材}{市场价格}$

$$\frac{定额计量单位}{定额规格主材费}=\frac{定额规格}{主材消耗量}\times\frac{相应的主材}{定额预算价格}$$

(6) 计算换算后的定额基价，一般可按下式进行计算：

$$\frac{换算后}{定额基价}=\frac{换算前}{定额基价}\pm差价$$

(7) 写出换算后定额编号，即 $(\triangle—\triangle)_{换}$。

(8) 计算换算后的预算价值。

【例 3—7】 某工程铝合金骨架装矿棉板天棚，其工程量为 241.24m²，施工图纸采用的矿棉板规格为 15mm × 300mm × 600mm，而定额规定的矿棉板规格为 12mm × 300mm × 600mm，试计算换算后定额基价和预算价值。

【解】

(1) 根据施工图纸设计的工程项目内容，从定额手册目录中，查出铝合金骨架装矿棉板天棚项目在定额手册 19 页第 34 子项目栏上，并经判断因采用的矿棉板规格不同，定额规定必须进行定额换算。

(2) 从天棚分部工程的《铝合金天棚》定额项目表中，查出铝合金骨架装矿棉板项目的换算前定额基价为 301.40 元/10m²，12mm × 300mm × 600mm 的矿棉板定额消耗量为 12m²，相应的预算价格为 23.70 元/m²。

(3) 从建筑装饰材料市场价格信息资料中，查出 15mm × 300mm × 600mm 规格矿棉板的市场价格为 31.60 元/m²。

(4) 计算两种不同规格矿棉板的定额计量单位材料费和两者差价。

$\frac{定额计量单位图}{纸规格矿棉板费}$ = 31.6 × 12 = 379.20（元）

$\frac{定额计量单位定}{额规格矿棉板费}$ = 23.70 × 12 = 284.40（元）

差价＝379.20－284.40＝94.80（元）

（5）计算换算后的定额基价。

换算后定额基价＝301.40＋94.80＝396.20（元）

（6）写出换算后的定额编号。

$(19-34)_{换}$＝396.20（元）

（7）计算换算后的预算价值。

换算后的预算价值＝241.24/10×396.20＝9557.93（元）

七、砂浆配合比换算法

当装饰砂浆配合比的不同，而引起相应定额基价的变化时，定额规定必须进行换算。其换算的方法步骤如下：

(1) 根据施工图纸设计的工程项目内容，从定额手册目录中，查出工程项目所在定额手册中的页数及其部位，并判断施工图纸设计的装饰砂浆的配合比，与定额规定的砂浆配合比是否一致，如不一致，则应按定额规定的换算范围进行换算。

（2）从定额手册附录的《装饰定额配合比》表中，查出工程项目与其相应的定额规定不相一致，需要进行换算的两种不同配合比砂浆每 $1m^3$ 的预算价格，并计算两者的差价。

（3）从定额项目表中，查出工程项目换算前的定额基价和相应的装饰砂浆的定额消耗量。

（4）计算换算后的定额基价，一般可按下式进行计算：

$$\frac{换算后}{定额基价}=\frac{换算前}{定额基价}\pm\left(\frac{应换算砂浆}{定额消耗量}\times\frac{两种不同配合比砂}{浆预算价格价差}\right)$$

（5）写出换算后的定额编号，即 $(\triangle-\triangle)_{换}$。

（6）计算换算后的预算价值。

【例 3—8】 某镶贴天然大理石方形柱面工程，其工程量为 86.27m^2；天然大理石采用 1∶1 水泥砂浆结合，而定额基价是按 1∶2 水泥砂浆编制的，试确定换算后的定额基价和预算价值。

【解】

(1) 根据施工图纸设计的工程项目内容，从定额手册目录中，查出镶贴天然大理石方形柱面项目，在定额手册 1～7 页 1～29 子项目栏上，并经判断因采用的装饰砂浆配合比不一致，定额规定必须进行定额基价的换算。

（2）从定额手册附录四的《装饰砂浆配合比》表中，查出 1∶1 水泥砂浆和 1∶2 水泥砂浆每 $1m^3$ 预算价格分别为 169.04 元和 143.74 元，并计算两者的价差。

差价＝169.04－143.74＝25.30（元）

（3）从墙面柱面分部工程的《镶贴大理石》定额项目表中，查出镶贴天然大理石方形柱面项目换算前定额基价为 15306.14 元/$100m^2$，其相应砂浆定额消耗量为 2.66m^3。

（4）计算换算后的定额基价。

$$\frac{换算后}{定额基价}=15306.14+(2.66\times25.30)=15373.44（元）$$

（5）写出换算后的定额编号。

$(1—29)_{换} = 153.44$（元）

（6）计算换算后的预算价值。

$$\text{换算后预算价值} = 86.27/100 \times 15373.44 = 13262.67\text{（元）}$$

第四节　建筑装饰工程预算定额的编制

一、建筑装饰工程预算定额的编制原则

（一）按平均水平确定预算定额的原则

预算定额是确定装饰产品价格的主要依据。预算定额作为确定装饰产品价格的工具，必须遵守价值规律的客观要求，即按产品生产过程中所消耗的社会必要劳动时间量确定定额水平。预算定额的平均水平，是根据在现实的平均中等的生产条件、平均劳动熟练程度、平均劳动强度下，完成单位建筑装饰产品所需的劳动时间来确定的。

预算定额的水平是以施工定额水平为基础的。但是，预算定额绝不是简单地套用施工定额的水平。因为预算定额综合并扩大了施工定额，包含了更多的可变因素，需要保留一个合理的水平幅度差。另外，确定施工定额和预算定额水平的原则是不同的。预算定额是平均水平，而施工定额是平均先进水平。所以，预算定额水平要相对低一些，而施工定额水平则相对要高一些。

（二）简明适用性原则

预算定额的内容和形式，既要满足不同用途的需要，具有多方面的适用性，又要简单明了，易于掌握和应用。

定额项目齐全对定额适用性关系很大，要注意补充那些因采用已成熟推广的新技术、新结构、新材料和先进经验而出现的新的定额项目。如果项目不全，缺漏项甚多，就使装饰产品价格缺少充足的、可靠的依据。

定额项目的划分，要粗细恰当、合理。对于那些主要的、常用的项目，还要以结构构件和分项工程为划分基础，次要的、不常用的项目可以再粗一些。

在确定预算定额的计量单位时，也要考虑到简化工程的计算工作。同时，为了稳定定额水平，除了那些在设计和施工中变化较多、影响较大的因素应该允许换算外，预算定额要尽量少留活口，既减少换算工作量，也有利于维护定额的严肃性。

（三）统一性和差别性相结合的原则

统一性就是由中央主管部门归口，考虑到国家的方针政策和经济发展的要求，统一制定预算定额的编制原则和方法，组织预算定额的编制和修订，颁布有关的规章制度和条例细则，颁布全国统一预算定额和费用标准等。在全国范围内统一定额分项、定额名称、定额编号，统一人工、材料和机械台班消耗量的名称及计量单位等。这样，建筑装饰产品才具有统一计价依据，同时也使考核设计和施工的经济效果具有统一的尺度。

差别性就是在统一性的基础上，各部门和地区在可管辖范围内，根据各自的特点，依据国家规定的编制原则，编制各部门和地区性预算定额，颁发补充性的条例细则，并对预

算定额实行经常性管理。

二、建筑装饰工程预算定额的编制依据

（一）有关定额资料

编制建筑装饰工程预算定额所依据的有关定额资料，主要包括下列几个方面：

(1) 现行的建筑施工定额。

(2) 现行的建筑工程预算定额；现行的建筑装饰预算定额。

(3) 现行建筑工程单位估价表；建筑装饰工程单位估价表；各地区有代表性建筑工程补充单位估价表。

（二）有关设计资料

编制建筑装饰工程预算定额所依据的有关设计资料，主要包括下列几个方面：

(1) 由国家或地区颁布的通用设计图集。

(2) 有关构件、产品的定型设计图集。

(3) 其它有代表性的设计资料。

（三）有关法规（规范、标准、规程和规定）文件资料

编制建筑装饰工程预算定额所依据的有关法规文件资料，主要包括下列几个方面：

(1) 现行的建筑安装工程施工验收规范。

(2) 现行的建筑安装工程质量评定标准。

(3) 现行的建筑安装工程操作规程。

(4) 现行的建筑装饰工程施工验收规范。

(5) 现行的建筑装饰工程质量评定标准。

(6) 其它有关文件资料等。

（四）有关最新科学技术资料

编制建筑装饰工程预算定额所依据的有关最新科学技术资料，主要包括下列几个方面：

(1) 新技术资料。

(2) 新结构资料。

(3) 新工艺资料。

(4) 新材料资料。

(5) 其它有关最新科学技术资料。

上述资料均包括科学试验、测定统计、经济分析以及实际使用状况、效果的数据和内容。

（五）有关价格资料

编制建筑装饰工程预算定额所依据的有关价格资料，主要包括下列几个方面：

(1) 现行的人工工资标准资料。

(2) 现行的材料预算价格资料。

(3) 现行的有关设备配件等价格资料.

(4) 现行的施工机械台班预算价格资料。

三、建筑装饰工程预算定额的编制步骤

建筑装饰工程预算定额的编制步骤，大致可分为三个阶段，即准备工作阶段（包括收集资料）、编制定额阶段、审报定稿阶段，如图 3—1 所示。但各阶段工作有时互相交叉，有些工作会有多次反复。

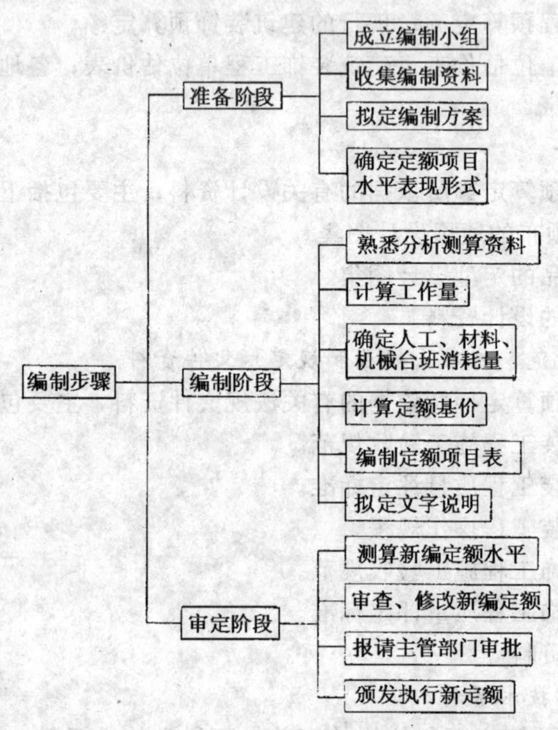

图 3—1　建筑装饰工程预算定额编制程序图

（1）建立编制预算定额的组织机构，确定编制预算定额的指导思想和编制原则。

（2）制定编制预算定额的细则，搜集编制预算定额的各种依据和有关的技术资料。

（3）审查、熟悉和修改搜集来的资料，按确定的定额项目和有关的技术资料分别计算工程量。

（4）规定人工幅度差、机械幅度差、材料损耗率、材料超运距及其它工料费的计算要求，并分别计算出一定计量单位分项工程或结构构件的人工、材料和施工机械台班消耗量标准。

（5）根据上述计算的人工、材料和机械台班消耗量标准及本地区人工工资标准、材料预算价格、机械台班使用费，计算预算定额基价，即完成一定计量单位分项工程或结构构件所消耗的人工费、材料费、机械费。

（6）编制定额项目表。

（7）测算定额水平，审查修改所编制的定额，并报请有关部门批准。

四、建筑装饰工程预算定额的编制方法

（一）确定定额项目名称和工程内容

建筑装饰工程预算定额项目名称，即分部分项工程（或配件、设备）项目及其所含子项目的名称。定额项目及其工程内容，一般根据编制建筑装饰工程预算定额的有关基础资料，参照施工定额分项工程项目综合确定，并应反映当前建筑装饰业的实际水平和具有广泛的代表性。

（二）确定施工方法

施工方法是确定建筑装饰工程预算定额项目的各专业工种和相应的用工数量，各种材料、成品或半成品的用量，施工机械类型及其台班用量，以及定额基价的主要依据。

（三）确定定额项目计量单位

1. 确定的原则

定额计量单位的确定，应与定额项目相适应。首先，它应当确切地反映分项工程（或配件、设备）等最终产品的实物消耗量，保证建筑装饰工程预算的准确性。其次，要有利于减少定额项目、简化工程量计算和定额换算工作，保证预算定额的适用性。

定额计量单位的选择，主要根据分项工程（或配件、设备）的形体特征和变化规律来确定，一般按表 3—3 进行确定。

2. 表示方法

定额计量单位，均按公制执行。一般规定，见表 3—4。

表3—3　选择定额计量单位的原则表

序号	物体形体特征及变化规律	定额计量单位	举　例
1	长、宽、高都发生变化	m^3	如土方、砖石、硬质瓦块等
2	厚度一定，面积变化	m^2	如铝合金墙面、木地板、铝合金门窗等
3	截面形状大小固定，只有长度变化	延长米	如楼梯扶手、装饰线、避雷网安装等
4	体积（或面积）相同，重量和价格差异大	t 或 kg	如金属构件制作、安装工程等
5	形状不规律难以度量	套、个、件、台等	如制冷通风工程、栓类阀门工程等

表3—4　选择定额计量单位的方法表

项　目		单位	小数位数
人工		工日	保留二位小数
主要材料及成品半成品	木材	m^3	保留三位小数
	钢筋及钢材	t	保留三位小数
	铝合金型材	kg	保留二位小数
	通风设备、电气设备	台	保留二位小数
	水泥	kg	零（取整数）
	其它材料	依具体情况而定	保留二位小数
机械		台班	保留三位小数
定额基价		元	保留二位小数

3. 定额项目单位

定额项目单位，一般按表 3—5 取定。

表3—5　定额计量单位公制表示法

计量单位名称	定额计量单位	计量单位名称	定额计量单位
长度	mm、cm、m	体积	m^3
面积	mm^2、cm^2、m^2	重量	kg、t

（四）计算工程量

计算工程量的目的，是为了通过分别计算出典型设计图纸或资料所包括的施工过程的工程量，使之在编制建筑装饰工程预算定额时，有可能利用施工定额的人工、材料和施工机械台班的消耗指标。

计算定额项目工程量，就是根据确定的分项工程（或配件、设备）及其所含子项目，结合选定的典型设计图纸或资料，典型施工组织设计，按照工程量计算规则进行计算，一般采用工程量计算表格进行计算。

在工程量计算表中，需要填写的内容主要包括下列四项：

(1) 选择的典型图纸或资料的来源和名称。

(2) 典型工程的性质。

(3) 工程量计算表的编制说明。

(4) 选择的图例和计算公式等。

最后，根据建筑装饰工程预算定额单位，将已计算出的自然数工程量，折算成定额单位工程量。例如，铝合金门窗、带轻钢龙骨天棚、镁铝曲板柱面工程等，由平方米折算成 $100m^2$ 等。

（五）建筑装饰工程预算定额人工、材料和机械台班消耗量指标的确定

确定分项工程或结构构件的定额消耗指标，包括确定劳动力、材料和机械台班的消耗量指标。

1. 人工消耗量指标的确定

预算定额人工消耗量指标，是指完成一定计量单位的建筑装饰产品所必须的各种用工量的总和。它应包括基本用工量和其它用工量。

(1) 基本工消耗量。基本工消耗量，是指完成一定计量单位分项工程或结构构件所需消耗的主要用工。基本工消耗量计算公式可表示为：

$$基本工消耗量=\Sigma（工序工程量\times相应时间定额）$$

(2) 其它工消耗量。其它工消耗量，是指劳动定额内没有包括而在预算定额内又必须考虑的工时消耗。其内容包括辅助用工、超运距用工和人工幅度差。

①辅助用工。辅助用工，是指预算定额中基本工以外的材料加工等所用的工时。辅助用工的计算，可用下式表示：

$$辅助用工量=\Sigma（材料加工数量\times相应时间定额）$$

②超运距用工。超远距用工，是指编制预算定额时，材料、半成品等运距超过劳动定额（或施工定额）所规定的运距，而需增加的工日数量。超运距及超运距用工量的计算，

可用下式表示：

$$超运距=\frac{预算定额}{规定的运距}-\frac{劳动定额}{规定的运距}$$

$$超运距用工量=\Sigma\left(\frac{超运距}{材料数量}\times\frac{相应时}{间定额}\right)$$

③人工幅度差。人工幅度差，是指劳动定额中没有包括而在预算定额中又必须考虑的工时消耗，也是在正常施工条件下所必须发生的各种零星工序用工。其内容包括各工种间的工序搭接、交叉作业互相配合所造成的不可避免的停歇用工；施工机械在单位工程之间变换位置或临时移动水电线路所造成的间歇用工；施工过程中水电维修、隐检验收等质量检查而影响操作用工；场内单位工程间操作地点转移影响工人操作的时间；施工中不可避免的少量用工等。人工幅度差的计算，可用下式表示：

人工幅度差＝（基本用工＋超运距用工＋辅助用工）×人工幅度差系数

2. 材料消耗指标的确定

建筑装饰工程预算定额中的主要材料、成品或半成品的消耗量，应以施工定额的材料消耗定额为计算基础。如果某些材料成品或半成品没有材料消耗定额时，则应选择有代表性的施工图纸，通过分析、计算，求得材料消耗指标。

材料消耗指标的构成，如图 3—2 所示。

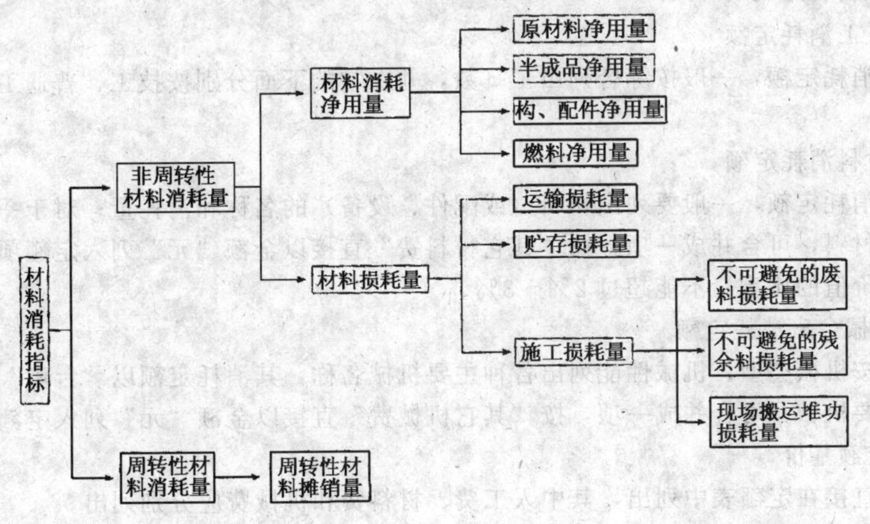

图3—2　材料消耗指标示意图

(1) 非周转性材料消耗指标，一般可按下式进行计算。

$$\frac{非周转性}{材料消耗量}=\frac{材料}{净用量}+\frac{材料}{损耗量}=\frac{材料}{净用量}\times（1+材料损耗率）$$

式中：材料净用量——一般可按材料消耗净定额或采用观察法、试验法和计算法确定；

材料损耗量——一般可按材料损耗定额或采用观察法、试验法和计算法确定；

材料损耗率——材料损耗量与净用量的百分比，即：

$$材料损耗率=\frac{损耗量}{净用量}\times 100\%$$

（2）周转性材料消耗指标，即周转性材料摊销量，一般可按下式进行计算：

$$\begin{matrix}转性材料\\摊销量\end{matrix}=周转使用量-回收量$$

式中：$$周转使用量=\frac{1+（周转次数-1）\times 补损率}{周转次数}$$

其中：周转次数——周转材料重复使用的次数。

$$补损率=\frac{材料补损量}{净用量}\times 100\%$$

$$回收量=一次使用量\times\frac{1-补损率}{周转次数}$$

其中：一次使用量——周转材料一次使用的基本量。

3. 施工机械台班消耗指标的确定

建筑装饰工程预算定额中的机械台班消耗指标，是以台班为单位进行计算的。机械台班消耗指标根据机械台班定额规定台班工程量计算，并考虑在合理的施工组织技术条件下机械的停歇因素。根据影响机械台班消耗量因素，在施工定额基础上，规定出一个附加额，这个附加额用相对数表示，称为“机械幅度差系数”。

（六）编制定额项目表

1. 人工消耗定额

人工消耗定额，一般按综合列出工日数，并在它的下面分别按技工、普通工列出工日数。

2. 材料消耗定额

材料消耗定额，一般要列出材料（或配件、设备）的名称和消耗量；对于一些用量很少的次要材料，可合并成一项，按“其它材料费”直接以金额“元”列入定额项目表，但占材料总价值的比重，不能超过2%～3%。

3. 机械台班消耗定额

一般按机械类型、机械性能列出各种主要机械名称，其消耗定额以“台班”表示；对于一些次要机械，可合并成一项，按“其它机械费”直接以金额“元”列入定额项目表。

4. 定额基价

一般直接在定额表中列出，其中人工费、材料费和机械费应分别列出。

（七）编制定额说明

定额文字说明，即对建筑装饰工程预算定额的工程特征，包括工程内容、施工方法、计量单位以及具体要求等，加以简要说明。

复习思考题

1. 什么是建筑装饰工程预算定额？它与施工定额之间的关系是什么？

2. 建筑装饰工程预算定额有何作用？

3. 建筑装饰工程预算定额的编制依据和原则是什么？

4. 建筑装饰工程预算定额的计量单位是如何确定的？

5. 建筑装饰工程预算定额人工消耗量指标都包括哪些？它们应如何计算？

6. 建筑装饰工程预算定额中的主要材料耗用量是怎样确定的？次要材料消耗量在定额中是如何表示的？

7. 建筑装饰工程预算定额机械台班消耗量指标是如何确定的？

8. 建筑装饰工程预算定额由哪些内容组成？

9. 根据本地区建筑装饰工程预算定额，通过计算，说明砌筑砂浆、抹灰砂浆等定额项目的换算方法和步骤。

10. 按本地区编制的建筑装饰工程预算定额，指出下列各分项工程的定额编号、计量单位、定额基价（预算价值）及主要材料用量。

(1) 天棚抹灰面贴拼花墙纸；

(2) 铝合金推拉窗安装；

(3) 干粘白石子外墙面（砖底）；

(4) 外墙贴面砖（缝 10mm）；

(5) 普通水磨石墙裙（不分格）；

(6) 砂浆柱面贴镜面玻璃；

(7) 300mm × 300mm 一级不上人 T 型轻钢龙骨天棚；

(8) 胶合板天棚面层安装；

(9) 双轨硬木窗帘盒制安；

(10) 铝合金玻璃隔断。

第四章

建筑装饰工程预算定额基价的确定

预算定额基价，亦称预算价值，是指完成单位分项工程（或构件）所必须投入的货币量的标准数值（基本价格）。它是以地区性价格资料为基准综合取定的，是编制工程预算造价的基本依据。

预算定额基价由人工费、材料费、机械费三部分构成，它们之间的关系可用下列公式表示：

预算定额基价=人工费+材料费+机械费

式中：人工费=定额合计用工量×定额日工资标准；

材料费=Σ定额材料用量×材料预算价格；

机械费=Σ定额机械台班用量×机械台班使用费。

由此可见，当定额指标确定以后，各种预算单价（人工、材料、机械台班）就是计算定额基价的关键性基础数据。因此，为了确定预算定额基价，必须在研究预算定额的基础上，研究定额日工资标准、材料预算价格和机械台班使用费的计算方法。

第一节　定额日工资标准的确定

预算定额基价中定额日工资标准，是指与综合工日（不分工种）的平均工资等级相应的工资单价，它是由生产工人的基本工资、工资性质的津贴、工资附加费、辅助工资、劳动保护费等组成。

一、工资等级系数

工资等级系数是表示各级工人工资标准的一种比例关系，它是某一等级的工资标准与另一级工资标准之比。我国建筑企业现行的工资制度是按照建筑安装工人的操作技术水平确定的。建筑工人实行七级工资制，安装工人实行八级工资制。建筑工人七级工的工资标准是一级工工资标准的2.8倍，安装工人八级工的工资标准是一级工工资标准的3.15倍，其它工资等级系数，详见表4—1。

目前，我国建筑企业工资制度正在改革之中，也有些地区建筑、安装工人都实行八级工资制，如北京地区其月工资和工资等级系数，见表 4—2。

表 4—1　工资等级系数表

工种	工资等级系数	工资等级							
		1	2	3	4	5	6	7	8
建筑	系数	1.000	1.187	1.409	1.672	1.985	2.360	2.800	
安装	系数	1.000	1.178	1.388	1.635	1.926	2.269	2.673	3.150

表 4—2　北京地区建筑安装工人月工资标准和工资等级系数表

工种		工资等级							
		1	2	3	4	5	6	7	8
建筑	工资系数	1.000	1.243	1.513	1.837	2.162	2.432	2.702	3.00
安装	月工资（元）	37	46	56	68	80	90	100	111

在编制预算定额时，工人的工资等级按平均等级。所谓平均等级，是指工人小组成员综合确定的等级。它是由小组各等级工人数进行加权算术平均计算的。所以，这个平均工资等级并不恰好就是1～8 级中的某一级，而是介于两个等级之间，其级差为 0.1 级的某一等级。为了便于计算人工费和编制单位估价表，需要用插入法计算出级差为 0.1 级的工资等级系数表。其计算公式如下：

$$B = A + (C - A) \times d$$

式中：B——介于两个等级之间级差为 0.1 级的某工资等级系数；

A——与 B 相邻而较低的那一级工资等级系数；

C——与 B 相邻而较高的那一级工资等级系数；

d——介于两个工资等级之间的级差为 0.1 级的各种等级，如 0.1、0.2、0.3……0.9。

例如，北京地区级差为 0.1 级工资等级系数，见表 4—3。

表 4—3　北京地区建筑安装工人工资级差为 0.1 级的工资等级系数表

等级	系数	等级	系数	等级	系数	等级	系数	等级	系数	等级	系数	等级	系数	等级	系数
1.0	1.000	2.0	1.243	3.0	1.513	4.0	1.837	5.0	2.162	6.0	2.432	7.0	2.702	8.0	3.000
1.1	1.020	2.1	1.270	3.1	1.550	4.1	1.870	5.1	2.190	6.1	2.460	7.1	2.730		
1.2	1.050	2.2	1.300	3.2	1.580	4.2	1.900	5.2	2.220	6.2	2.490	7.2	2.760		
1.3	1.070	2.3	1.320	3.3	1.610	4.3	1.930	5.3	2.240	6.3	2.510	7.3	2.790		
1.4	1.100	2.4	1.350	3.4	1.640	4.4	1.970	5.4	2.270	6.4	2.540	7.4	2.820		
1.5	1.120	2.5	1.380	3.5	1.680	4.5	2.000	5.5	2.300	6.5	2.570	7.5	2.850		
1.6	1.150	2.6	1.410	3.6	1.710	4.6	2.030	5.6	2.320	6.6	2.590	7.6	2.880		
1.7	1.170	2.7	1.430	3.7	1.740	4.7	2.060	5.7	2.350	6.7	2.620	7.7	2.910		
1.8	1.190	2.8	1.460	3.8	1.770	4.8	2.100	5.8	2.380	6.8	2.650	7.8	2.940		
1.9	1.220	2.9	1.490	3.9	1.800	4.9	2.130	5.9	2.410	6.9	2.680	7.9	2.970		

【例 4—1】试计算北京地区 6.4 级工的工资等级系数。

【解】

查表 4—2 可知：

6 级工工资等级系数为：2.432

7 级工工资等级系数为：2.702

则 6.4 级的工资等级系数为：

$2.432 + (2.702 - 2.432) \times 0.4 = 2.540$

二、预算定额日工资标准的计算

预算定额日工资标准，可用下式表示：

$$\text{定额日工资标准} = \text{日基本工资} + \text{日工资性质津贴} + \text{日工资附加费} + \text{辅助工资} + \text{劳动保护费}$$

（一）日基本工资的计算

生产工人基本工资，是根据建筑装饰工程预算定额，结合当地（城市或地区）现行的建筑安装工人工资标准计算。

各级工的月、日基本工资标准，可用下式表示：

$$\text{各级工的月基本工资标准} = \text{一级工月基本工资标准} \times \text{相应工资等级系数}$$

$$\text{各级工的日基本工资标准} = \frac{\text{各级工月基本工资标准}}{\text{平均每月实际工作天数}}$$

按国家有关劳动制度规定，建筑企业全年每月平均工作天数为 25.5 天。

【例 4—2】试计算北京地区 4.6 级工的日基本工资标准。

【解】

查表 4—2、表 4—3 可知：

1 级工月基本工资标准为：37.00 元

4.6 级工资等级系数为：2.030

则 4.6 级日基本工资标准$=\frac{37 \times 2.030}{25.5}=2.95$（元/工日）

（二）工资性质的津贴

工资性质的津贴属于特殊劳动的额外补偿和地区性价差补贴，是劳动报酬的补充形式。它包括粮油、煤和副食品价格及交通补贴、流动施工津贴、夜班津贴等。按当地政府有关文件规定的标准计算。

（三）生产工人工资附加费、辅助工资、劳动保护费

生产工人工资附加费、辅助工资、劳动保护费，按地方主管部门规定的标准计算。

【例 4—3】 某城市单位估价表中的定额日工资标准，由如下内容组成：按建筑装饰工程预算定额规定的，综合平均工资等级的建安工人日工资标准为 3.66 元、粮煤补贴为 0.04 元、副食品补贴为 0.78 元、冬菜补贴为 0.07 元、冬煤补贴为 0.13 元、肉食补贴为 0.09 元、水电煤气补贴为 0.27 元、工种粮食补贴为 0.24 元和上、下班交通补贴为 0.19 元，生产工人工资附加费为 0.55 元、辅助工资为 0.54 元、劳动保护费为 0.50 元，其它费用为 0.50 元，试计算其定额日工资标准。

【解】

定额日工资标准为：

$3.66+0.04+0.78+0.07+0.13+0.09+0.27+0.24+0.19+0.05+0.55+0.54+0.50=7.11$（元）

三、预算定额人工费的计算

预算定额人工费等于相应人工消耗指标乘以定额日工资标准，即：

人工费＝人工工日用量×定额日工资标准

【例 4—4】 某分项工程定额合计用量为 14.45 工日/10m³，平均工资等级为 3.4 级，日副食品补贴、工资性津贴为 0.25 元，求其定额人工费（采用北京地区工资标准）。

【解】

查表 4—2、表 4—3 可知：

3.4 级工日基本工资$=\dfrac{37\times 1.64}{25.5}=2.38$（元/工日）

日工资性津贴 0.25 元/工日

3.4 级工定额日工资标准$=2.38+0.25=2.63$（元/工日）

定额人工费$=14.45\times 2.63=38.00$（元/10m³）

第二节　材料预算价格的确定

建筑装饰工程材料，是指为了展现建筑装饰设计效果而选用的材料。它是建筑装饰工程的物质基础。建筑装饰工程的材料费用在工程造价中占有很大的比重。预算定额中的材料费，是根据材料消耗定额和材料预算价格计算的。材料预算价格是建设单位与施工单位、加工订货单位结算其供应的材料成品及半成品价款的依据。因此，正确编制材料预算价格，有利于降低工程造价，也有利于促进施工企业的经济核算。

一、材料预算价格的组成

材料预算价格，是指材料由其来源地或交货地到达工地仓库或施工现场存放点后的全部费用。它由材料原价、供销部门手续费、包装费、运杂费、采购及保管费五部分组成。其计算公式如下：

$$\text{材料预算价格}=(\text{材料原价}+\text{供销部门手续费}+\text{包装费}+\text{运杂费})\times(1+\text{采购保管费率})-\text{包装品回收价值}$$

二、材料预算价格的编制范围及审批

（一）材料预算价格的编制范围

材料预算价格按照编制范围的不同，可以划分为下列两种：

1. 地区材料预算价格

地区材料预算价格是根据本地区材料价格资料编制的，仅供本地区内工程使用。运杂

费计算是以地区内所有工程为对象计算加权平均确定的。

2. 某项工程使用的材料预算价格

某项工程使用的材料预算价格是以某一个工程为对象编制的，并专为该项工程使用。运杂费是以一个工程为对象来计算的。

（二）材料预算价格的编审

一般材料预算价格是由国家建委制订编制办法，由各省市、自治区建委负责贯彻、管理和审批。

编制地区材料预算价格，应由地区建委组织邀请设计、施工、建设、银行、运输、物资供应等单位参加，共同编制，经地方建委批准后执行，一般不作变动。但确因材料来源变更，原价增降，可根据各地区的规定整理资料，报经主管部门批准后方可调整。如材料预算价格本中有缺项的材料，可根据供应实际情况编制补充材料预算价格，报上级主管部门审批后执行。

三、材料预算价格各项费用的确定

（一）材料原价的确定

材料原价，是指材料的出厂价格或商业部门的批发牌价，还包括调拨价、调剂价、厂定价、零售价等。根据现行物资管理制度规定，不同的建筑材料由不同的部门管理、调拨和分配。通常材料原价按下列标准计算：

(1) 国家统一分配的产品，按照国家规定的统一出厂价格计算，如钢材、水泥、木材等。

(2) 国务院各部分配的工业产品，按照各部规定的统一出厂价格计算，如玻璃、卫生陶瓷、石棉等。

(3) 地方分配的工业产品，按照地方主管部门规定的出厂价格计算，如砖、瓦、砂、石灰等。

(4) 市场采购材料，按照商业部门规定的批发牌价计算，如五金制品、油漆、电气照明等。

(5) 企业自销产品，均按生产厂的出厂价格计算，如珍珠岩及其制品、塑料壁纸、轻钢龙骨等。

(6) 进口材料，一般按国家批准的进口物资调拨价格计算，也可按国际市场价格加上关税、手续费为材料原价。

在编制地区性的材料预算价格时，凡同一种材料因产地、生产厂家、交货地点或供货单位不同而有几种材料原价时，可根据材料不同来源地、供货数量比例，采用加权平均的方法确定其原价。其计算公式如下：

$$\overline{X}=\frac{\sum XY}{\sum Y}$$

式中：$\overline{X}$——加权算术平均数；

X——各个变数（价格）；

Y——权数（数量）。

【例 4—5】 白瓷砖（152mm × 152mm × 5mm）供应数量和价格见下表，求加权平均价格。

原价（元）	0.21	0.20	0.23	0.24
数量（块）	1000	2000	3000	4000

【解】

$$\text{加权平均价格}=\frac{0.21\times1000+0.20\times2000+0.23\times3000+0.24\times4000}{1000+2000+3000+4000}$$

$=0.225$（元/块）

（二）供销部门手续费

供销部门手续费，是指材料不能直接向生产厂采购、订货，而必须经过当地物资部门或供销部门供应时附加的手续费。供销部门手续费，是按当地物资部门或供销部门现行的取费标准计算。其计算公式如下：

供销部门手续费=材料原价×供销部门手续费率

如果此项费用已包括在供销部门供应的材料原价时，则不应再计算。

供销部门手续费是各地区参考国家经委规定的费率制定的本地区使用的费率，目前我国大部分地区执行国家经委规定的费率，详见表 4—4。

表 4—4　供销部门手续费率表

序号	材料名称	费率（%）	备　注
	金属材料	2.5	包括有色、黑色金属、生铁
	木　材	3.0	包括竹、胶合板
	电机材料	1.8	
	化工材料	2.0	
	轻工产品	3.0	
	建筑材料	3.0	包括一、二、三类物资

（三）材料包装费

材料包装费，是指为了便于材料运输或为保护材料而进行包装所需的一切费用。材料包装费用的计算，通常有两种情况：

(1) 材料出厂时已经包装的，如袋装水泥、玻璃、铁钉、油漆等，这些材料的包装费一般已计入材料原价内，不再另行计算，但应扣回包装品的回收值，即材料到达工地仓库拆除包装后，包装品所剩余的价值。

(2) 如果材料原价中不包含包装费，包装费用需要另行计算；如果包装器材不是一次性报废材料，则包装费用应按多次使用、分次摊销的方法计算。

包装品的回收价值，如果地区主管部门已有规定的，应按地区的规定计算。地区无规定的，可根据实际情况参照下列比率自行确定：

①用木材制品包装的，以 70%回收单价，按包装材料原价的 20%计算。

②用铁皮、铁丝制品包装的，铁桶以 50%、铁丝以 20%的回收量，按包装材料原价

的50%计算。

③用纸皮、纤维品包装，以50%的回收量，按包装材料原价的50%计算。

④用草绳、草袋制品包装者，不计算回收价值。

（四）材料运输费

材料运输费，是指材料由来源地或交货地运至施工工地仓库为止，在其全部运输过程中所支出的一切费用，通常包括车、船运输费、调车费、入库费、装卸费及运输保险费等。

运输费可根据材料的来源地、运输方式、运输工具和运输里程，按照当地有关主管部门规定的运价标准和其它取费办法计算。

（五）材料采购及保管费

材料采购及保管费，是指材料部门在组织采购、供应和保管过程中所需要的各项费用。其中，包括采购及保管部门的人员工资和管理费、工地材料仓库的保管费、货物过秤费，以及材料在运输及储存中的损耗费用等等。

材料的采购及保管费按材料的原价、供销部门手续费、包装费及运输费之和的一定比率计算。其费用可用下式表示：

$$\begin{matrix}\text{材料采购}\\\text{及保管费}\end{matrix}=\left(\begin{matrix}\text{材料}\\\text{原价}\end{matrix}+\begin{matrix}\text{供销部门}\\\text{手续费}\end{matrix}+\text{包装费}+\text{运输费}\right)\times\begin{matrix}\text{采购保}\\\text{管费率}\end{matrix}$$

目前，各地区均执行国家经委的规定，即费率为2.5%。但有些地区在不影响2.5%的水平原则下，按材料分类并结合价值的大小而分订为几种不同的标准。例如：地方材料价值小，则将费率提高为3%；电器材料价值高，则将费率降低为1%。而钢材、木材、水泥及其它材料则定为2.5%。

河北省对此项费用作出了特殊规定：将材料采购保管费（不包括运输和保管损耗）不列入材料预算价格中，而作为工程的“其它直接费”列入工程预算直接费中，土建工程按直接费提取1.2%；设备安装工程按设备价值提取1%；其它材料按材料费提取1.43%。

另外，材料采购保管损耗，按各地区确定的损耗率计算费用并列入材料预算价格。其计算公式如下：

$$\begin{matrix}\text{材料采购}\\\text{保管损耗}\end{matrix}=\left(\begin{matrix}\text{材料}\\\text{原价}\end{matrix}+\begin{matrix}\text{供销部门}\\\text{手续费}\end{matrix}+\text{包装费}+\text{运输费}\right)\times\begin{matrix}\text{采购保管}\\\text{损耗费率}\end{matrix}$$

材料预算价格通常采用预算价格表的形式计算。即根据上述计算方法，逐项的计算材料预算价格的每个组成部分，填入材料预算价格计算表内，详见表4—5。

表4—5 北京地区材料预算价格计算表

材料名称	规格型号	计量单位	原价	供销手续费		合计	包装费	外埠运费				供应价格	市内运费				合计	采购及保管费	减包装品回收值	材料预算价格
				费率%	小计			车船运费	装卸杂费	入库费	小计		出库费	运费	装卸费	小计				
(1)	(2)	(3)	(4)	(5)	(6)=(4)×(5)	(7)=(4)+(6)	(8)	(9)	(10)	(11)	(12)=(9)+(10)+(11)	(13)=(7)+(8)+(12)	(14)	(15)	(16)	(17)=(14)+(15)+(16)	(18)=(13)+(17)	(19)=(18)×费率	(20)	(21)=(18)+(19)−(20)

各地区使用的材料预算价格计算表的格式较多，表 4—5 为北京地区使用的预算价格计算表，学习时仅供参考。

【例 4—6】 某市某工程使用 325 号普通硅酸盐水泥，出厂价格为 76 元/t，由市建材公司供应，建材公司提货地点是本市的中心仓库。试求某工地仓库水泥的预算价格。供销手续费率为 3%，采购及保管费率为 2.5%。

【解】

(1) 材料原价：76 元/t

(2) 供销部门手续费：76 × 3% = 2.28（元/t）

(3) 包装费：水泥纸袋包装费已包括在材料原价内，不另计算。但包装回收值应在材料预算价格中扣除。纸袋回收率为 50%，纸袋回收值按 0.13 元/袋计算，则包装费应扣除值为：

20（袋）× 50% × 0.13 = 1.30（元/t）

(4) 运输费（按当地运费费率标准）：

市内运费　　5.5 元/t

外埠运费　　20 元/t

(5) 材料采购及保管费 =（76 + 2.28 + 20 + 5.5）× 2.5% = 2.59（元/t）

则供应价格 = 76 + 2.28 + 20 = 98.28（元/t）

预算价格 =（98.28 + 5.5 + 2.59）−1.30 = 105.07（元/t）

第三节　施工机械台班使用费的确定

施工机械使用费以“台班”为计量单位，某种机械工作 8 小时，称为“一个台班”。为使机械正常运转，一个台班中所支出和分摊的各种费用之和，称为“机械台班使用费”或“机械台班单价”。

机械台班使用费是编制预算定额基价的基础之一，是施工企业对施工机械费用进行成本核算的依据。机械台班使用费的高低，直接影响建筑工程造价和企业的经营效果。因此，确定合理的机械台班费用定额，对提高企业劳动生产率、降低工程造价具有一定的现实意义。

一、确定机械台班使用费的依据

国家计委于 1988 年颁发了《全国统一施工机械台班费用定额》，机械台班使用费应以此定额为依据。各地也应按该定额指标编制本地区的“机械台班使用费”。

混凝土及砂浆机械台班费用定额，见表 4—6。

二、机械台班使用费的项目组成及计算方法

机械台班使用费由两类费用组成。

(一) 第一类费用（亦称不变费用）

这类费用不因施工地点和条件不同而发生变化，所以也称不变费用。其内容包括以下

表4—6　混凝土及砂浆机械(台班费用定额)

单位:元/台班

序号	机械名称	机型	规格型号		台班基价	费用组成					其中							工费	其中	养路费及车船使用税
						折旧费	大修理费	经常修理费	安拆费及场外运费	燃料动力费	汽油	柴油	煤	电	水	木柴	风力		人工	
					元	元	元	元	元	元	公斤	公斤	吨	千瓦时	吨	公斤	立方米	元	工日	元
233	滚筒式混凝土搅拌机	小	干料容量(升)	250 以内	15.29	2.88	1.37	3.91	1.09	1.88	—	—	—	20.91	—	—	—	4.16	1.25	—
234		中		400 以内	19.74	4.22	1.98	5.65	1.09	2.64	—	—	—	29.36	—	—	—	416	1.25	—
235		中		600 以内	22.76	5.49	2.17	6.19	1.09	3.66	—	—	—	40.63	—	—	—	4.16	1.25	—
236		中		800 以内	41.79	12.10	3.96	11.29	5.19	5.19	—	—	—	57.66	—	—	—	4.16	1.25	—
237	混凝土搅拌机(机动)	小		250 以内	22.48	3.09	2.40	6.12	1.09	5.62	—	7.80	—	—	—	—	—	4.16	1.25	—
238		中		400 以内	35.43	5.30	3.54	9.03	1.09	12.31	—	17.10	—	—	—	—	—	4.16	1.25	—
239	强制式及反转式混凝土搅拌机	小		250 以内	17.13	3.65	1.52	3.89	1.09	2.82	—	—	—	31.33	—	—	—	4.16	1.25	—
240		中		400 以内	22.51	5.38	2.21	5.63	1.09	4.04	—	—	—	44.94	—	—	—	4.16	1.25	—
241		中		600 以内	29.47	8.45	2.67	6.80	1.09	6.30	—	—	—	69.00	—	—	—	4.16	1.25	—
242		中		800 以内	45.21	12.67	4.15	10.59	5.09	8.55	—	—	—	95.03	—	—	—	4.16	1.25	—
243		中		1000 以内	58.15	14.98	4.69	11.95	5.09	17.28	—	—	—	192.00	—	—	—	4.16	1.25	—
244	强制式混凝土搅拌机(电动)	中		1500 以内	71.84	15.46	6.17	15.74	5.09	25.22	—	—	—	280.20	—	—	—	4.16	1.25	—
245	泡沫混凝土搅拌机	小		500 以内	14.08	2.19	1.19	3.57	1.09	1.88	—	—	—	20.91	—	—	—	4.16	1.25	—
246	灰浆搅拌机	小		200 以内	9.80	0.92	0.57	2.29	1.09	0.77	—	—	—	8.61	—	—	—	4.16	1.25	—
247		小		400 以内	12.67	1.48	0.91	3.66	1.09	1.37	—	—	—	15.17	—	—	—	4.16	1.25	—
248	散装水泥车	中	载重量(吨)	4 以内	72.15	12.88	7.88	23.65	—	23.58	26.20	—	—	—	—	—	—	4.16	1.25	—
249		大		7 以内	104.18	28.39	12.42	37.25	—	21.96	—	30.50	—	—	—	—	—	4.16	1.25	—
250		大		10 以内	148.44	56.92	15.36	46.08	—	25.92	—	36.00	—	—	—	—	—	4.16	1.25	—
251		大		26 以内	352.12	167.43	32.10	96.30	—	52.13	—	72.40	—	—	—	—	—	4.16	1.25	—
252	混凝土搅拌输送车	大	容量(立方米)	3 以内	143.80	37.73	21.60	59.40	—	20.91	—	29.04	—	—	—	—	—	4.16	1.25	—
253		大		4 以内	208.66	56.09	32.53	89.47	—	25.61	—	35.57	—	—	—	—	—	4.16	1.25	—

注:本表摘自《全国统一施工机械台班费用定额》(1988 年)

几个方面：

1. 折旧费

这是根据机械的使用期限，逐渐恢复其原始价值的费用。折旧费用“台班折旧率”计算。其计算公式如下：

$$台班机械折旧费=\frac{机械预算价格\times（1-机械残值率）}{使用总台班}$$

式中：$机械残值率=\frac{机械残值}{机械预算价格}$

使用总台班=机械使用年限×年工作台班

机械残值，是指机械设备经使用磨损达到规定使用年限的残余价值。各种机械残值率，详见表 4—7。

表 4—7 机械残值率表

序号	机械种类	机械残值率（%）
1	大型施工机械	5
2	运输机械	6
3	中小型机械	4

机械预算价格等于机械出厂价格加上供销部门手续费加上机械由出厂地点运到使用单位的一次性运杂费。

2. 大修费

这是按规定的大修间隔期进行大修理的费用。其计算公式如下：

$$台班大修理费=\frac{一次修理费\times大修理次数}{使用总台班}$$

式中：大修理次数=使用周期数－1

3. 经常维修费

这是指机械中修及定期各级保养的费用。其计算公式如下：

台班经常维修费＝台班大修理费×Ka。

式中：Ka——台班经常维修系数，如载重汽车 $Ka=1.46$，自卸汽车 $Ka=1.52$，塔式起重机 $Ka=1.69$ 等。

4. 替换设备、工具及附具费

这是指机上需用的替换设备（如蓄电池、变压器、开关、轮胎、电线、电缆、传动皮革、钢丝绳、胶皮管等）和随机应用的工具及附具费的摊销及维护费用。

5. 润滑材料及擦拭材料费

这是为保证机械正常运转，进行日常保养所需的润滑脂及擦拭用布的费用。这项费用应根据各地调查资料综合取定。

6. 安装、拆卸及辅助设施费

这是施工机械进出工地必须安装拆卸所需的工料机具消耗和试运转费，以及辅助设施台班的摊销费用。

7. 机械进退场费

这是指施工机械在运距 25 公里内的进退场运输、转移的台班摊销费用。目前，有些地区将大型施工机械在预算定额中单独列支，作为独立的预算项目。

8. 机械保管费

这是指机械管理部门为管理机械而消耗的费用。有些地区不列入机械台班费用内，而是一并考虑在机械出租管理费内。

（二）第二类费用（亦称可变费用）

第二类费用是机械在施工运转时发生的费用。这类费用常因施工地点和施工条件的变化而变化，所以称为“可变费用”。其费用包括以下几个方面：

1. 机上人员工资

这是指机上操作人员及随机人员的工资（人工费）。它是按机械施工定额不同类型机械使用性能配备的一定技术等级的机上人员的工资。

2. 动力燃料费

这是指机械运转每台班所需消耗的电力、柴油、汽油、煤、木柴、水等费用。

3. 养路费及牌照税

这是指按当地规定对某些施工机械按月收取的养路费及牌照税，进行台班摊销的费用。台班养路费计算公式如下：

$$台班养路费=\frac{核定吨位\times每月每吨养路费\times年工作月数}{年工作台班}$$

有些地区（如北京地区），此项费用未包括在此类费用内，而是另列项表示。

计算建筑机械台班费用定额中几项常用基本数据，详见表 4—8。

表 4—8　建筑机械台班费用定额几项基本数据参考表

序号	机械名称	型号规格	预算价格（元）	残值率（%）	使用总台班	大修间隔台班	一次大修理费（元）	耐用周期	*Ka*（系数）
1	载重汽车	JX_{261} 10t	105000	6	3750	750	8600	5	1.46
2	自卸汽车	AH_{360} 8t	6300	6	3125	625	6800	5	1.52
3	汽车起重机	Q_2－5H 5t	60900	5	3750	750	6000	5	2.10
4	汽车起重机	TS－100L 10t	147310	5	3750	750	11000	5	2.10
5	履带式起重机	W_{501} 10t	101850	5	5625	1125	13000	5	2.16
6	塔式起重机	TQ_{2-5} 2～6t	96300	5	6000	1200	8000	5	1.69
7	混凝土搅拌机	C_{145-3} 400L	10500	4	3500	875	2000	4	1.81
8	卷扬机	1012 型单慢 5t	8190	4	2500	500	950	5	2.24

【例 4—7】 现以北京地区 400L 混凝土搅拌机为例，计算其台班使用费。查表 4—8，有关资料如下：

预算价格（台） 10500 元

机械残值率 4%

使用总台班 3500 台班

一次大修理费 2000 元

大修理间隔台班 875 台班

耐用周期 4 次

经常维修系数 1.81

【解】

第一类费用的计算：

机械折旧费 10500×（1−4%）/3500＝2.88（元/台班）

大修费 2000×（4−1）/3500＝1.71（元/台班）

经常维修费 1.71×1.81＝3.10（元/台班）

替换设备、工具附具费 1.09 元/台班

润滑擦拭材料费 0.54 元/台班

安装辅助设施费 1.53 元/台班

场外运输费 0.59 元/台班

小　计 11.44 元/台班

第二类费用的计算：

人工工资 2.76 元/台班

燃料动力费 3.49 元/台班

小　计 6.25 元/台班

合　计 17.69 元/台班

根据以上各项费用的计算，400L 混凝土搅拌机的机械台班费应是 17.69 元/台班，详见表 4—9。

表 4—9　混凝土搅拌机机械台班费用定额

费用项目		单位	混凝土搅拌机		
			250L（电）	400L（电）	800L（电）
机械台班费		元	12.89	17.69	29.97
第一类费用	折旧费		1.73	2.88	4.61
	大修费		1.03	1.71	3.34
	维修费		1.86	3.10	6.05
	替换设备、工具附具费		1.09	1.09	1.21
	润滑擦拭材料费		0.54	0.54	0.84
	安装辅助设施费		1.23	1.53	2.00
	场外运输费		0.55	0.59	0.83
	小　计		8.03	11.44	18.88
第二类费用	人工工资		2.76	2.76	3.19
	燃料动力费		2.10	3.49	7.90
	小　计		4.86	6.25	11.09

第四节　单位估价表及单位估价汇总表

建筑装饰工程单位估价表（以下简称“单位估价表”），是指以全国统一建筑装饰工程预算定额或各省、市和自治区建筑装饰工程预算定额规定的人工、材料和机械台班数量，按一个城市或地区的工人工资标准，材料及机械台班预算价格，计算出的以货币形式表现的建筑装饰工程的各分项工程的定额单位预算价值表。例如，某市现行的单位估价表中的仿镁铝合金天棚 100m^2，预算单价为 8669.49 元；进口浴盆安装 10 组，预算单价为 155.91 元等。

单位估价表经当地主管部门审查批准后就成为法定单价。凡在规定城市或地区范围内施工的单位都必须认真执行，不得随意修改补充。如遇特殊情况，甲、乙双方制定补充单位估价表时，必须经当地主管部门批准执行。

一、单位估价表的作用

(1) 单位估价表是确定建筑装饰工程预算造价的基本依据。单位估价表的每个分项工程单位预算价值，分别乘以相应分项工程量，就是每个分项工程直接费，把每个分项工程直接费汇总再加上其它直接费，即为单位工程直接费。在此基础上，就可以计算间接费、计划利润及税金，最后汇总求出工程预算造价。

(2) 单位估价表是进行建筑装饰工程拨款、贷款、工程结算和竣工决算及统计投资完成额的主要依据。

(3) 单位估价表是建筑装饰施工企业进行建筑装饰工程成本分析及经济核算的重要依据。

(4) 单位估价表是设计部门进行建筑装饰设计方案经济比较，选定合理设计方案的基础资料。

(5) 单位估价表是编制建筑装饰工程投资估算指标和概算定额的依据。

二、单位估价表的编制

(一) 单位估价表的内容

单位估价表主要由表头和表身组成。其表达形式，见表 4—10。

1. 表头

表头包括分项工程项目名称、预算定额编号、工作内容以及定额计量单位。

2. 表身

表身包括完成某分项工程的建筑装饰工程预算定额规定的人工、材料和机械的名称、单位及定额消耗量；人工、材料和机械的名称相应的日工资标准、材料和机械台班的预算价格。

(二) 单位估价表的编制方法

1. 单位估价表的编制依据

(1) 现行的预算定额。

(2) 地区现行的预算工资标准。

(3) 地区各种材料的预算价格。

(4) 地区现行的施工机械台班费用定额。

2. 单位估价表的编制方法

(1) 按有关规定认真填写好分项工程项目名称、预算定额编号、工作内容以及定额计量单位等单位估价表的表头内容。

(2) 根据建筑装饰工程预算定额计算人工费、材料费、机械使用费和预算单价。

(3) 编写文字说明。

表 4—10 镶贴釉面砖单位估价表

工作内容： 略　　　　计量单位： 100m²

定额编号				1—50		1—51		1—52	
项目名称		单位	单价（元）	外墙贴釉面砖					
				墙面、墙裙		梁柱面		挑檐天沟	
				数量	合价	数量	合价	数量	合价
合计		元			3964.11		4042.82		4029.24
其中	人工费	元	7.11	39.37	279.92	50.44	358.63	48.53	345.05
	材料费	元			3661.04		3661.04		30661.04
	机械使用费	元			23.15		23.15		23.15
材料	水泥砂浆 1∶1	m³	169.04	0.100	16.90	0.100	16.90	0.100	16.90
	混合砂浆 1∶1∶2	m³	133.30	0.720	95.98	0.720	95.98	0.720	95.98
	水泥砂浆 1∶3	m³	107.22	1.830	196.21	1.830	196.21	1.830	196.21
	石灰膏	m³	118.19	0.24	28.37	0.24	28.37	0.24	28.37
	彩釉外面砖 152 × 75	千块	337.86	9.02	3047.50	9.02	3047.50	9.02	3047.50
	水泥 425# 综合	kg	0.19	1107.00	210.33	1107.00	210.33	1107.00	210.33
	中砂（净）	m³	29.380	2.012	59.11	2.012	59.11	2.012	59.11
	水	m³	0.390	0.579	0.23	0.579	0.23	0.579	0.23
	其它材料费	元	1.00		6.41		6.41		6.41
机械	砂浆搅拌机 200L	台班	15.740	0.460	7.24	0.460	7.24	0.460	7.24
	单筒快速卷扬机 1t	台班	24.110	0.660	15.91	0.660	15.91	0.660	15.91

（三）单位估价表的编制步骤

编制单位估价表是一项政策性很强且又十分细致、复杂的工作，必须有组织、有计划和有步骤地进行。

1. 准备工作阶段

(1) 组织编制单位估价表的临时机构。

(2) 拟定工作计划。

(3) 搜集编制单位估价表的基础资料。

(4) 了解掌握编制地区范围内的技术、经济等方面情况。

(5) 提出单位估价表的编制方案。

2. 编制工作阶段

(1) 选定建筑装饰工程预算定额项目。

(2) 抄录定额人工、材料、机械消耗数量。

(3) 选择与填写单价。

(4) 计算、填写、复核工作。

(5) 编写文字说明。

3. 审定工作阶段

(1) 对编制出的单位估价表的初稿，进行全面审核、修改和定稿。

(2) 上报主管部门批准、颁发、使用。

三、单位估价汇总表

在估价表编制完成以后，应编制单位估价汇总表。单位估价汇总表，是指把单位估价表中分项工程的主要货币指标（基价、人工费、材料费、机械费）及主要工料消耗指标，汇总在统一格式的简明表格内，见表 4—11。单位估价汇总表的特点是：所占篇幅少，查找方便，简化了建筑装饰工程预算编制工作。单位估价汇总表的内容，主要包括单位估价表的定额编号、项目名称、计量单位，以及预算单价和其中的人工费、材料费、机械费和综合费等，见表 4—11。

表 4—11　单位估价汇总表

序号	定额编号	项　目	单位	单价（元）	其中			
					人工费（元）	材料费（元）	机械费（元）	综合费（元）
……	……	……	……	……	……	……	……	……
××	1—43	墙面、墙裙镶贴磁砖	m^2	29.48	4.30	23.40	0.07	1.71
××	1—44	梁柱面镶贴磁砖	m^2	30.10	4.92	24.40	0.07	1.71
××	1—45	挑檐天沟镶贴磁砖	m^2	29.32	5.31	23.84	0.17	—
……	……	……	……	……	……	……	……	……

在编制单位估价汇总表时，要注意计量单位的换算。如果单位估价表是按预算定额编制的，其计量单位多数是 $100m^2$、10 套等等。但是，实际编制建筑装饰工程预算时的计量单位，多数是采用 m^2、套等等。因此，为了便于套用单位估价汇总表的预算单价，一般都在编制单位估价汇总表时，将单位估价表的计量单位（$100m^2$、100 延长米、10 个、10 套或 10 组等）折算成个位单位（m^2、m、个、套或组等）。

第五节　补充单位估价表

随着建筑装饰工程专业的发展和新技术、新结构、新工艺、新材料的不断涌现，以及高级装饰的产生，现行的建筑装饰工程预算定额或单位估价表，已难以完全满足工程项目的需要，在编制预算时，会经常出现缺项。这时，就必须编制补充单位估价表。补充单位估价表的作用、编制原则和依据、内容及表达形式等，均与单位估价表相同。

一、编制与使用补充单位估价表前应明确的问题

(1) 补充单位估价表的工程项目划分，应按预算定额（或单位估价表）的分部工程归类，其计量单位、编制内容和工作内容等，也应与预算定额（或单位估价表）相一致。

(2) 由建设单位、施工企业双方编制好补充单位估价表后，必须报当地建委审批后，方可作为编制该建筑装饰工程施工图预算的依据。

(3) 补充单位估价表只适用同一建设单位的各项建筑装饰工程，即为“一次性使用”定额。

(4) 如果同一设计标准的建筑装饰工程编制施工图预算时使用该补充单位估价表，其人工、材料和机械台班数量不变，但其预算单价必须按所在地区的有关规定进行调整。

二、补充单位估价表的编制方法和步骤

（一）准备工作阶段

由建设单位、施工企业共同组织临时编制小组，搜集编制补充单位估价表的基础材料，拟定编制方案。

（二）编制工作阶段

(1) 根据施工图纸的工程内容和有关编制补充单位估价表的规定，确定工程项目名称、补充定额编号、工作内容和计量单位，并填写补充在单位估价表各栏内。

(2) 根据施工图纸、施工定额和现场测定资料等，计算完成定额计量单位的各工程项目相应的人工、材料、施工机械台班的消耗指标。

(3) 根据人工、材料、机械台班消耗指标与当地的人工工资标准、材料预算价格、机械台班价格，计算人工费、材料费和施工机械使用费，将上述人工费、材料费和施工机械使用费相加所得之和，就是该补充单位估价表项目的预算单价。

(4) 编写文字说明。

（三）审批工作阶段

补充单位估价表经审批后，上报主管部门批准后方可执行。

三、人工、材料和机械台班消耗指标的确定

（一）人工消耗指标

补充单位估价表的人工消耗指标，是指完成某一分项工程项目的各种用工量的总和。它是由基本用工量、材料超运距用工量、辅助用工量和人工幅度差等组成，一般可按下列公式计算：

$$人工消耗指标=\left(\begin{matrix}基本\\用工量\end{matrix}+\begin{matrix}超运距\\用工量\end{matrix}+\begin{matrix}辅助\\用工量\end{matrix}\right)\times\left(1+\begin{matrix}人工幅度\\差系数\end{matrix}\right)$$

式中：基本用工量＝Σ（工序工程量×相应时间定额）

超运距用工量＝Σ（超运距材料数量×相应时间定额）

辅助用工量＝Σ（加工材料数量×相应时间定额）

$$人工幅度差=\left(\begin{matrix}基本\\用工量\end{matrix}+\begin{matrix}超运距\\用工量\end{matrix}+\begin{matrix}辅助\\用工量\end{matrix}\right)\times\begin{matrix}人工幅度\\差系数\end{matrix}$$

（二）材料消耗指标

补充单位估价表中的材料消耗量，一般是以施工定额的材料消耗定额为计算基础。如果某些材料，如成品或半成品、配件等没有材料消耗定额时，则应根据施工图纸通过分析计算，分别以直接性消耗材料和周转性消耗材料，求出材料消耗指标。

1. 直接性消耗材料

直接性消耗材料，是指直接构成建筑装饰工程实体的消耗材料。它是由材料设计净用量和损耗量组成。其计算公式如下：

$$材料总消耗量=材料净用量\times（1+损耗率）$$

式中：材料净用量——是指在正常的施工条件、节约与合理地使用材料的前提下，完成单位合格产品所必须消耗的材料净用数量，一般可按材料消耗净定额或采用观察法、试验法和计算法确定；

损耗率——是通过材料损耗量计算的。

材料损耗量，是指在建筑装饰工程施工过程中，各种材料不可避免地出现的一些工艺损耗以及材料在运输、贮存和操作过程中产生的损耗和废料。材料消耗量一般可按材料损耗定额或采用观察法、试验法和计算法确定：

$$材料损耗率=\frac{损耗量}{净用量}\times 100\%$$

2. 周转性消耗材料

周转性消耗材料，是指在建筑装饰工程施工中，除了直接消耗在构成工程实体上的各种材料外，还要耗用一部分反复周转的工具性材料。周转性消耗材料以摊销量表示。其计算公式如下：

$$摊销量=周转使用量-回收量$$

式中：$周转使用量=一次使用量\times\frac{1+（周转次数-1）\times 补损率}{周转次数}$

$回收量=一次使用量\times（\frac{1-补损率}{周转次数}）$

其中：一次使用量——周转性材料一次使用的基本数量；

周转次数——周转性材料可以重复使用的次数。

（三）机械台班消耗指标

机械台班消耗指标，是指在合理的劳动组织和合理使用机械正常施工的条件下，由熟练的工人操纵机械，完成补充单位估价表计量单位的合格产品所必须消耗的机械台班数量。它一般是以施工常用机械规格综合选型，以 8 小时作业为台班计算单位，结合施工定额或指定资料计算的产量定额，可按下式进行计算：

$$\begin{matrix}机械台班\\消耗指标\end{matrix}=\frac{补充单位估价表计量单位的工程量}{机械产量定额}$$

复习思考题

1. 建筑装饰工程预算定额日工资标准由哪几部分组成？
2. 本地区建筑装饰工程月、日基本工资是如何计算的？
3. 建筑装饰材料预算价格由哪些费用组成？应如何计算？
4. 施工机械台班费由哪些费用组成？
5. 什么是单位估价表和单位估价汇总表？试述单位估价表的作用和编制依据。
6. 为什么要编制补充单位估价表？简述其编制方法。

第五章

建筑装饰工程概算定额及概算指标

第一节　建筑装饰工程概算定额

一、建筑装饰工程概算定额的概念

建筑装饰工程概算定额，是指完成单位分部工程（或扩大构件）所消耗的人工、材料、施工机械台班的标准数量和综合价格。

建筑装饰工程概算定额是初步设计阶段编制设计概算的基础。概算项目的划分与初步设计的深度相一致，一般是以分部工程为对象。概算定额是在预算定额的基础上，按常用主体结构工程列项，以主要工程内容为主，适当合并相关预算定额的分项内容，进行综合扩大，较之预算定额具有更为综合扩大的性质，所以又称为“扩大结构定额”。

建筑装饰工程概算定额的主要特点是：

(1) 以分部工程或扩大构件为计价项目。

(2) 按组成的各分项工程含量，运用现行预算定额（或单位估价表）扩大综合核定其指标。

(3) 口径统一、不留活口，计价项目较少，故而工程量计算及套价比较简便。

(4) 概算定额作为编制概算的基础，故而法律效力不强。

二、建筑装饰工程概算定额的作用

(1) 建筑装饰工程概算定额是初步设计阶段编制工程概算、技术设计阶段编制修正概算的主要依据。初步设计、技术设计是采用三阶段设计的第一阶段和第二阶段。根据国家有关规定，按设计的不同阶段对拟建工程进行估价，编制工程概算和修正概算。这样，就需要与设计深度相适应的计价定额，概算定额正是适应了这种设计深度而编制的。

(2) 建筑装饰工程概算定额是编制主要材料消耗量的计算依据。保证材料供应是建筑装饰工程施工的先决条件。根据概算定额的材料消耗指标，计算工程用料数量比较准确，并可以在施工图设计之前提出计划。

(3) 建筑装饰工程概算定额是设计方案进行经济比较的依据。设计方案比较，主要是指建筑装饰设计方案的经济比较。其目的是选择出经济合理的建筑装饰设计方案，在满足功能和技术性能要求的条件下，达到降低造价和人工、材料消耗。概算定额按扩大建筑结构构件或扩大综合内容划分定额项目，可为建筑装饰设计方案的比较提供方便条件。

(4) 建筑装饰工程概算定额是编制概算指标的依据。

(5) 建筑装饰工程概算定额是招投标工程编制招标标底、投标报价的依据。

三、建筑装饰工程概算定额的编制依据和项目划分原则

(一) 建筑装饰工程概算定额的编制依据

(1) 现行的有关设计标准、设计规范、通用图集、标准定型图集、施工验收规范、典型工程设计图等资料。

(2) 现行的预算定额、施工定额。

(3) 原有的概算定额。

(4) 现行的定额工资标准、材料预算价格和机械台班单价等。

(5) 有关的施工图预算或工程结算等资料。

(二) 建筑装饰工程概算定额项目划分的原则

概算定额项目划分要贯彻简明适用的原则。在保证一定准确性的前提下，概算定额项目应在预算定额项目的基础上，进行适当的综合扩大。其定额项目划分的粗细程度，应适应初步设计的深度。总之，应使概算定额项目简明易懂、项目齐全、计算简单、准确可靠。

四、建筑装饰工程概算定额的内容

建筑装饰工程概算定额的内容一般由总说明、各章分部说明、概算项目表以及附录组成。

(一) 总说明

总说明主要是介绍概算定额的作用、编制依据、编制原则、适用范围、有关规定等内容。

(二) 各章分部说明

各章分部说明主要是对本章定额运用、界限划分、工程量计算规则、调整换算规定等内容进行说明。

(三) 概算项目表

概算项目表是以表格形式来表示项目划分、定额编号、计量单位、概算基价及工料指标等内容的，见表 5—1。项目表是概算定额手册的主要部分，它反映了一定计量单位扩大结构或构件扩大分项工程的概算单价，以及主要材料消耗量的标准。

(四) 附录

附录一般列在概算定额手册的后面，通常包括材料的配比、预算价格等资料。

表5—1 墙体工程

单价编号	项目名称	单位	单价（元）	钢筋（kg）	其他材料（kg）	钢模脚手（kg）	木材（m^3）	水泥（kg）	黄砂（kg）	石子（kg）	石灰（kg）	砖（块）	砌块（m^3）	油漆（kg）
03001	一般 半砖	m^2	13.50	1.12	0.01	0.27	0.0010	25	127	18	9	57		0.01
03002	外墙 一砖	m^2	22.10	2.44	0.01	0.27	0.0014	34	182	37	10	112		0.01
03003	一砖半	m^2	31.20	3.73	0.01	0.42	0.0020	46	238	56	12	169		0.01
03004	240厚硅酸盐砌块	m^2	21.90	3.90	0.01	0.27	0.0014	30	147	40	9	16	0.1573	0.01
03005	240厚陶粒砌块	m^2	23.30	3.90	0.01	0.27	0.0014	30	147	40	9	16	0.1573	0.01
03006	框架 半砖	m^2	11.40	0.41	0.01		0.0004	22	119	6	8	49		0.01
03007	外墙 一砖	m^2	16.90	0.74	0.01		0.0005	26	160	10	10	95		0.01
03008	200厚三孔砖	m^2	15.50	0.63	0.01		0.0005	23	120	9	8	21		0.01
03009	115厚三孔砖	m^2	11.40	0.41	0.01		0.0004	18	103	6	8	12		0.01
03010	排架 一砖	m^2	21.50	2.00	0.01	0.16	0.0011	32	181	29	10	115		0.01
03011	外墙 一砖半	m^2	30.00	2.99	0.01	0.25	0.0014	43	236	44	12	174		0.01
03012	一般 半砖	m^2	11.40	1.78		0.08	0.0003	14	98	8	10	59		
03013	内墙 一砖	m^2	18.30	1.47		0.19	0.0007	21	150	22	12	115		
03014	一砖半	m^2	26.40	2.29		0.29	0.0011	31	204	35	13	173		
03015	240厚硅酸盐砌块	m^2	18.20	2.98		0.19	0.0007	18	115	26	11	16	0.1629	
03016	240厚陶粒砌块	m	19.60	2.98		0.19	0.0007	18	115	26	11	16	0.1629	
03017	框架 半砖	m^2	9.90	1.32				11	92	3	10	52		
03018	内墙 一砖	m^2	14.80	0.45			0.0001	15	135	6	12	104		
03019	一砖半	m^2	21.00	0.69			0.0001	22	179	9	13	156		
03020	200厚三孔砖	m^2	13.20	0.37			0.0001	12	92	5	10	22		
03021	115厚三孔砖	m^2	9.80	1.32				7	74	3	10	13		
03022	排架 一砖	m^2	17.20	0.67			0.0001	18	149	9	12	122		
03023	内墙 一砖半	m^2	24.60	1.03			0.0001	26	201	14	14	183		
03024	大钢 160厚外墙	m^2	33.00	12.99		3.81	0.0009	80	173	207	3			
03025	摸钢 160厚内墙	m^2	30.20	12.99		2.92	0.0013	68	153	207	6			
03026	砼墙 每增减10厚	m^2	1.30	0.81				4	6	13				
03027	钢砼 180厚外墙	m^2	37.60	16.08		2.75	0.0014	89	184	233	3			
03028	剪力 180厚内墙	m^2	36.30	16.08		2.75	0.0012	76	166	233	6			
03029	墙 每增减10厚	m^2	1.30	0.89				4	6	13				
03030	外砌内浇 160厚内墙	m^2	27.40	11.69		1.48	0.0010	68	153	207	6			
03031	钢砼墙 每增减10厚	m^2	1.20	0.73				4	6	13				
03032	住宅 160厚外墙	m^2	39.00	18.10		3.20	0.0005	83	175	213	3			
03033	钢砼 160厚内墙	m^2	37.50	18.10		3.20	0.0003	71	156	213	6			
03034	滑模墙 每增减10厚	m^2	1.90	0.85				4	7	13				

第二节　建筑装饰工程概算指标

一、建筑装饰工程概算指标的概念

建筑装饰工程概算指标，是按整个建筑物以 $1m^2$（或 $100m^2$、万元造价、构筑物以每座、生产容量）为计量单位，来确定主要工程量所消耗的人工、材料及造价等定额参考指标的数额。它是概算定额的进一步综合和扩大，是设计概算资料的分析和概括，也是典型工程统计资料的计算成果。概算指标是以整个建筑物或构筑物为对象编制的，它包括了完成该建筑物或构筑物所需要的全部施工过程。

二、建筑装饰工程概算指标的作用

（1）建筑装饰工程概算指标是控制工程项目投资的依据。

（2）建筑装饰工程概算指标是设计单位在方案设计阶段编制投资估算，选择设计方案的依据。

（3）建筑装饰工程概算指标是基建部门编制基本建设投资计划和估算主要材料消耗量的依据。

三、建筑装饰工程概算指标的编制依据

（1）工程标准设计图纸和典型工程设计。

（2）现行的概算定额、材料的预算价格及其它有关资料。

（3）国家颁发的现行建筑设计规范、施工规范及其它有关技术规范。

（4）不同工程类型的造价指标及人工、材料、机械台班消耗指标。

（5）已完工预（决）算资料。

四、建筑装饰工程概算指标的内容及表现形式

建筑装饰工程概算指标的内容，由总说明、分册说明和经济指标及结构特征等组成。

（一）总说明及分册说明

总说明主要从总体上说明概算指标的用途、编制依据、分册情况、适用范围、工程量计算规则及其它内容。分册说明是就本册中的具体问题作出必要的说明。

（二）经济指标

经济指标是概算指标的核心部分，它包括该单项（或单位）工程每 $1m^2$ 造价指标，以及每 $1m^2$ 建筑面积的扩大分项工程量、主要材料消耗及工日消耗指标。

（三）结构特征

结构特征，是指在概算指标内标明建筑物平、剖面示意图，以表示建筑结构工程的概况。建筑装饰工程概算指标在具体内容的表现形式上，分单项指标和综合指标两种。单项指标，是一种以典型的建筑物或构筑物为分析对象的概算指标，见表 5—2；综合指标，则是一种概括性较大的指标，见表 5—3。

表 5—2　多层民用建筑实物量单项指标

指标编号	4020	工程名称	学生宿舍	建筑面积	3581m^2
项目名称		结构特征	砖混		
工程地质及地耐力	R＝14t/m^2			基础埋深	－2.00m

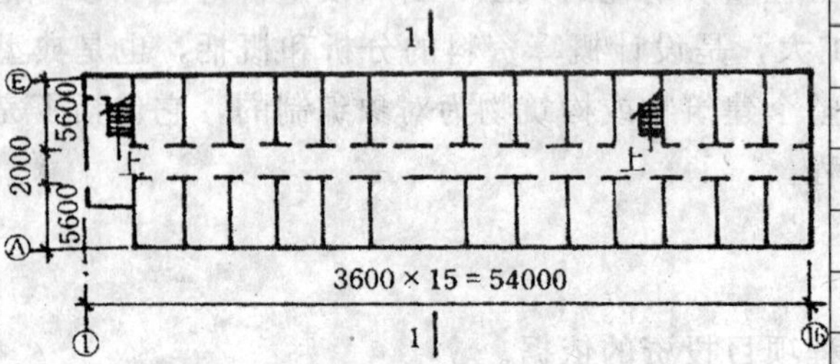

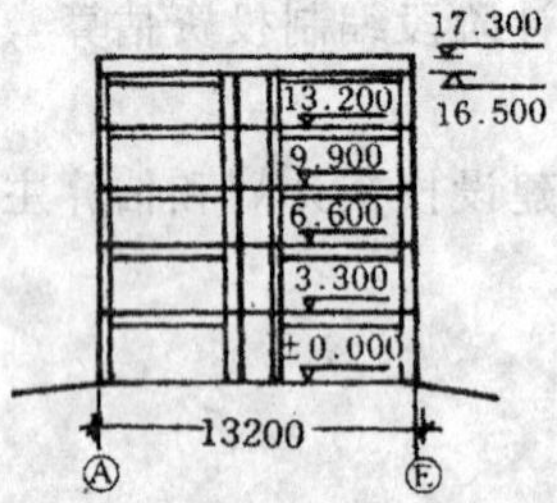

每1 m^2造价指标 / 每1 m^2材料指标		直接费（元）	59.37
		其中基础工程	4.9
材料名称	单位	全部工程	其中基础
水泥	kg	116	7
木材	m^3	0.013	
钢筋	kg	10.50	0.57
型钢	kg	0.10	
钢板	kg	0.03	
钢窗料	kg	3.45	
标准砖	块	282	54
石灰	kg	58	21
砂	m^3	0.40	0.04
石子	m^3	0.17	0.01
石油沥青	kg	1	
卷材	m^2	0.47	
人工（平均等级）	工日	3.47	0.49

3600×15＝54000

13200

1—1

分项工程名称	每1m^2工程量	造价%	元/m^2	分项工程名称	每1m^2工程量	造价%	元/m^2
基础工程		8.25	4.90	钢混凝土肋形板	0.057m^2		1.25
砖基础	0.185m^3		4.90	钢混凝土平板	0.064m^2		1.20
墙体工程		32.02	19.01	钢混凝土空心板	0.61m^2		6.44
一砖外墙	0.227m^2		2.71	细石混凝土楼面	0.54m^2		1.27
一砖半外墙	0.276m^2		5.44	水磨石楼面	0.215m^2		1.28
半砖内墙	0.009m^2		0.05	水磨石面钢混凝土楼梯	0.045m^2		1.79
一砖内墙	0.747m^2		7.10	混凝土散水	0.029m^2		0.16
一砖半内墙	0.27m^2		3.30	门窗工程		15.09	8.96
水磨石隔断厕所	0.008间		0.41	普通木门	0.021m^2		0.46
梁柱工程		0.2	0.12	全玻璃弹簧门	0.011m^2		0.42
钢混凝土矩形梁	0.001m^3		0.12	单层木侧窗	0.002m^2		0.02
屋盖工程		11.08	6.58	单层钢侧窗	0.004m^2		0.16
钢混凝土矩形梁	0.0005m^2		0.07	一玻一纱钢侧窗	0.128m^2		7.90
钢混凝土肋形板	0.008m^2		0.18	装饰工程		5.09	3.02

续表

分项工程名称	每 1m² 工程量	造价 %	元/m²	分项工程名称	每 1m² 工程量	造价 %	元/m²
预制钢混凝土空心板	0.186m²		1.96	水泥石灰砂浆抹面	0.23m²		0.24
二毡三油卷材屋面	0.194m²		1.06	石灰砂浆抹面	2.364m²		1.77
水泥蛭石保温层 δ−130	0.194m²		2.43	水刷石墙面	0.301m²		1.61
屋面架空隔热板	0.194m²		0.88	其他工程		3.39	2.01
楼地面工程		24.38	14.77	砖砌地沟	0.006m		0.24
细石混凝土地面	0.135m²		0.71	钢混凝土阳台及栏杆	0.029m²		0.92
水磨石地面	0.059m²		0.67	零星工程			0.85

注：本表摘自 1983 年兵器工业部编制的一般土建工程概算指标。

表 5—3 上海地区指标

工程名称	结构特征	单方造价（元/m²）	每 1m² 主要材料消耗		
			水泥（kg）	钢材（kg）	木材（m²）
一般住宅	砖混	110～120	140	22	0.03
一般住宅	一模三板	125～140	200	25	0.03
较高标准住宅	砖混	150～170	180	25	0.08
高层住宅	框架箱基十二层以下	190～210	200	50	0.05
高层住宅	框架桩基十五层左右	210～250	220	50	0.05
高层住宅	大模桩基十二层以下	200～220	250	70	0.06
高层住宅	大模桩基十五层左右	220～260	280	75	0.06
高层住宅	滑模桩基十五层左右	180～200	250	50	0.06
高层住宅	标准较高	310～340	250	70	0.08
单身宿舍	砖混	100～110	130	21	0.03
学生宿舍	砖混	120～130	150	25	0.04
外籍人员宿舍	砖混（卧室有卫生间、暖气）	200～230	200	25	0.05
幼儿园、托儿所	砖混	120～140	200	30	0.07
中小学	砖混	100～110	180	28	0.04
教育楼	砖混	100～130	200	28	0.04
技工学校	部分框架	150～170	220	40	0.504
阶梯教室		140～160	230	40	0.06
实验楼	框架	220～250	220	40	0.05
图书馆	砖混（不包括书架）	170～200	160	26	0.04
图书馆	框架（不包括书架）	290～310	300	75	0.06
街道医院	砖混	140～160	180	22	0.04
综合医院	砖混	170～200	200	25	0.04
综合医院	框架	220～250	250	50	0.05

工程名称	结构特征	单方造价（元/m^2）	每 $1m^2$ 主要材料消耗		
			水泥（kg）	钢材（kg）	木材（m^3）
病房楼	框架	250～280	250	50	0.05
门诊楼	砖混	130～150	160	24	0.05
门诊楼	框架	190～220	240	50	0.05
营养厨房	砖混	140～160	160	25	0.04
办公楼	砖混	100～110	160	25	0.03
办公楼	框架	130～160	220	40	0.05
食堂	砖混（带有小冷库及淋浴）	130～150	150	30	0.08
食堂	框架（门架）	150～170	250	40	0.04
剧场	不包括坐椅及演出设备	320～380	300	80	0.09
电影院	不包括坐椅及演出设备	300～350	280	70	0.08
排演厅	不包括空调	300～330	250	70	0.14
住宅下商店	框架	170～200	200	40	0.04
商业楼	结构				
沿街商店	联接体	150～10	180	35	0.06
菜场	框架	150～180	200	40	0.04
浴室	不包括锅炉	140～160	180	25	0.04
单层仓库	砖混	120～140	130	25	0.03
单层仓库	排架（有行车）	190～220	300	50	0.03
多层仓库（有货梯）	框架	210～250	260	60	0.04
多层仓库（无货梯）	框剪	180～220	250	60	0.04
冷库	框架（不包括冷冻机房）	320～360	350	100	0.06
变电所	设备费按下列数字增加	170～200	250	45	0.03
设备	180KVA 每组	20.000			
设备	320KVA 每组	23.000			
设备	560KVA 每组	35.000			
设备	750KVA 每组	38.000			
设备	1000KVA 每组	42.000			
锅炉房	设备按下列数字增加：	180～210	45	250	0.03
	设备 0.5t 每组	27.000			
	设备 1t 每组	35.000			
	设备 2t 每组	54.000			
	设备 4t 每组	82.000			

说明：1. 本参考造价表按单体工程造价计算，不包括室外附属工程。

2. 住宅造价未包括上海地区投资包干因素的包干费 1.5%～2%。

3. 主要材料消耗仅是土建部分。

4. 本造价表所列工程系上海市民用建筑设计院设计的部分工程，仅作编制设计任务书参考。

5. 造价仅供参考。

复习思考题

1. 什么是建筑装饰工程概算定额？它有哪些作用？
2. 建筑装饰工程概算定额与预算定额有何异同？
3. 什么是建筑装饰工程概算指标？它有哪些作用？
4. 建筑装饰工程概算指标在表示方法上通常有哪两种形式？

下　篇

建筑装饰工程预算

第六章

建筑装饰工程概(预)算概论

第一节　建筑装饰工程概(预)算分类

一、建筑装饰工程概(预)算的概念

建筑装饰工程概(预)算,是指在执行工程建设程序过程中,根据不同的设计阶段设计文件的具体内容和国家规定的定额指标以及各种取费标准,预先计算和确定每项新建、扩建、改建和重建工程中的装饰工程所需全部投资额的经济文件。它是装饰工程在不同建设阶段经济上的反映,是按照国家规定的特殊的计划程序,预先计算和确定装饰工程价格的计划文件。

根据我国现行的设计和概(预)算文件编制以及管理方法,对工业与民用建设工程项目作了如下规定:(1)采用两阶段设计的建设项目,在扩大初步设计阶段,必须编制设计概算;在施工图设计阶段,必须编制施工图预算。(2)采用三阶段设计的建设项目,除在初步设计、施工图设计阶段,必须编制相应的概算和施工图预算外,还必须在技术设计阶段编制修正概算。因此,不同阶段设计的装饰工程,也必须编制相应的概算和预算。

建筑装饰工程概(预)算所确定的投资额,实质上就是建筑装饰工程的计划价格。这种计划价格在工程建设工作中,通常又称为"概算造价"或"预算造价"。

二、建筑装饰工程概(预)算的分类

按照基本建设阶段和编制依据的不同,建筑装饰工程投资文件可分为工程估算、设计概算、施工图预算、施工预算和竣工决算等五种形式。

(一) 工程估算

根据设计任务书规划的工程规模,依照概算指标所确定的工程投资额、主要材料总数等经济指标,称为"工程估算"。它是设计(计划)任务书的主要内容之一,也是审批项目(立项)的主要依据之一。

(二) 设计概算

设计概算，是指在初步设计阶段，由设计单位根据初步设计或扩大初步设计图纸、概算定额或概算指标、各项费用定额或取费标准等有关资料，预先计算和确定建筑装饰工程费用的文件。

设计概算是控制工程建设投资、编制工程计划的依据，也是确定工程投资最高限额和分期拨款的依据。

设计概算文件应包括建设项目总概算、单项工程综合概算、单位工程概算以及其它工程和费用概算。设计单位在报送设计图纸的同时，还要报送相应种类的设计概算。

（三）施工图预算

施工图预算，是指在施工图设计阶段，当工程设计完成后，在工程开工之前，由施工单位根据施工图纸计算的工程量、施工组织设计和国家（或地方主管部门）规定的现行预算定额、单位估价表以及各项费用定额（或取费标准）等有关资料，预先计算和确定建筑装饰工程费用的文件。

施工图预算是确定工程施工造价、签订承建合同、实行经济核算、进行拨款决算、安排施工计划、核算工程成本的主要依据，也是工程施工阶段的法定经济文书。

施工图预算的内容应包括单位工程总预算、分部和分项工程预算、其它项目及费用预算等三部分。

（四）施工预算

施工预算是施工单位内部编制的一种预算，是指施工阶段在施工图预算的控制下，施工队根据施工图计算的工程量、施工定额、单位工程施工组织设计等资料，通过工料分析，预先计算和确定完成一个单位工程或其中的分部工程所需的人工、材料、机械台班消耗量及其相应费用的文件。

施工预算是签发施工任务单、限额领料、开展定额经济包干、实行按劳分配的依据，也是施工企业开展经济活动分析和进行施工预算与施工图预算的对比依据。

施工预算的主要内容包括工料分析、构件加工、材料消耗量、机械台班等分析计算资料，适用于劳力组织、材料储备、加工订货、机具安排、成本核算、施工调度、作业计划、下达任务、经济包干、限额领料等项管理工作。

（五）竣工决算

建设工程竣工后，根据实际施工完成情况（项目、工程量），按照施工图预算的规定和编制方法，所编制的工程施工实际造价以及各项费用的经济文书，叫做“竣工决算”。它是由施工企业编制的最终付款凭据，经建设单位和建设银行审核无误后生效。

在以上五种工程建设投资文件中，设计概算、施工图预算、施工预算是建筑装饰工程预算的三个组成部分。

第二节　建筑装饰工程费用的构成

在建筑装饰工程施工中，需要投入大量的人力、材料、机械消耗的大量资金。这也就是说，在建筑装饰工程中，既包含各种人力、材料、机械使用的价值，又包含工人在施工中新创造的价值，这些价值都应该在建筑装饰工程的费用中体现出来。因此，建筑装饰工程的费用，应该包括直接消耗于建筑装饰工程的费用、间接消耗的费用、其它费用、利润和税金等。

建筑装饰工程费用包含的项目繁多，计算复杂。由于建筑装饰工程及生产的技术经济特点，使得建筑装饰工程的费用构成、费用计算基础和取费标准等，因工程的类别、标准、等级、地区、企业级别等不同而发生变化，而且建筑装饰工程费用要随着时间的推移及生产力和科学技术水平的提高，其费用构成、取费标准等也将发生变化，以便适应相应时期建筑装饰工程产品的价值。

一、建筑装饰工程费用的构成及特点

（一）建筑装饰工程费用的构成

建筑装饰工程的费用按国家现行规定，由直接费用、间接费用、利润、其它费用和税金五部分构成，每个部分又包括许多内容。各省、市、自治区可以根据国家主管部门规定的费用构成和取费标准，并结合地方具体情况，对装饰工程费用予以补充和调整。例如，某省建筑装饰工程费用由直接费用、间接费用、利润、其它费用及税金五部分构成，其具体内容，详见表6—1。为了与一般土建单位工程中的普通装饰工程（以下简称“土建装饰工程”）相对比，现将土建装饰工程的费用构成同时列出，见表6—2。

（二）建筑装饰工程费用的特点

从上述两表对比可以看出，建筑装饰工程的费用与一般土建装饰工程费用的构成是很相似的，但由于建筑装饰工程的施工与一般土建装饰工程的施工相比有许多特殊性，因此建筑装饰工程的费用也有其特点。

1. 预算定额基价构成不同

有些地区建筑装饰工程预算定额基价中，除含人工费、材料费和机械使用费以外，还包含一项综合费用，而土建装饰工程预算定额基价中不含有此项费用。

2. 费用构成不同

土建装饰工程中计取的二次搬运费、城市运输干扰费及夜间施工增加费，在装饰工程费用中均不计取。

3. 其它直接费和间接费的计算基础不同

在土建工程中，不同单位工程的各分部工程，其直接费用相差较大，但综合成为单位工程时，各单位工程的直接费则是较为稳定的，各种差别相互抵消。因此，土建工程以直接费或定额直接费作为其它费用的计算基础。

土建装饰工程作为土建工程中的一个分部工程，其取费基础与土建工程相同，费用包含在土建费用之中。但是，在建筑装饰工程中，各种材料的价值很高，价差很大，直接费数量受材料价格影响大，很不稳定，但其中的人工费的数量则是比较稳定的。因此，建筑装饰工程以定额人工费作为其它费用的计算基础。例如，建筑装饰工程费用中的其它直接费、施工管理费、计划利润等，都是以定额人工费为基础进行计算的。

二、建筑装饰工程各项费用的组成

建筑装饰工程费用由直接费、间接费、其它费用、利润和税金构成，各项费用的组成，详见表6—1。

表 6—1

<table>
<tr><td rowspan="6">建筑装饰工程费用（造价）</td><td rowspan="2">直接费</td><td>定额直接费</td><td>定额人工费
定额材料费
定额机械费
定额综合费</td></tr>
<tr><td>其它直接费</td><td>冬期施工增加费
雨季施工增加费等五项费用
预算包干费</td></tr>
<tr><td>间接费</td><td colspan="2">施工管理费
临时设施费
劳动保险基金</td></tr>
<tr><td colspan="3">利　润</td></tr>
<tr><td>其它费用</td><td colspan="2">远地工程增加费
异地施工补贴费
定额内流动资金贷款利息
房产税、土地使用税
公有房产集中供暖费
材料预算价格与市场价差
地区差价</td></tr>
<tr><td colspan="3">税　金</td></tr>
</table>

表 6—2

<table>
<tr><td rowspan="6">土建装饰工程费用（造价）</td><td rowspan="2">直接费</td><td>定额直接费</td><td>定额人工费
定额材料费
定额机械费</td></tr>
<tr><td>其它直接费</td><td>冬期施工增加费
二次搬运费
城市运输干扰费
雨季施工增加费等六项费用
预算包干费</td></tr>
<tr><td>间接费</td><td colspan="2">施工管理费
临时设施费
劳动保险基金</td></tr>
<tr><td colspan="3">利　润</td></tr>
<tr><td>其它费用</td><td colspan="2">远地工程增加费
异地施工补贴费
定额内流动资金贷款利息
房产税、土地使用税
公有房产集中供暖费
材料预算价格与市场价差
地区差价</td></tr>
<tr><td colspan="3">税　金</td></tr>
</table>

（一）直接费

直接费，是指装饰工程施工中直接消耗于工程实体上的人工、材料、机械使用等费用的总称。直接费由人工费、材料费、机械使用费和其它直接费构成。

装饰工程直接费一般根据施工图纸、装饰工程预算定额基价或地区单位估价表，按装饰工程分项工程进行计算。将各分项工程的定额直接费汇总，再加上其它直接费，即为装饰工程的直接费，可用下式表示：

$$直接费=\Sigma\left[\begin{matrix}概（预）算\\定额基价\end{matrix}\times\begin{matrix}分项工程\\工程量\end{matrix}\right]+\begin{matrix}其它\\直接费\end{matrix}$$

1. 人工费

人工费，是指从事装饰工程施工的工人（包括现场运输等辅助工人）和附属生产工人的基本工资、附加工资、工资性津贴、辅助工资和劳动保护费。但是，人工费不包括材料保管、采购、运输人员、机械操作人员、施工管理人员的工资。这些人员的工资，分别计入其它有关的费用中。

人工费的计算，可用下式表示：

$$人工费=\sum\left[\frac{概（预）算定额}{基价人工费}\times\frac{分项工程}{工程量}\right]$$

2. 材料费

材料费，是指完成装饰工程所消耗的材料、零件、成品和半成品的费用，以及周转性材料的摊销费。

材料费的计算可用下式表示：

$$材料费=\sum\left[\frac{概（预）算定额}{基价材料费}\times\frac{分项工程}{工程量}\right]$$

3. 施工机械使用费

建筑装饰工程施工机械使用费，是指装饰工程施工中所使用各种机械费用的总称。但是，它不包括施工管理和实行独立核算的加工厂所需的各种机械的费用。

施工机械使用费的计算，可用下式表示：

$$\frac{施工机械}{使用费}=\sum\left[\frac{概（预）算定额}{基价机械费}\times\frac{分项工程}{工程量}\right]$$

此外，还必须指出，有些地区的装饰工程预算定额基价中，规定了一项综合费用。其内容包括建筑物七层（22.5 米）以内的材料垂直运输和 3.6 米以内的脚手架，按通常施工方法考虑了材料水平运输、通讯设施、卫生设施等的费用。

4. 其它直接费

其它直接费，是指装饰工程定额直接费中没有包括的，而在实际施工中发生的具有直接费性质的费用。其中，包括冬期施工增加费、雨季施工增加费等五项费用及预算包干费等。这些费用，通常按各地区的规定进行计算。

(1) 冬期施工增加费。冬期施工增加费，是指为进行冬期施工所增加的直接费。它包括材料费、燃料费、人工费、保温设施及建筑物门窗洞口封闭费等。但是，它不包括特殊工程必须采取暖棚法而增加的费用和混凝土的现场进行的蒸汽养护费用，以及室内施工的取暖费，这些费用发生时须另行计算。

建筑装饰工程冬期施工增加费以定额人工费为计算基础，一般可按下式计算：

$$冬期施工增加费=\frac{冬期施工期实际完成的}{定额直接费中的人工费}\times\frac{冬期施工}{增加费费率}$$

(2) 雨季施工增加费。雨季施工增加费，是指在雨季施工期所增加的直接费。它包括防雨措施、排除雨水、工效降低等费用。

建筑装饰工程雨季施工增加费以定额人工费为计算基础，其计算公式如下：

$$雨季施工增加费=\frac{定额}{人工费}\times\frac{雨季施工}{增加费费率}$$

(3) 流动施工补贴费。由于建筑装饰工程施工一般都是流动作业，没有固定的比较正规的就餐条件和地点，职工就餐费用较高，因此设立此项费用作为职工的生活补贴。

流动施工补贴费的计算，可用下式表示：

$$\text{流动施工补贴费}=\text{定额人工费}\times\text{流动施工补贴费费率}$$

（4）生产工具用具使用费。生产工具用具使用费，是指施工和生产所需但不属于固定资产的生产工具，检验、试验用具等的购置、摊销和维修费，以及支付给工人自备工具的补贴费。

建筑装饰工程生产工具用具使用费的计算，可用下式表示：

$$\text{生产工具用具使用费}=\text{定额人工费}\times\text{生产工具用具使用费费率}$$

（5）检验试验费。检验试验费，是指对装饰材料、构件和装饰施工物品进行一般鉴定、检查所发生的费用。其内容包括自设试验室进行试验所耗用的材料和化学药品费用等，以及技术革新和研究试验费。但是，它不包括新结构、新材料的试验费；建设单位要求对具有出厂合格证明的材料进行检验的费用；对构件进行破坏性试验及其它特殊要求检验试验的费用。

检验试验费的计算，可用下式表示：

$$\text{检验试验费}=\text{定额人工费}\times\text{检验试验费费率}$$

（6）工程定位复测、工程点交、场地清理费。它们通常又称“三项费用”，可用下式表示：

$$\text{三项费用}=\text{定额人工费}\times\text{三项费用取费率}$$

（7）预算包干费。预算包干费，是指预算定额中未包括，而在工程实际施工中可能发生的各项费用。其内容包括装饰工程施工和土建、设备安装交叉作业的影响；特殊装饰工程对工人的保护、保健；对过冬施工工程采取保护措施，以及在各冬期施工以外时间因气候变化而增加的费用；修筑吊车、运输车行驶道路；因电力不足而发生周期性停水、停电，每周累计不超过 8 小时；由于建设单位原因，材料、图纸等供应不上影响施工，在一个月内累计不超过 3 天。

在实际施工中，以上项目可能发生，也可能发生上述项目以外的内容。原则上，预算包干费及其计算内容，应以双方签订的工程承包合同为准。包干系数经双方协商后，报请当地造价管理部门批准。装饰工程预算包干费，通常以定额人工费为计算基础，取费率为9%～3%。为防止重复取费，对以工程决算替代预算的工程、实报实销工程和执行预算加施工签证的工程，均不计取预算包干费。

必须强调指出，土建装饰工程其它直接费的计算，均与土建工程相同，即以定额直接费为计算基础。

另外，在工程施工中发生下列费用，应按实际计算：(1) 设计变更费。(2) 由于设计或建设单位原因造成的返工损失费用。(3) 因工程停、缓建造成的损失费用。(4) 因不可抗拒的自然灾害造成的损失费用。(5) 不可预见的地下障碍物的拆除与处理费用。

下面举例说明其它直接费的计算方法。

【例 6—1】 某省高级宾馆装饰工程的定额直接费为 325 000 元，其中定额人工费 58 000 元，已知该省装饰工程的其它直接费费率如下表所示（其中预算包干费由双方议定）无冬期施工。请计算各项其它直接费。

序号	其它直接费名称	计费基础	取费率（%）
①	冬期施工增加费	冬期实际完成定额人工费	15
②	雨季施工增加费	定额人工费	1.5
③	流动施工补贴费	同上	11
④	生产工具用具使用费	同上	6
⑤	检验试验费	同上	1.5
⑥	工程定位复测、工程点交、场地清理费	同上	4
⑦	预算包干费	同上	10

【解】

根据各项其它直接费的计算公式可得：

(1) 冬期施工增加费＝0

(2) 雨季施工增加费＝58 000×1.5%＝870（元）

(3) 流动施工补贴费＝58 000×11%＝6 380（元）

(4) 生产工具用具使用费＝58 000×6%＝3 480（元）

(5) 检验试验费＝58 000×1.5%＝870（元）

(6) 工程定位复测、工程点交、场地清理费＝58 000×4%＝2 320（元）

(7) 预算包干费＝58 000×10%＝5 800（元）

上述各项其它直接费的总和为：

0＋870＋6 380＋3 480＋870＋2 320＋5 800＝19 720（元）

（二）间接费

建筑装饰工程间接费，是指装饰工程施工企业为组织和管理装饰工程施工所需要的各种费用，以及为企业职工生产生活服务所需支出的一切费用。它不直接地作用于建筑装饰工程的实体，也不属于某一部分（项）工程，只能间接地分摊到各个装饰工程的费用中。装饰工程间接费，包括施工管理费、临时设施费和劳动保险基金。

1. 施工管理费

施工管理费，是指施工企业为组织和管理装饰工程施工所需的各种费用。施工管理费内容繁多，可以归纳为：非生产性费用、为施工服务的费用、为工人服务的费用和其它管理费等几方面。其具体内容如下：

(1) 工作人员工资。工作人员工资，是指施工企业的行政、技术管理人员、警卫消防、炊事服务人员以及管理部门司机等的基本工资、辅助工资和工资性质的补贴。它不包括材料采购、保管人员、由职工福利基金开支的管理人员以及工会经费和营业外开支人员的工资。

(2) 工作人员工资附加费。工作人员工资附加费，是指按国家规定计算的支付给工作人员的职工福利基金和工会经费。

(3) 工作人员劳动保护费。工作人员劳动保护费，是指按国家有关部门规定标准发放的劳动保护用具的购置费、修理费和保健费、防暑降温费等。

(4) 职工教育经费。职工教育经费，是指按国家有关规定，在工资总额1.5%的范围内掌握开支的在职职工的教育经费及书刊费补贴。

(5) 办公费。办公费，是指行政管理办公用的文具、纸张、账表、印刷、邮电、书报、会议、水电、烧水和集体取暖（包括现场临时宿舍取暖）用煤等的费用。

(6) 差旅交通费。差旅交通费，是指职工因公出差、调动工作的差旅费、住勤补助费、市内交通费和工作人员误餐补助费、职工探亲路费、劳动力招募费、职工退休、离休、退职一次性路费、工作人员就医药费、工地转移费，以及行政管理部门使用的交通工具的油料、燃料、养路费、车船牌照税等。

(7) 固定资产使用费。固定资产使用费，是指行政管理部门和试验部门使用的固定资产（房屋、设备、仪器等）的折旧基金、大修理基金、维修、租赁费等。

(8) 行政工具用具使用费。行政工具用具使用费，是指行政管理使用的、不属于固定资产的工具、器具、家具、交通工具和检验、试验、测绘、消防用具等的购置、维修和摊销费。

(9) 上级管理费。上级管理费，是指装饰工程施工企业按国家规定向上级主管部门交纳的管理费用。

(10) 工程造价管理费。工程造价管理费，是指按规定计取的定额、预算编制管理的费用。

(11) 其它费用。其它费用，是指上述项目以外的其它必要的费用支出，包括定额测定、支付劳动部门临时工的管理费、合同签（公）证费、市内卫生费、印花税等费用。

(12) 施工管理费的计算。装饰工程施工管理费的计算，可用下式表示：

建筑装饰工程施工管理费=定额人工费×施工管理费费率

2. 临时设施费

临时设施费，是指因建筑施工需要而搭设的生产和生活用的各种设施的费用。临时设施包括临时宿舍、文化福利及公用事业房屋，以及仓库、办公室、加工厂，施工现场规定范围内的临时道路、管线等设施。

临时设施费的计算，可用下式表示：

建筑装饰工程临时设施费=定额人工费×临时设施费费率

3. 劳动保险基金

劳动保险基金，是指国营施工企业福利基金以外的，由劳动保险条例规定的离退休职工的退休金和医药费，6个月以上的病假工资及按上述职工工资提取的职工福利基金。对不实行劳动保险待遇的企业，不计取此项费用。若该项费用实行了社会统筹，则按当地有关部门的规定计取。

劳动保险基金的计算，可用下式表示：

建筑装饰工程劳动保险基金=定额人工费×劳动保险基金费率

【例 6—2】某省某高级宾馆装饰工程的定额直接费为 325 000 元，其中定额人工费为 58 000 元，已知该省装饰工程间接费费率分别为：施工管理费费率 68%，临时设施费费率 8%，劳动保险基金费率 9%。试计算各项间接费。

【解】

根据各项间接费的计算公式可得：

(1) 施工管理费 = 58 000 × 68% = 39 440（元）

(2) 临时设施费 = 58 000 × 8% = 4 640（元）

(3) 劳动保险基金 = 58 000 × 9% = 5 220（元）

间接费用即为上述三项费用之和。即：

间接费用 = 39 440 + 4 640 + 5 220 = 49 300（元）

（三）利润

在建筑装饰工程费用中扣除装饰成本后的余额，称之为盈利。成本包括直接费、间接费、其它费用；盈利包括利润与税金。成本是物质消耗的支出和劳动者为自己劳动所创造价值的货币体现；而盈利，则是装饰企业职工为社会劳动所创造的价值在建筑装饰工程造价中的体现。

所谓利润，就是指装饰工程施工企业按国家规定的计划利润或法定利润率计取的利润（此处不包括企业由于降低成本等而得到的经营利润）。这项费用不但可以增加施工企业的收入，改善职工的福利待遇和技术设备，调动施工企业广大职工的积极性，而且还可以增加社会总产值和国民收入。

按照国家规定，自 1989 年起，为了实行招标投标承包制，将国营施工企业原有的法定利润改为计划利润，其实质同施工管理费、临时设施费一样，允许施工企业在投标报价时向下浮动，以利于建筑市场的竞争；而对集体施工企业，国家规定按法定利润率计取利润。

建筑装饰工程利润以定额人工费作为计算基础，即实行工资利润率。其计算可用下式表示：

$$计划利润 = 定额人工费 \times 计划利润率$$

$$法定利润 = 定额人工费 \times 法定利润率$$

（四）税金

税收是国家财政收入的主要来源。它与其它收入相比，具有强制性、固定性与无偿性等特点。通常建筑装饰工程施工企业也要像其它企业一样，按国家的规定缴纳税金。

建筑装饰工程税金，是指国家按照法律规定，向建筑装饰工程建筑施工企业或个体经营者征收的财政收入。按照建筑装饰工程施工的技术经济特点，建筑装饰工程施工企业应向国家缴纳六种税金，即营业税、城市建设维护税、房产税、土地使用税、教育费附加税和所得税。其中，前五种属于转嫁税，应列入建筑装饰工程费用中；后一种，属于利润所得分配税，由施工企业所得收入中支付。上述某些税金项目若在前面的费用中已经列支，则在缴纳税金时不再列入。例如，某省规定装饰工程费用中的税金由营业税、城市建设维护税、教育费附加税三部分构成（房产税、土地使用税已计入其它费用中）。在实际计算和征收税金时，为简化计算，上述三种税金之和以不含税装饰工程造价减去直接列入工程造价中的专用基金的差额作为计税基础，其计算可用下式表示：

$$税金额=(\frac{不含税}{工程造价}-\frac{直接列入工程造价}{中的专用基金})\times税率$$

其中，不含税造价，是指现行的工程预算造价（包括材料价差及利息等）；直接列人工程造价中的专用基金，指临时设施费、劳动保险基金和施工机构迁移费；税率按纳税的装饰工程施工企业所在的地点不同分别确定。例如，某省规定：纳税企业所在地为市区时，税率为3.38%；所在地为县镇时，税率为3.31%；所在地不为市区、县镇时，税率为3.19%。

（五）其它费用

其它费用，是指建筑装饰工程施工中实际发生的，以上费用中均未包括的支出费用。按照国家规定，其它费用可根据各地方的实际情况加以确定。一般包括远地工程施工增加费、异地施工补贴费、材料预算价格与市场价格的价差、地区差价等。其它费用不得作为其它直接费和间接费的计算基础。

1. 远地工程增加费

远地工程增加费，是指施工企业派出施工力量离开施工企业基地25公里以外或离开城市到远郊区，以及偏僻地区承担施工任务所需增加的费用。其中，包括施工力量调遣费、管理费、临时设施费等。但对施工地点离企业基地不超过25km，以通勤为主的，则不计取此项费用（另计取异地工程施工补贴费）。

建筑装饰工程远地工程增加费，可按以下规定计取：

(1) 施工力量调遣费和管理费。它包括调遣职工的往返差旅费、调遣期间的工资、施工机具、设备和周转性材料的运杂费，以及在施工期间因公、因病、探亲、换季而往返于原驻地间的差旅费和职工在施工现场食宿而增加的水电费、采暖费和主副食运输费等。例如，某省规定：施工力量调遣费和管理费，以定额人工费为计算基础，离驻地25km以上，100km以内者，按定额人工费的22%计取；超过100km，每增加50km，增加费率3%；超过500km不再增加取费率。

(2) 增加的临时设施费。按定额人工费增加一定的费率计算。例如，某省规定，按定额人工费增加11%计算。

2. 异地施工补贴费

异地施工补贴费在各省、市、自治区均有相应的规定，在此不再赘述。

3. 材料预算价格与市场价格的差价

材料预算价格与市场价格的差价，是指预算定额中规定的材料预算价格与当前市场材料价格之间的差值。由于材料的价格每年均有上下浮动，势必造成同种类、同规格、同质量的材料预算价格与市场价格产生差异，这部分材料价格差值要计入工程费用中，由建设单位承担。在计算这部分费用时，承发包双方应参照市场价格或材料价格调整系数，商定包干或按照公布的最高限价进行调整，并将调整额在合同中注明。

4. 地区差价

建筑装饰工程预算定额一般是依据省、市、自治区政府所在城市的建安工人工资标准、材料、机械台班价格等为标准编制的。但由于同一省内不同城市或地区的工人工资标准、材料价格、机械台班价格标准是不同的，因此产生了地区差价。该部分差额，应按当地工程造价主管部门规定的工人工资标准、材料价格及机械台班价格标准，编制地区单位估价表或按有关规定进行调整。

除上述各项其它费用以外，有的省、市、自治区还考虑了定额流动资金贷款利息、房产、土地使用税、公有房产集中供暖费等几项其它费用。在编制装饰工程预算时，应按照本地区工程造价主管部门的有关规定进行增减，以利于客观地反映装饰工程的预算造价。

三、建筑装饰工程费用的计算程序

建筑装饰工程费用的计算程序，参见表 6—3。

表 6—3　建筑装饰工程费用的计算程序（包工包料）

代号	费 用 名 称	计 算 式	备 注
(一)	直接费	(1) + (2)	
(1)	定额直接费	按预算定额项目计算的直接费之和	
A	其中：定额人工费	按预算定额项目计算的人工费之和	
(2)	其它直接费	①～③之和	
①	冬期施工增加费	冬期施工实际完成量中定额人工费× 15%	
②	雨季施工增加费等五项费用	A × 24%	此项费用包干使用
③	预算包干费	A × 9%～18%	较复杂、特殊工程 18%～30%
(二)	间接费	(3) ～ (5) 之和	
(3)	施工管理费	A × 68%	
(4)	临时设施费	A × 8%	
(5)	劳动保险基金	A × 9%	已统筹的按地市规定计算
(三)	计划利润	A × 38%	集体 14%
(四)	其它费用	(6) ～ (12) 之和	均不计取其它直接费和间接费
(6)	远地施工增加费	④+⑤	
④	其中：施工力量调遣费及管理费	A × 22～46%	
⑤	临时设施费	A × 11%	
(7)	异地施工补贴费	定额工日数× 1.3 × 1.5 元/人	按合同执行
(8)	定额内流动资金贷款利息	按各地市规定进行	
(9)	房产税、土地使用税	同　上	
(10)	公用房产集中供暖费	同　上	
(11)	材料预算价格与市场价差	同　上	
(12)	地区差价	同　上	
(五)	税　金	[(一) + (3) + (三) + (四) —⑤] × 3.38%	3.31%、3.19%
(六)	合　计	(一) ～ (五) 之和	

建筑装饰工程的费用是由以上所述的五个部分构成的，它们之间存在着密切的内在联系。其中,前者是后者的计算基础。因此，费用计算必须按一定的程序来进行，避免漏项或重项，做到计算清晰、结果准确。另外，由于各地区情况不同，取费的项目、内容可能发生变化，而且费用的归类也可能不同，如寒冷地区应计取的冬季施工增加费在南方不计取；有的地区列入其它费用的项目在另外地区可能被列入间接费或其它直接费。因此，在进行费用计算时，要按照当地当时的费用项目构成、费用计算方法、取费标准等，遵照一定的程序进行计算。

复习思考题

1. 什么是建筑装饰工程概（预）算？

2. 建筑装饰工程概（预）算在不同的建设阶段通常分为哪几种？

3. 试列表比较设计概算、施工图预算、施工预算的定义、作用、编制依据、主要内容和适用条件。

4. 建筑装饰工程费用是由几种费用构成的？每一种费用都包括哪些内容？

5. 间接费通常包括哪几种费用？试述施工管理费的含义、内容及计算式。

6. 当材料预算价格与市场价格出现差值时应，如何解决？

第七章

建筑装饰工程工程量的计算

第一节　建筑装饰工程工程量计算的依据和意义

一、建筑装饰工程工程量计算的依据

建筑装饰工程的工程量计算类似于建筑工程工程量计算，它是以施工图及施工说明为工程量计算依据的。

工程量，是指以自然计量单位或物理计量单位所表示的各分项工程或结构构件的数量。

自然计量单位，是以物体自身的计量单位来表示工程完成的数量。如灯具安装以“套”为计量单位；卫生器具安装以“组”为计量单位。

物理计量单位，是指物体的物理属性，一般是以法定计量单位来表示工程完成的数量。如建筑墙面贴壁纸以“m^2”为计量单位；楼梯栏杆扶手以“m”为计量单位。

二、正确计算建筑装饰工程工程量的意义

正确计算建筑装饰工程工程量，是编制建筑装饰工程预算的一个重要环节。其意义主要表现在以下几方面：

(1) 建筑装饰工程工程量计算的准确与否，直接影响着建筑装饰工程的预算造价，从而影响着整个建筑工程的预算造价。

(2) 建筑装饰工程工程量是建筑装饰施工企业编制施工作业计划，合理安排施工进度，组织劳动力、材料和机械的重要依据。

(3) 建筑装饰工程工程量是基本建设财务管理和会计核算的重要指标。

三、建筑装饰工程工程量计算应注意的问题

(1) 严格按照预算定额的规定、工程量计算规则和已会审的施工图纸进行计算，不得任意加大或缩小各部位尺寸，如不可把轴线间距作为内墙面装饰的长度。

(2) 为便于校核，以避免重算或漏算，计算时一定要注明所在的层次、部位、轴线编号等。

(3) 工程量计算公式中的数字应按相同的次序排列，如长×宽，以利校核，并且数字精确到小数点的后三位；汇总时，可精确到小数点后两位。

(4) 为提高计算效率、减少重复劳动，应尽量利用图纸中的各种明细表，如门窗明细表、灯具明细表等。

(5) 为避免重算和漏算，应按照一定的顺序进行计算，如按定额项目的排列顺序并按顺时针方向计算。

(6) 计算时应采用表格方式，以利审核。

(7) 工程量汇总时，计量单位应和定额或单位估价表计量单位一致。

第二节　建筑面积的计算

一、建筑面积计算的意义

建筑面积是表示建筑物平面特征的几何参数，是指建筑物各层水平平面面积之和，包括使用面积、交通面积和结构面积。单位通常为“m^2”。建筑面积在建筑装饰工程预算中的作用，主要有以下几个方面：

(1) 建筑面积是计算建筑装饰工程以及相关分部分项工程量的依据。如脚手架和楼地面的工程量大小均与建筑面积有关。

(2) 建筑面积是编制、控制和调整施工进度计划和竣工验收的重要指标。

(3) 建筑面积是确定建筑装饰工程技术经济指标的重要依据。例如，下列指标：

单方建筑装饰工程造价=建筑装饰工程预算总造价（元）/建筑面积（m^2）

单方建筑装饰工程劳动量消耗=建筑装饰工程总劳动量（工日）/建筑面积（m^2）

单方建筑装饰工程材料消耗=某种建筑装饰材料消耗量（m^2、t……）/建筑面积（m^2）。

二、建筑面积的计算方法

（一）建筑面积计算的范围和方法

1. 单层建筑物的建筑面积

(1) 单层建筑物不论其高度如何，均按建筑物勒脚以上外墙外围水平面积计算。即按建筑平面图结构外轮廓线尺寸计算。图 7—1 的建筑面积可用下式表示：

$$S = L \times B$$

式中：S——单层建筑物建筑面积，m^2；

L——两端山墙勒脚以上外表面间水平距离，m；

B——两纵墙勒脚以上外表面间水平距离，m。

(2) 内部带有部分楼层的单层建筑物，应增加局部楼层的建筑面积。如图 7—2 所示。此时建筑面积可用下式表示：

$$S = L \times B + \sum_{1}^{n-1} l \times b$$

式中：S——单层建筑物带有部分楼层时的建筑面积，m^2；

L——两端山墙勒脚以上外表面间的水平距离，m；

B——两纵墙勒脚以上外表面间的水平距离，m；

l，b——外墙勒脚以上外表面至局部楼层墙（柱）外边线的水平距离，m；

n——局部楼层层数。

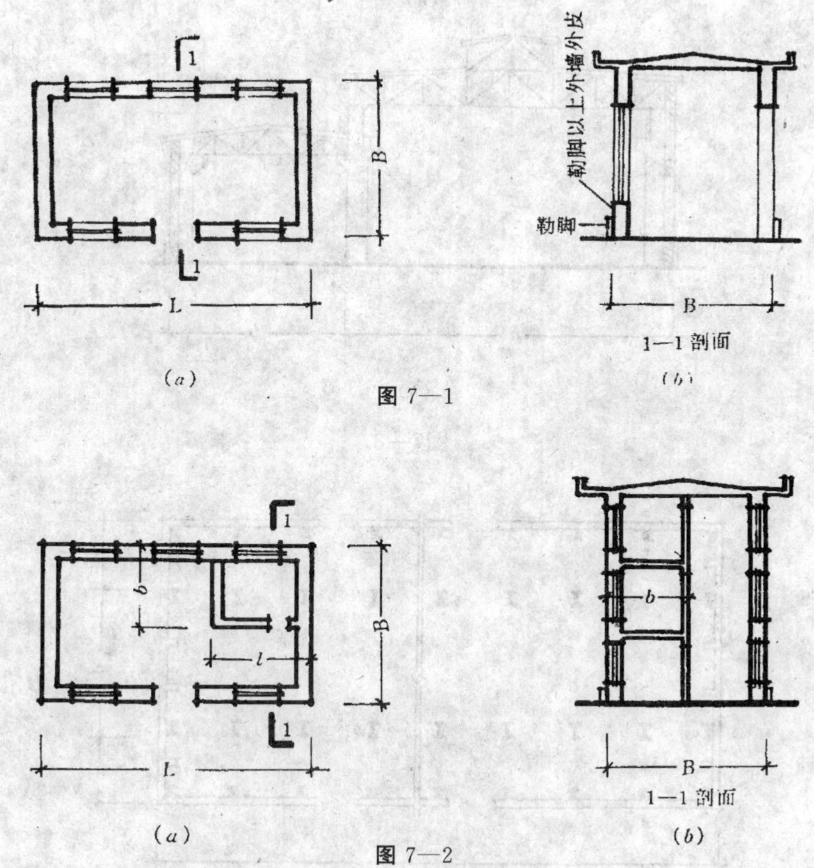

图 7—1

图 7—2

（3）高低联跨的单层建筑物，如需分别计算建筑面积时，以高跨部分为主计算。

当高跨为边跨时，高跨建筑面积按勒脚以上两端山墙外表面间的水平长度乘以勒脚以上外墙外表面至高跨中柱外边线的水平宽度计算，如图 7—3 所示。

当高跨为中跨时，高跨建筑面积按勒脚以上两端山墙外表面间的水平长度乘以中柱外边线的水平宽度计算，如图 7—4 所示。

高跨部分、低跨部分的建筑面积可用下式表示：

高跨建筑面积 $S_g = L \times a$

低跨建筑面积 $S_d = L \times b$

式中：S_g——高跨部分建筑面积，m^2；

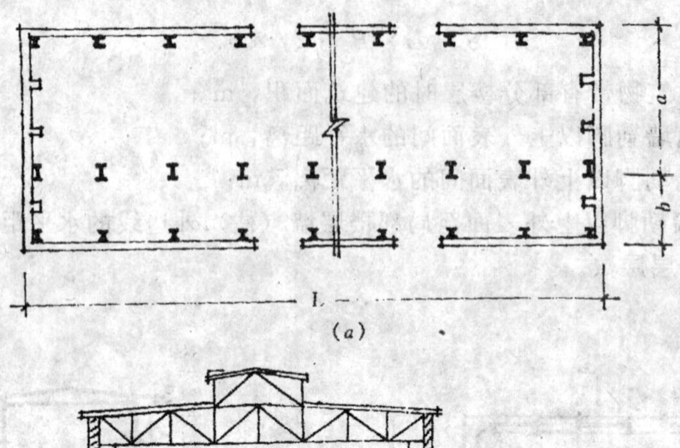

(a)

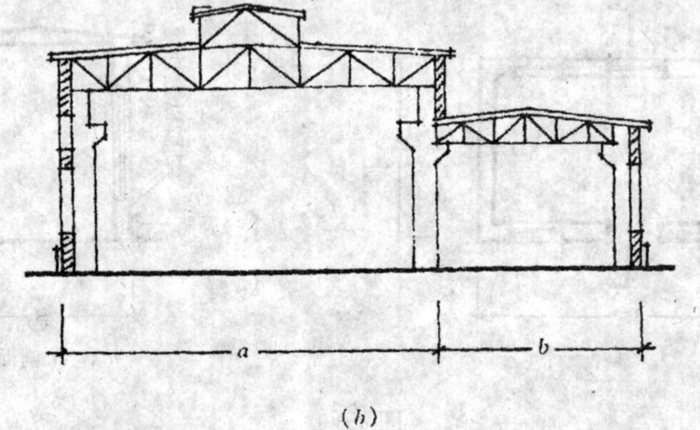

(b)

图7—3

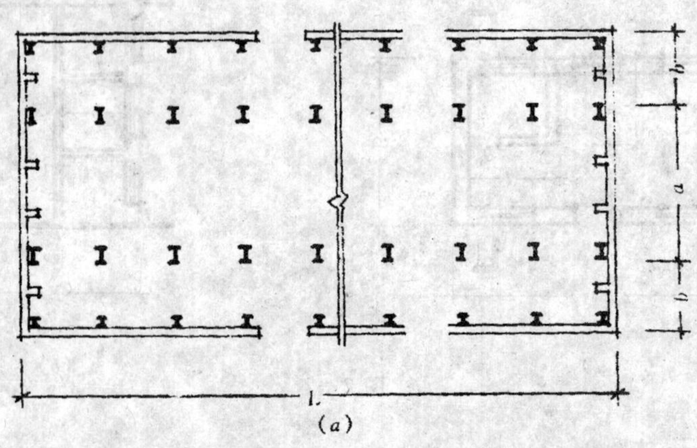

(a)

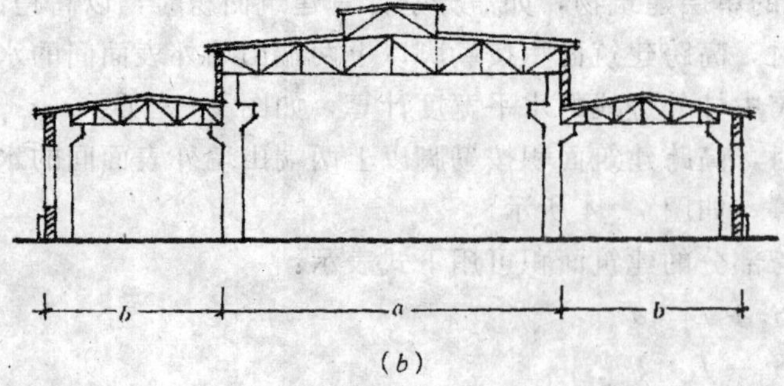

(b)

图7—4

S_d——低跨部分建筑面积，m^2；

L——两端山墙外表面间的水平距离，m；

a——当高跨为边跨时勒脚以上外墙外表面至高跨中柱外边线的水平宽度，当高跨为中跨时高跨中柱外边线间的水平宽度，m；

b——低跨勒脚以上外墙外表面至中柱内边线的水平宽度，m。

（4）建筑物外墙为预制挂（壁）板的，按挂（壁）板外墙主墙面间的水平投影面积计算，如图7—5所示。

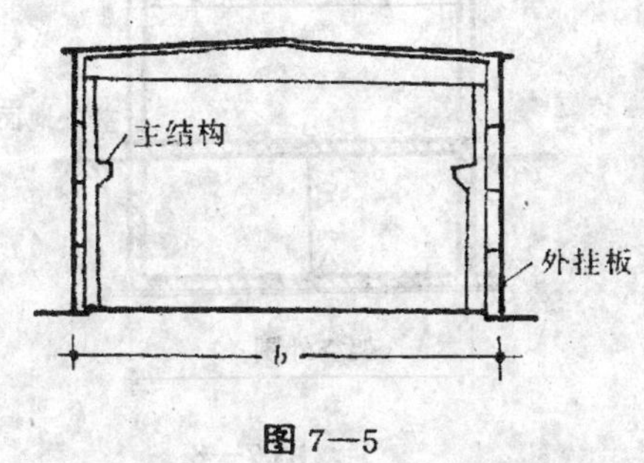

图 7—5

图7—5其建筑面积计算可用下式表示：

$$S = L \times b$$

式中：S——建筑面积，m^2；

L——两端山墙挂（壁）板外墙主墙面间水平距离，m；

b——图示挂（壁）板外墙主墙面间水平距离，m。

2．多层建筑物的建筑面积

多层建筑物按各层建筑面积的总和计算，其底层同单层、二层及其以上各层均按外墙外围水平面积计算。如图7—6所示，其建筑面积可用下式表示：

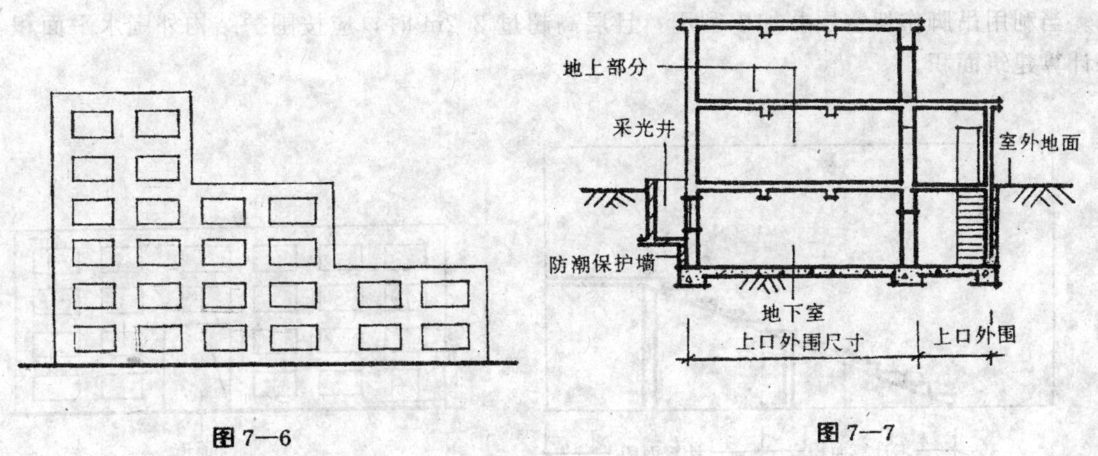

图 7—6　　图 7—7

$$S = S_1 + S_2 + \cdots\cdots S_n = \sum_{i=1}^{n} S_i$$

式中：S——多层建筑物的建筑面积，m^2；

S_i——第 i 层的建筑面积，m^2；

n——建筑物的总层数。

3．地下建筑的建筑面积

地下室、半地下室、地下车间、仓库、商店、地下指挥部及相应出入口的建筑面积，均按上口外墙外围水平面积计算（不包括采光井、防潮层及保护墙），如图 7—7 所示。

4. 深基础地下架空层的建筑面积

如果用深基础作地下架空层并加以利用，且层高超过 2.2m 时，按架空层外墙外围水平面积的一半计算建筑面积，如图 7—8 所示。

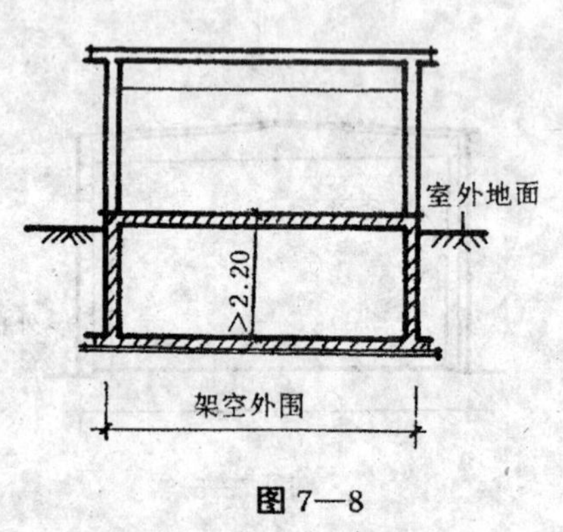

图 7—8

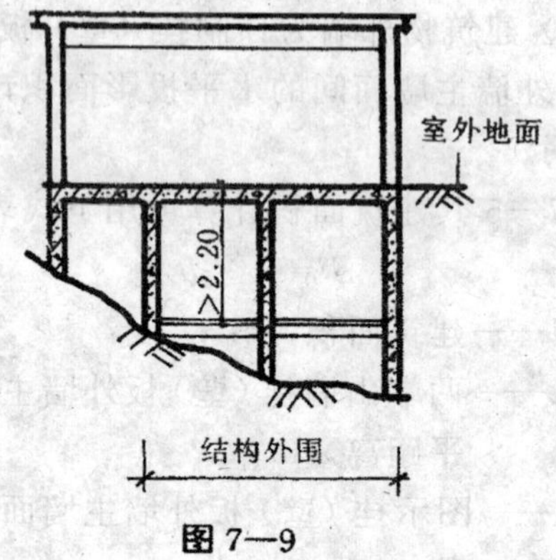

图 7—9

5. 坡地吊脚架空层的建筑面积

坡地吊脚，一般是指沿河坡或山坡采用打桩、筑柱来承托建筑物底层板的一种结构，如图 7—9 所示。有时室内阶梯教室、文体场所看台等处也形成类似吊脚，如图 7 — 10 所示。当利用吊脚作架空层并加以利用，且层高超过 2.2m 时，应按围护结构外围水平面积来计算建筑面积。

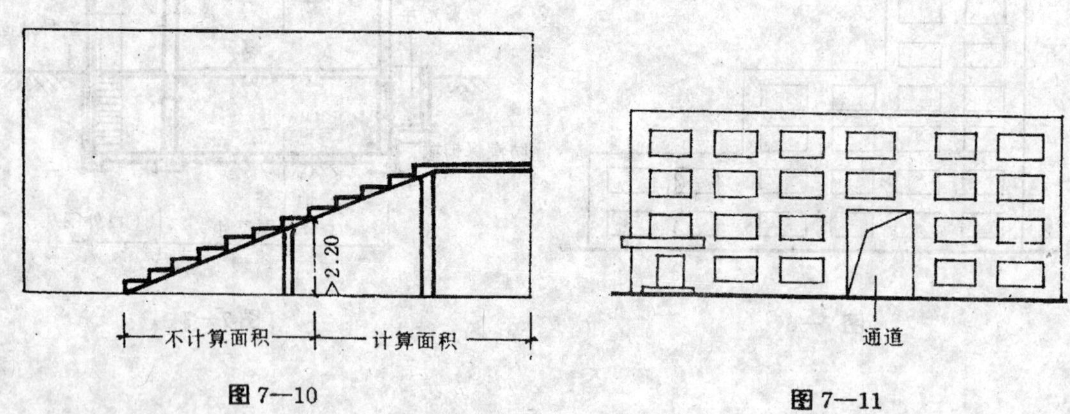

图 7—10

图 7—11

6. 通道、门厅、大厅的建筑面积

穿过建筑物的通道，建筑物内的门厅、大厅，如图 7—11 所示，不论其高度如何，均按一层计算建筑面积。带有回廊的门厅、大厅，如图 7—12 所示，需按回廊结构层水平投影面积，另外计算回廊的建筑面积。此时，门厅、大厅的建筑面积的计算，可用下式表示：

$$S = S_1 + S_2 = a \times b + S_2$$

式中：S——带有回廊的门厅、大厅的建筑面积，m²；

S_1——不带回廊时，门厅、大厅的建筑面积，m²；

S_2——回廊部分建筑面积，m²。

7. 书库的建筑面积

图书馆的书库，是指大中型混合承重式结构书库。承重式结构的书架分为搁板、单元、排架、阶层、甲板、楼板等构件，阶层即为书架层，一般书库在两层楼板间分设 1～2 个阶层。其建筑面积按书架层计算，楼层按自然层计算，阶层按水平投影面积计算，如图 7—13 所示。

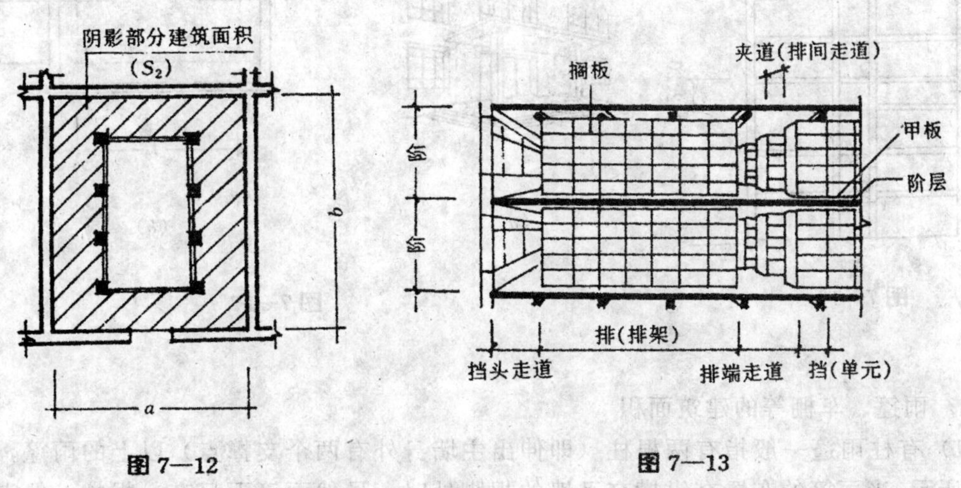

图 7—12　　图 7—13

8. 电梯井等建筑面积

电梯井、提物井、垃圾道、管道井等，如果布置在建筑物内部，其面积已包括在整体建筑物的建筑面积之内，一般不再另行计算，但若这些井道附筑在主体墙外，则应按建筑物的楼层自然层数计算建筑面积，如图 7—14 所示。

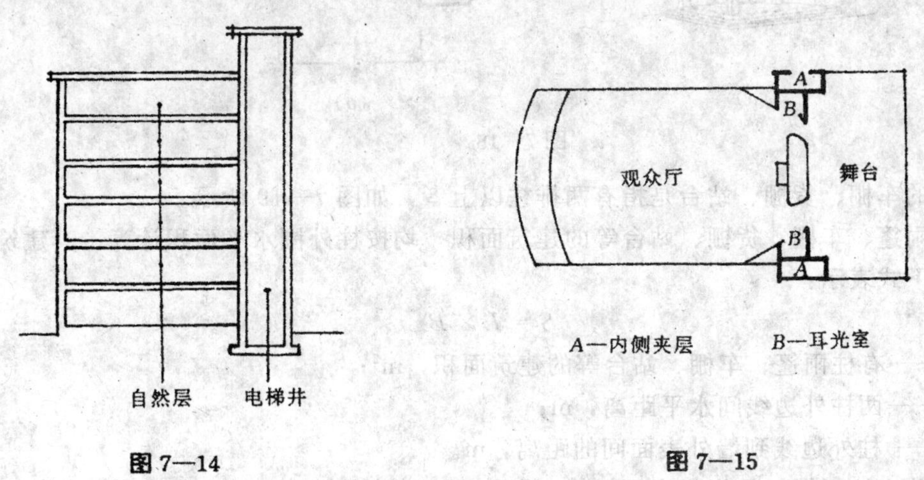

图 7—14　　图 7—15

9. 舞台灯光控制室的建筑面积

通常剧院将舞台灯光控制室设在舞台内侧夹层上或设在耳光室中。此处即指这种有顶有墙的灯光控制室（见图 7—15）。其建筑面积按围护结构外围水平面积乘以实际层数计算。

10. 技术层的建筑面积

建筑物内的技术层，是指建筑物内安装空调通风、冷热管道层、通讯线路层等。当层高超过 2.2m 时，应计算建筑面积，如图 7—6 所示。

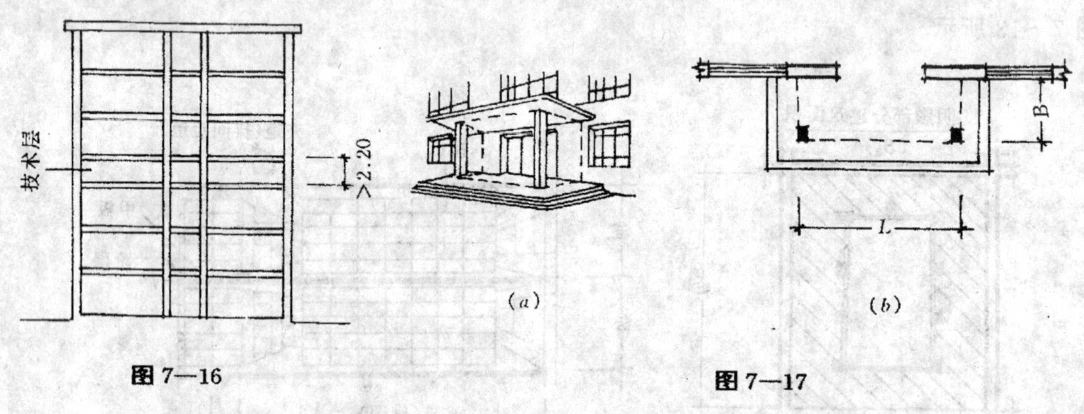

图 7—16

图 7—17

11. 雨篷、车棚等的建筑面积

(1) 有柱雨篷一般指有两根柱（即伸出主墙身外有两个支撑点）以上的雨篷，如图 7—17 所示。当雨篷的布置在纵横交叉墙的拐脚处时，虽然雨篷下只有一根柱，但支点是两个，因此仍视为有柱雨篷，如图 7—18 所示。

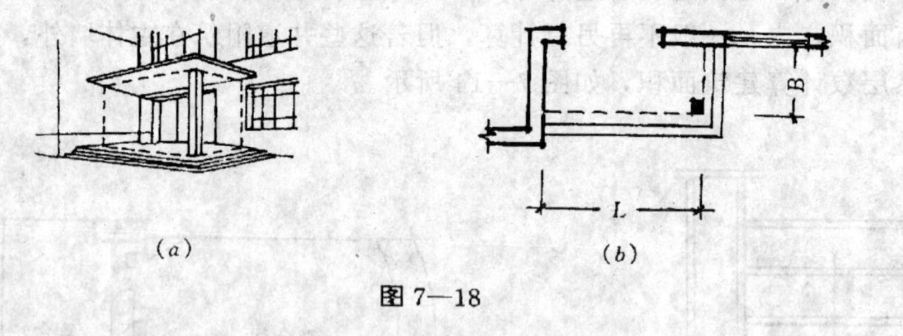

图 7—18

有柱的车棚、货棚、站台是指有两排柱以上者，如图 7—19 所示。

有柱雨篷、车棚、货棚、站台等的建筑面积，均按柱外围水平面积计算。其建筑面积计算可用下式表示：

$$S = L \times B$$

式中：S——有柱雨篷、车棚、站台等的建筑面积，m^2；

L——两柱外边线间水平距离，m；

B——柱外边线到墙外表面间的距离，m。

(2) 独立柱雨篷，是指只有一根柱（即伸入主墙身外只有一个支撑点）的雨篷，如图 7—20 所示。

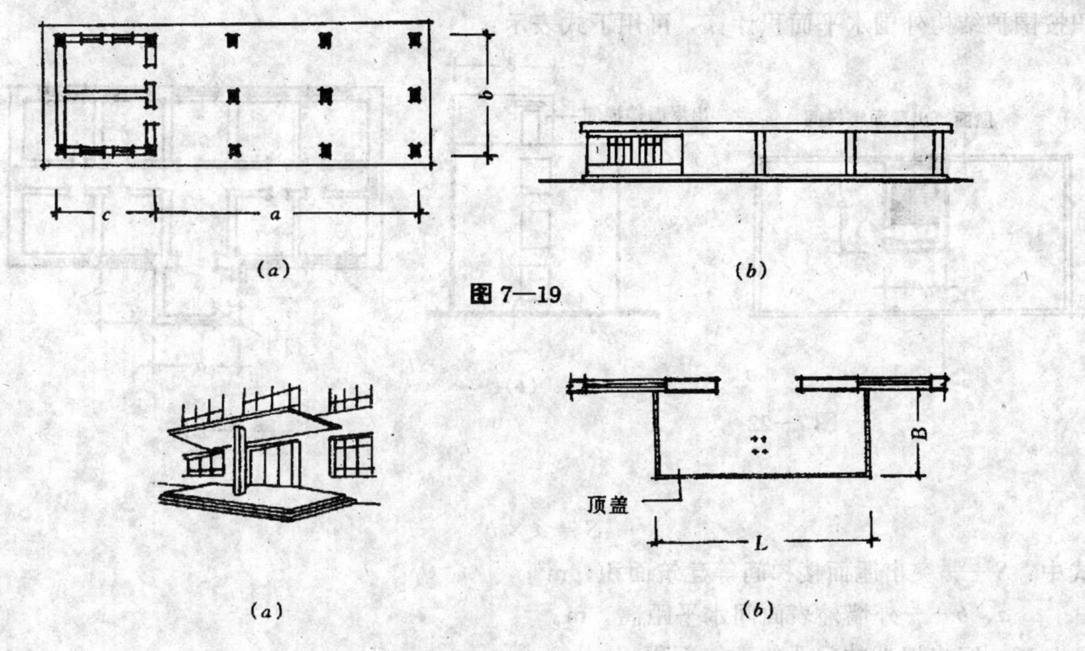

图 7—19

图 7—20

单排柱、独立柱的车棚、货棚、站台等，如图 7—21 所示。

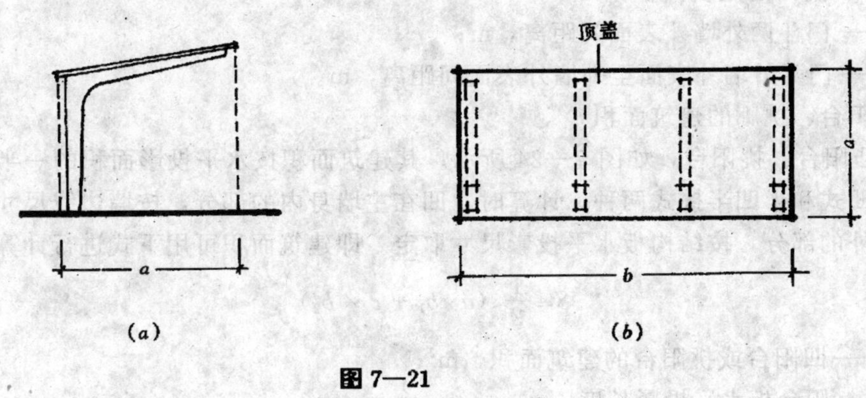

图 7—21

上述情况的建筑面积，均按其顶盖水平投影面积的一半计算。其建筑面积计算可用下式表示：

$$S = \frac{1}{2} L \times B$$

式中，S——独立柱雨篷、单排柱（独立柱）车棚等的建筑面积，m^2；

L——顶盖长度的水平投影长度，m；

B——顶盖宽度的水平投影长度，m。

12. 突出屋面的楼梯间等的建筑面积

突出屋面的有围护结构的楼梯间、水箱间、电梯机房等，如图 7—22 所示。其建筑面积按围护结构外围水平面积计算，可用下式表示：

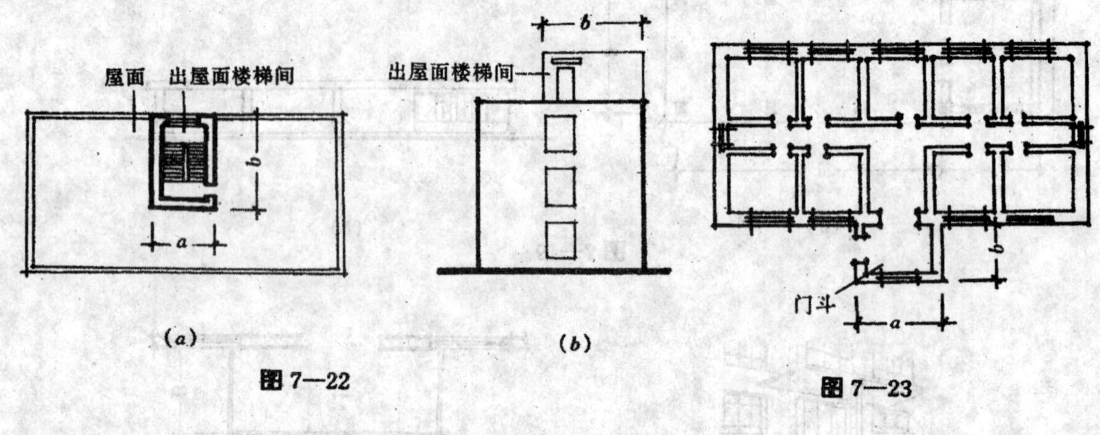

(a) (b)

图 7—22

图 7—23

$$S = a \times b$$

式中：S——突出屋面楼梯间等建筑面积，m^2；

a、b——外墙外表面间水平距离，m。

13. 突出墙外的门斗的建筑面积

突出墙外的门斗，如图 7—23 所示。其建筑面积按围护结构外围水平面积计算，可用下式表示：

$$S = a \times b$$

式中：S——门斗的建筑面积，m^2；

a——门斗两外墙外表面间距离，m；

b——门斗外墙外表面至外墙外表面间距离，m。

14. 阳台、挑廊的建筑面积

(1) 凸阳台、挑阳台，如图 7—24 所示。其建筑面积按水平投影面积的一半计算。凹阳台有全凹式和半凹半挑式两种。计算时，凹在主墙身内的部分，按墙边线尺寸取定；挑出主墙身外的部分，按结构板水平投影尺寸取定。即建筑面积可用下式进行计算。

$$S=\frac{1}{2}\ (a\times b_1 + c \times b_2)$$

式中：S——凹阳台或挑阳台的建筑面积，m^2；

a——阳台板水平投影长度，m；

c——凹阳台两外墙外边线间长度，m；

b_1——阳台挑出主墙身外宽度，m；

b_2——阳台凹进主墙身内宽度，m。

(2) 封闭式阳台、挑廊，如图 7—25 所示。其建筑面积按结构轮廓水平投影面积计算，即可按下式进行计算。

$$S=a\times b_1 + c \times b_2$$

式中：S——封闭式阳台或挑廊的建筑面积，m^2；

a——阳台板水平投影长度，m；

c——凹阳台两外墙外边线间长度，m；

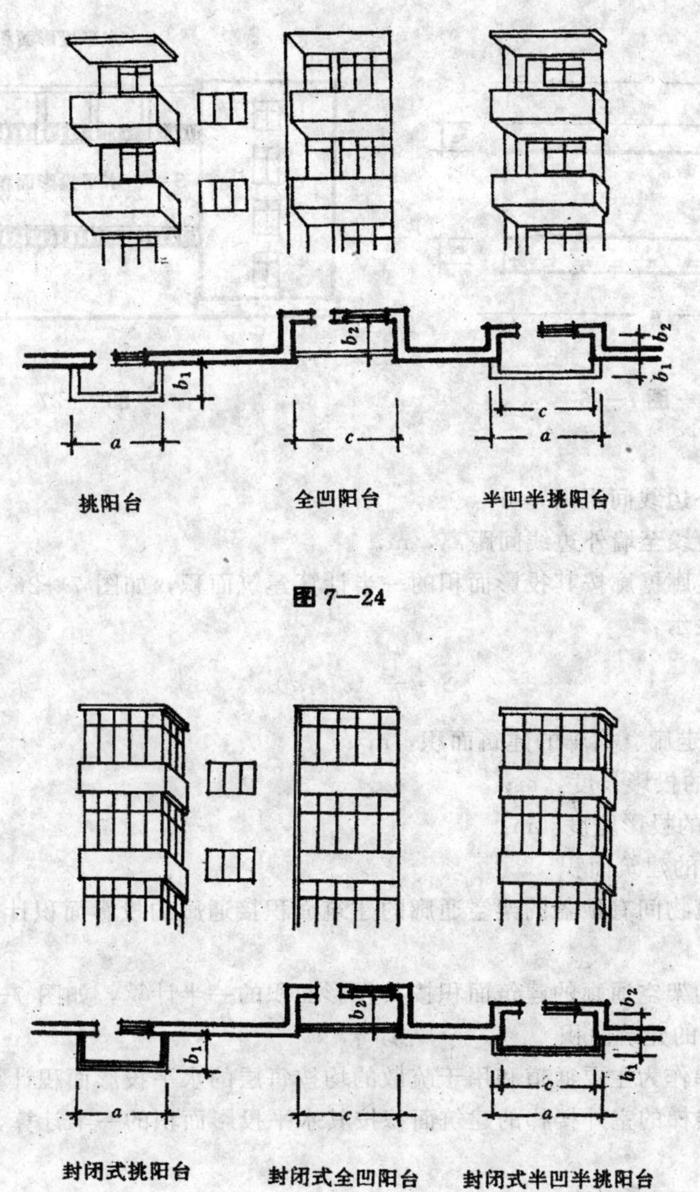

图 7—24

图 7—25

b_1——阳台挑出主墙身外宽度，m；

b_2——阳台凹进主墙身内宽度，m。

15. 走廊、檐廊的建筑面积

（1）建筑物墙外有顶盖和柱的走廊、檐廊按柱的外边线水平面积计算，如图 7—26 所示。其建筑面积计算可用下式表示：

$$S = a \times b$$

式中：S——有柱檐廊、走廊的建筑面积，m^2；

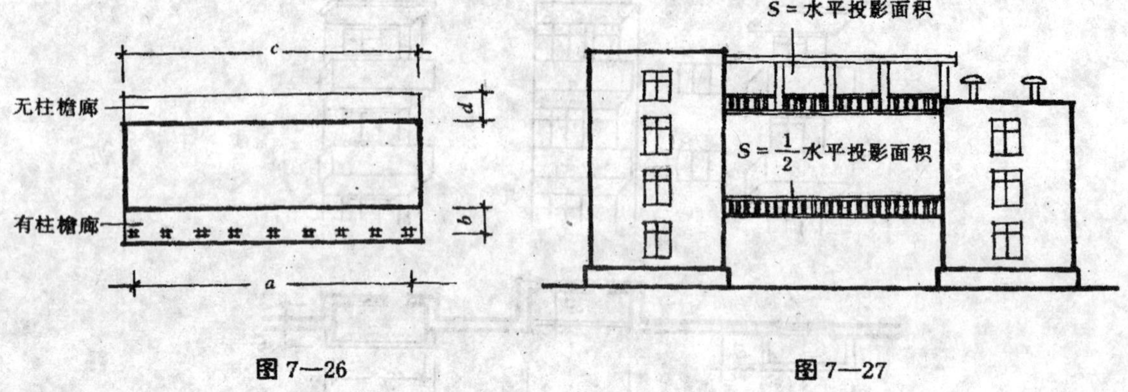

图 7—26 图 7—27

a——柱子外边线间距离，m；

b——柱外边线至墙外边线间距离，m。

(2) 无柱的走廊檐廊按其投影面积的一半计算建筑面积，如图 7—26 所示。其建筑面积计算可用下式表示：

$$S=\frac{1}{2}(c\times d)$$

式中：S——无柱走廊、檐廊的建筑面积，m^2；

c——顶盖的投影长度，m；

d——顶盖的投影宽度，m。

16. 架空通廊的建筑面积

(1) 两个建筑物间有顶盖的架空通廊的建筑面积接通廊的投影面积计算，如图 7—27 所示。

(2) 无顶盖的架空通廊的建筑面积按其投影面积的一半计算，如图 7—27 所示。

17. 室外楼梯的建筑面积

(1) 室外楼梯作为主要通道和用于疏散的均按每层的水平投影面积计算建筑面积。

(2) 楼内有楼梯的室外楼梯的建筑面积按其水平投影面积的一半计算，如图 7—28 所示。

18. 高架建筑物的建筑面积

跨越其它建筑物、构筑物的高架建筑物，按各层水平投影面积之和计算建筑面积，如图 7—29 所示。

(二) 不计算建筑面积的范围

(1) 突出墙面的构件、配件和艺术装饰，如柱、垛、勒脚、台阶、无柱雨篷等，见图 7—30。

(2) 屋面上的天窗、女儿墙、葡萄架、凉棚，如图 7—31 所示。

(3) 检修、消防等用的室外爬梯，如图 7—30 所示。

(4) 层高在 2.2m 以内的技术层、深基础地下架空层、坡地建筑物吊脚架空层。

(5) 构筑物。如独立烟囱、烟道、油罐、水塔、贮油（水）池、储仓、圆库、地下人防干、支线等。

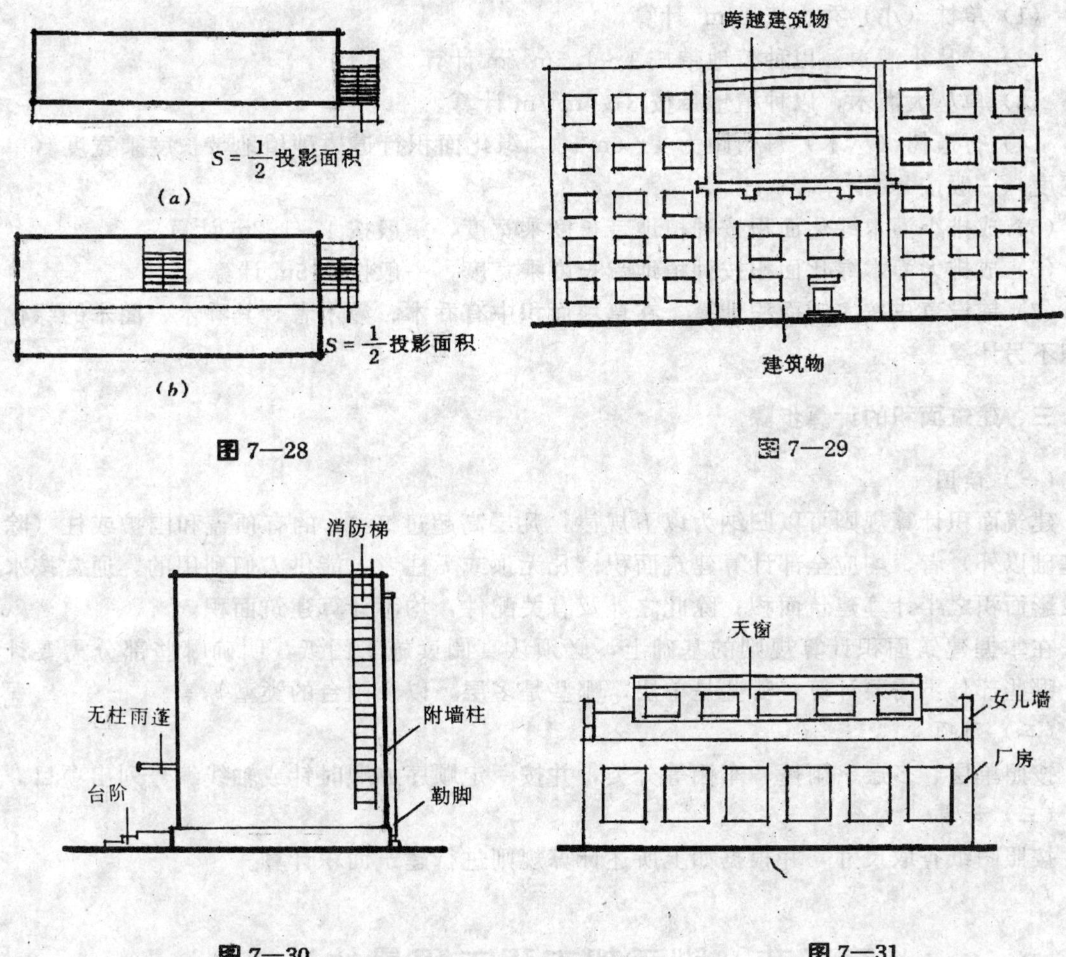

图 7—28

图 7—29

图 7—30

图 7—31

(6) 建筑物内外的操作平台、上料平台，及利用建筑物的空间安置箱罐的平台。

(7) 没有围护结构的屋顶水箱、舞台及后台悬挂幕布、布景的天桥、挑台。

(8) 单层建筑物分隔的操作间、控制室、仪表间等单层房间。

(三) 其它

在计算建筑物的建筑面积时，如遇上述以外的情况，可参照上述规则办理。

(四) 园林工程计算建筑面积的范围

(1) 有盖、有围护墙的建筑物，按外墙外边线计算建筑面积。

(2) 亭廊、有柱雨篷按顶盖水平投影计算建筑面积。

(3) 假山、景石、雕塑、水池、小桥、园路、绿化等不计算建筑面积。但应分别按各自的计量单位计算（如假山、雕塑、水池、小桥按座计算，庭园道路、绿化按平方米计算）。

(4) 水榭（无盖）、飘台、花架廊按投影面积的一半计算建筑面积。

(5) 凡楼、阁、廊、榭、舫等与一般建筑物建筑面积计算方法相同（不另阐述）。

(五) 绿化面积计算方法

（1）单株（小）乔木按 16m² 计算。

（2）单丛小灌木，以种植地带按 1～1.5m²/m 计算。

（3）单丛大灌木，以种植地带按 3～4m²/m 计算。

（4）行道树（丛木）每树距为 4～6m 时，绿化面积行道树种植地带长度乘宽度（单行宽度），一般按 4m 计算。

（5）成排小灌木绿化面积按种植地带长度乘宽度，一般按 1～1.2m 计算。

（6）成排大灌木绿化面积按种植地带长度乘宽度，一般按 1.5m 计算。

（7）铺设草皮按实铺面积计算，在草坪面积中有乔木、灌木者，其乔木、灌木的绿化面积不另计算。

三、建筑面积的计算步骤

（一）读图

建筑面积计算规则可以归纳为以下规律：凡层高超过 2.2m 的有顶盖和围护或柱（除深基础以外）者，均应全部计算建筑面积；凡无顶或无柱者，能供人们利用的，通常按水平投影面积之半计算建筑面积；除此之外及有关配件，均不计算建筑面积。

在掌握建筑面积计算规则的基础上，必须认真阅读施工图纸，明确哪些部分需要计算，哪些部分不需要计算，哪些是单层，哪些是多层，以及阳台的类型等等。

（二）列项

按照单层、多层、雨篷、车棚等分类，并按一定顺序如顺时针或轴线编号列出项目。

（三）计算

按照图纸查取尺寸，并根据如上所述计算规则进行建筑面积计算。

第三节　脚手架工程工程量的计算

通常普通装饰工程基价中均未包括脚手架费用，应另行计取。而高级装饰工程基价中，一般已包括搭拆 3.6m 之内的脚手架，超过 3.6m 时，方可计取脚手架费用。

一、脚手架工程工程量计算须知

（一）综合脚手架的适用范围

1. 适用范围

凡是按照建筑面积计算规则能够计算建筑面积的工业与民用建筑工程，均执行综合脚手架定额项目。

2. 综合脚手架内容

综合脚手架定额项目中，一般综合了建筑物的基础、内外墙砌筑、浇灌混凝土、构件吊装、层高在 3.6m 以上的墙面粉饰等使用的脚手架和悬空脚手架，以及斜道、上料平台、卷扬机架、安全网等各种因素。

（二）单项脚手架的适用范围

1. 不能计算建筑面积的建筑物和构筑物。

2. 高级装饰工程中需要计算脚手架者。

3. 室内天棚高度超过 3.6m，天棚装饰所搭设的满堂脚手架。

（三）明确建筑物的高度和层高

1. 建筑物的高度

（1）有的地区规定，建筑物的高度为设计室内地面至屋面檐口顶标高，有女儿墙的，其高度也算至屋面檐口顶标高，如图 7—32 左侧尺寸所示。

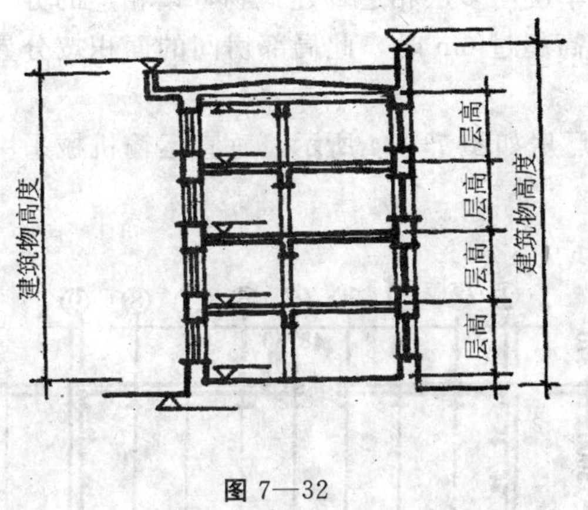

图 7—32

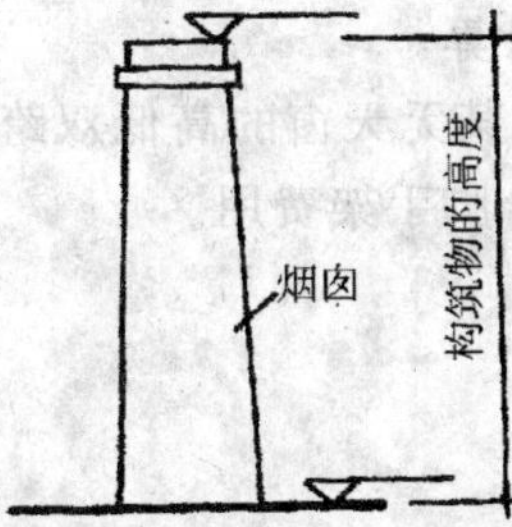

烟囱
构筑物的高度

图 7—33

（2）有的地区规定，建筑物的高度为室外设计地坪至屋面檐口顶或女儿墙顶标高，如图 7—32 右侧尺寸所示。

2. 建筑物的层高

（1）底层或中间层的层高为本层设计室内地面至上层地面的标高。

（2）顶层层高为室内地面至屋面板顶面的标高，如图 7—32 所示

3. 构筑物的高度

一般规定，构筑物的高度为设计室外地坪至顶面的标高，如图 7—33 所示。

二、脚手架工程工程量的计算规则

（一）综合脚手架

1. 工程量

综合脚手架的工程量，按建筑面积计算。

2. 费用

（1）对于单层建筑物高度在 6m 以内和多层建筑物层高度在 6m 以内的综合脚手架的费用计算，可用下式表示：

$$P_{综} = P_6 \times S/100$$

式中：$P_{综}$——综合脚手架费用，元；

P_6——相应 6m 以内基价，元/100m² 建筑面积；

S——建筑面积，m²。

（2）对于多层建筑物层高超过 6m、单层建筑物 6m 以上，以及单层厂房的天窗高度

超过 6m（其面积超过建筑物占地面积 10%）时，按每增高 1m 定额项目另计取脚手架增加费。此时，综合脚手架费用的计算，可用下式表示：

$$P_{综}=(P_6+P_1\times N)\times S/100$$

式中：$P_{综}$、P_6、S——含义同前式；

P_1——相应每增高 1m 基价；

N——增加层数，且 N = 建筑物高度 − 6（N 取整数，当小数位大于 6 时进 1，小于等于 6 时舍去）。

（3）高低联跨的单层建筑物应分别计算；单层与多层相连的建筑物，以相连的分界墙中心线为界分别计算；多层建筑物局部房间层高超过 6m 时，此局部房间的面积按分界墙的外边线分别计算。

【例 7—1】 某无天窗的高低双跨单层工业厂房如图 7—34 所示。垂直运输机械采用塔吊，试计算综合脚手架费用。

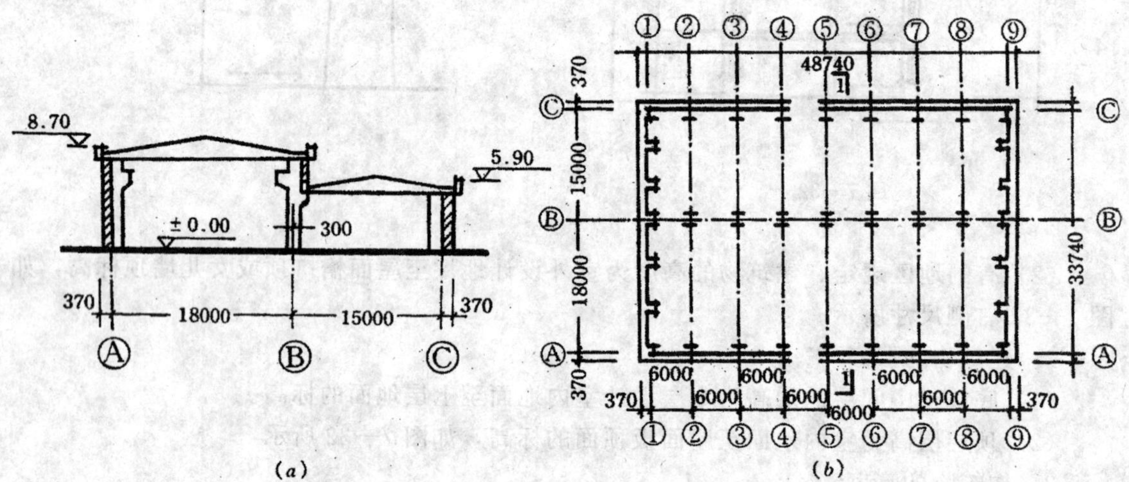

图 7—34

（a）1—1 剖面图　（b）平面图

【解】

（1）确定厂房高度和建筑面积。

厂房高度：高跨为 8.70m，低跨为 5.90m

建筑面积：$S_{高}=48.740\times18.670=909.976\text{m}^2$

$S_{低}=48.740\times15.070=734.512\text{m}^2$

（2）确定是否有增加层。

高跨：$8.70>6\text{m}$，$N_{高}=8.70-6=2.70\approx3\text{m}$

低跨：$5.90<6\text{m}$，无增加层

（3）脚手架费用。

高跨：$P_{综高}=(P_6+P_1\times N_{高})\times S_{高}/100$

$=(221.64+66.71\times3)\times909.976/100$

$= 3837.968$（元）

低跨：$P_{综低} = P_6 \times S_{低}/100$

$= 221.64 \times 734.512/100 = 1627.972$（元）

整个厂房的综合脚手架费用为：

$P_{综} = P_{综高} + P_{综低} = 3837.968 + 1627.972 = 5465.94$（元）

（二）单项脚手架

1．外墙脚手架、外墙面粉饰吊脚手架

工程量按外墙的外边线乘以建筑物高度计算，不扣除门窗洞口所占的面积，单位为 m^2。当计算综合脚手架后，一般不再计取外脚手架、外墙面粉饰吊脚手架，只有当单独进行外墙面装修时才计取。

2．里脚手架、内墙面粉饰脚手架

工程量按墙面垂直投影面积计算，不扣除门窗洞口所占的面积，单位为 m^2。当计算综合脚手架或满堂脚手架后，一般不再计取里脚手架、内墙面粉饰脚手架。只有当单独进行内墙面装修或未计满堂脚手架时方可计取。

3．满堂脚手架

（1）计算条件为室内天棚高度超过 3.6m。此处的天棚高度，是指设计室内地面至天棚底面的垂直距离。

（2）工程量按室内净水平投影面积计算，不扣除附墙垛、柱等所占的面积。

（3）费用计算的基本层为天棚高度在 3.6m 以上至 5.2m 以内。若超过 5.2m 时，再按每增高 1.2m定额项目计算其增加层费用。即：当天棚高度 $3.6m < H \leqslant 5.2m$ 时，可按下式进行计算。

$$P_{满} = \frac{S_{净}}{100} \times P_{5.2}$$

式中：$P_{满}$——满堂脚手架费用，元；

$S_{净}$——室内净面积，m^2；

$P_{5.2}$——5.2m 以内定额基价，元/100m^2。

当天棚高度 $H > 5.2m$ 时，可按下式进行计算。

$$P_{满} = \frac{S_{净}}{100} \times (P_{5.2} + N \times P_{1.2})$$

式中：$P_{满}$、$P_{5.2}$、$S_{净}$——同前式；

N——增加层数，且 $N = \frac{H - 5.2}{1.2}$（有的地区规定计算结果凡小数位大于零则进一；有的地区规定四舍五入）。

【例 7—2】某建筑物如图 7—35 所示，试计算天棚抹灰满堂脚手架费用。

【解】

房间Ⅰ天棚高度 $H_{Ⅰ} = 6.8m > 3.6m$，房间Ⅱ天棚高度 $H_{Ⅱ} = 3.2m < 3.6m$，房间Ⅲ天棚高度 $H_{Ⅲ} = 3.4m < 3.6m$，故只有房间Ⅰ应按满堂脚手架另计算脚手架费用，且 $H_{Ⅰ} > 5.2m$，应有增加层。

（1）确定增加层数。

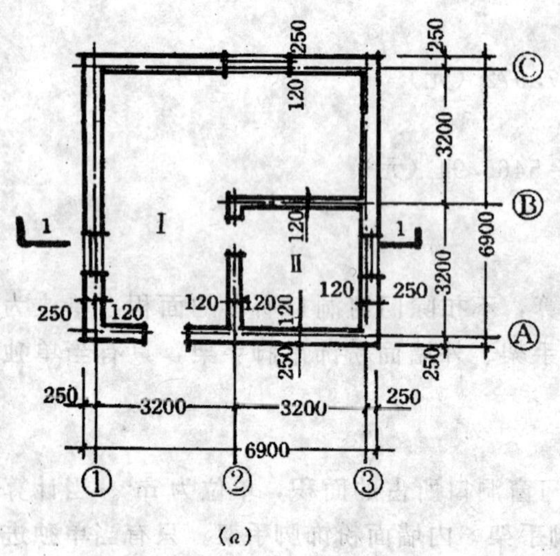

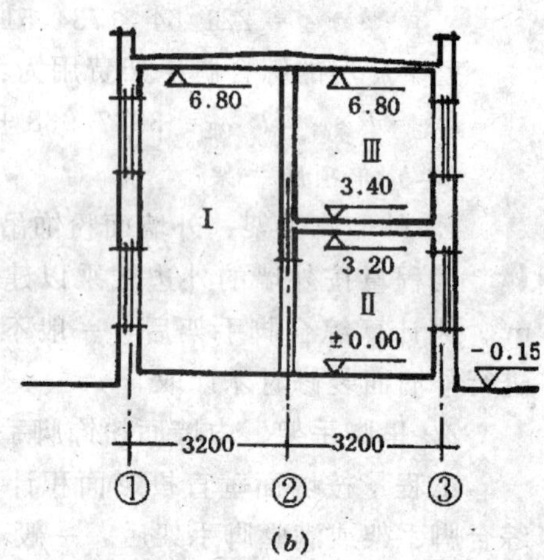

图 7—35

(a) 平面图　(b) 1—1 剖面图

$$N=\frac{H_1-5.2}{1.2}=\frac{6.8-5.2}{1.2}=1.33\approx 2$$

(2) 室内净空面积。

$(6.4-0.12\times 2)^2-(3.2-0.12\times 2)^2=29.184$ (m^2)

(3) 满堂脚手架费用。假设采用扣件式钢管脚手架，查预算定额知：

$P_{5.2}=173.17$ 元/100m^2，$P_{1.2}=40.27$ 元/100m^2，则：

$$P_{满}=\frac{29.184}{100}\times(173.17+40.27\times 2)=74.0\text{（元）}$$

第四节　楼地面工程工程量的计算

一、楼地面工程工程量计算须知

(一) 工程内容

楼地面工程主要内容，包括地面、楼面、楼梯装饰及扶手、踢脚、防潮（水）层、变形缝、台阶、坡道、散水等工程。

(二) 定额的有关规定

(1) 水泥砂浆、水泥石子浆的配合比、扶手、栏杆、栏板，其材料规格、用量的设计规定与定额不同时，可以换算。

(2) 楼地面、楼梯整体面层除菱苦土外，均包括抹踢脚线。

设计不做踢脚线者，水磨石按下列规定扣减：楼地面人工 38.29 工日，1∶3 水泥砂浆 0.22m^3、水泥（彩色）白石子浆 0.13m^3；楼梯人工 41.91 工日、1∶2.5 水泥砂浆 0.22m^3、水泥（彩色）白石子浆 0.15m^3。水泥砂浆、水泥豆石浆不做踢脚线，其工料不予扣除。块料面层不包括踢脚线，设计要求做踢脚线者，按相应定额执行。水泥踢脚线、水磨石踢脚 线项目只适用于单独做踢脚线的工程，执行了楼地面、楼梯定额的项目，不得再执行踢脚 线定额。

(3) 踢脚线（板）高度按 30cm 以内综合，超过 30cm 者，按墙裙相应定额执行。

(4) 螺旋形楼梯的装饰按项目乘上相应的系数：人工、机械乘系数 1.20；块料用量乘系数 1.10;整体面层、栏杆扶手材料用量乘系数 1.05。

(5) 楼梯、台阶不包括防滑条，设计需做防滑条时，按相应定额计算。

(6) 菱苦土地面、现浇水磨石定额均包括酸洗打蜡，如设计不要求做酸洗打蜡，应扣除定额中的材料及人工 5.06 工日；块料面层不包括酸洗打蜡，如设计要求做酸洗打蜡者，按相应定额执行。

(7) 定额中扶手、栏杆、栏板适用范围包括楼梯、走廊、回廊及其它装饰性栏杆、栏板。

(8) 块料面层的“零星项目”适用于挑檐天沟、腰线、窗台线、门窗套、栏板、扶手、遮阳板、池槽、阳台、雨篷周边等；楼地面工程中未列入“零星项目”项目的，按墙柱面相应定额执行。

二、楼地面工程工程量的计算规则

(1) 楼地面找平层、面层均按主墙间的净面积计算，应扣除凸出地面的构筑物、设备基础等不做面层的部分，不扣除柱、间壁墙以及 0.3m^2 以内孔洞等所占的面积，但门洞空圈开口部分亦不增加。

(2) 楼梯均以水平投影面积计算，包括踏步、休息平台及楼梯井宽在 20cm 以内的面积，不包括楼梯侧面、底面抹灰。

(3) 台阶按水平投影面积计算，不包括牵边、侧面装饰。其装饰按展开面积计算，套用相应的零星项目。

(4) 扶手带栏板、栏杆的按扶手延长米计算。

(5) 踢脚线（板）以延长米乘高度计算。

(6) 铺、贴楼梯，按水平投影面积（包括踏步、休息平台、楼梯底面的石灰麻刀抹灰）计算；楼梯井在 50cm 以内者不扣除，超过 50cm 者应扣除其面积。

(7) 地毡压条按图示尺寸以延长米计算，楼梯铺地毡钉不锈钢压条按延长米计算，采用材料不同时，可以换算，其它不变。

(8) 地面镶贴块料面层（不包括楼面）时，人工费乘系数 0.9。

(9) 本地楞铺在混凝土地面上，包括钉眼安装膨胀螺栓，地楞防腐，地铺一毡一油防潮层，实际做法与定额不同时，不得调整。

(10) 席纹地板铺在水泥地面上，包括凿毛、水泥砂浆找平及满刮腻子，使用时，面层材料不同，可以换算，其它不变。

(11) 楼木地板铺在毛地板上，楼木板为地板块，设计要求砌砖架空时，砌砖部分应另行计算。

(12) 铝质、本质活动地板未包括基层防水、防潮层，设计要求防水防潮时，另行计算。

【例 7—3】试计算如图 7—36 所示房间地面镶贴大理石面层的工程量。

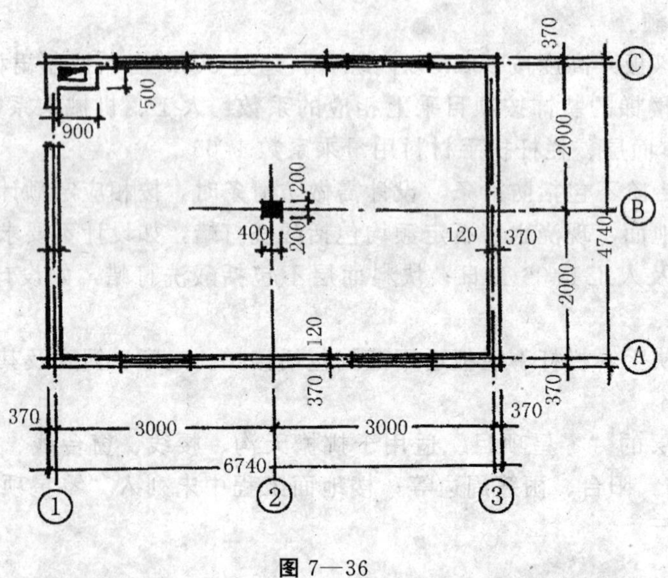

图 7—36

【解】

镶贴大理石地面面层的工程量=地面面积－附墙烟囱占地面积

$$=(6.74-0.49\times 2)\times(4.74-0.49\times 2)-0.90\times 0.50$$

$$=21.21\ (m^2)$$

【例 7—4】某建筑物门前台阶如图 7—37 所示，试计算贴大理石台阶面层的工程量。

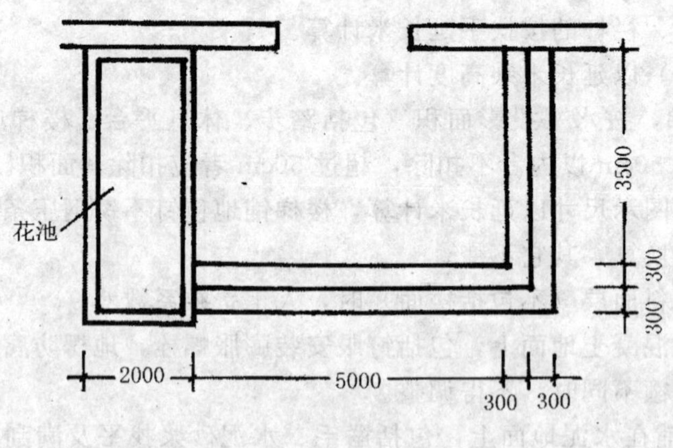

图 7—37

【解】

台阶的工程量以水平投影面积计算，包括平台部分的一个踏步宽度。平台的其余面积应纳入地面工程。

台阶贴大理石面层的工程量为：

(5.0＋0.3×2)×0.3×3＋(3.5－0.3)×0.3×3＝7.92 (m^2)

平台贴大理石面层的工程量为：

(5.0－0.3)×(3.5－0.3)＝15.04 (m^2)

【例 7—5】 试计算图 7—38 所示楼梯贴大理石面层的工程量。

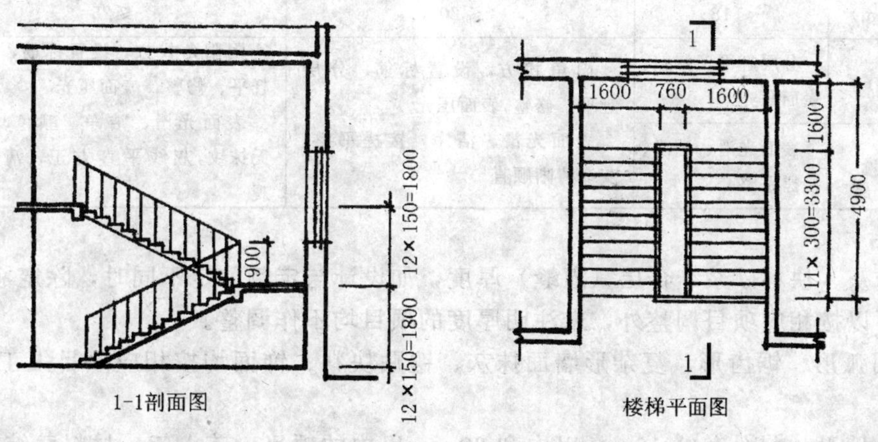

图 7—38

【解】

因楼梯井的宽度超过 50cm，故楼梯贴面的工程量＝

(1.6×2＋0.76)×4.9－0.76×3.3＝16.896 (m^2)

第五节 墙柱面工程工程量的计算

一、墙柱面工程工程量计算须知

(一) 墙柱面工程的内容

墙柱面工程内容包括抹灰面、石膏板、纤维板、胶合板墙、玻璃间壁、铝合金饰面板、镶贴块料面层、玻璃镜面、柱面装饰、玻璃砖、人造革墙面及木隔断墙裙、护壁等内容，其操作方法均为手工操作。

(二) 墙柱面工程定额的有关规定

(1) 定额中凡注明了砂浆种类和配合比、饰面材料型号规格的（含型材），如与设计不同时，可按设计规定调整，但人工和机械数量不变。

(2) 内墙抹石灰砂浆分别抹两遍、三遍、四遍，其标准如下：

①两遍：一遍底层，一遍面层。

②三遍：一遍底层、一遍中层、一遍面层。

③四遍：一遍底层、一遍中层、二遍面层。

(3) 抹灰等级与抹灰遍数、厚度、工序、外观质量的对应关系，见表 7—1。

表 7—1 抹灰等级与抹灰遍数、厚度、工序、外观质量的对应关系

名　称	普通抹灰	中级抹灰	高级抹灰
遍数	两遍	三遍	四遍
厚度（mm）	≤18	≤20	≤25
主要工序	分层赶平，修整，表面压光	阳角找方，设置标筋，分层赶平、修整，表面压光	阴阳角找方，设置标筋，分层赶平、修整，表面压光
外观质量	表面光滑、洁净、接搓平整	表面光滑、洁净，接搓平整、灰线清晰顺直	表面光滑、洁净，颜色均匀，无抹纹，灰线平直方正，清晰美观

(4) 抹灰、块料砂浆结合层（灌缝）厚度，如设计与定额取定不同时，除定额项目中注明厚度可以按相应项目调整外，未注明厚度的项目均不作调整。

(5) 圆弧形、锯齿形、复杂形墙面抹灰、镶贴块料、饰面均按相应项目人工乘 1.15 系数计算。

(6) 外墙贴块料分灰缝 10mm 以内和 20mm 以内的项目，其人工、材料已综合考虑，如灰缝超过20mm 以上者，其块料、灰缝材料用量允许调整，但人工、机械不变。

(7) 定额中木材种类除注明者外，均以一、二类木种为准，如采用三、四类木种者(含木基层)，人工分别按隔墙乘系数 1.20；木墙裙等项目乘系数 1.40 计算。

(8) 隔墙（间壁)、隔断、墙面、墙裙等采用的木龙骨与设计图纸规格不同时，可按附表换算（木龙骨均以毛料计算）。

(9) 饰面、隔墙（间壁)、隔断定额内木基层未含防火油漆，如设计要求者，应按相应定额套用。

(10) 饰面、隔墙（间壁)、隔断定额内，凡未包括有压条、下部收边、装饰线（板）的，如设计要求者，应按“其它工程”相应定额套用。

(11) 隔墙（间壁）隔断，所用的轻钢、铝合金龙骨，如设计要求与定额用量不同时，允许调整，但人工、机械不变。

(12) 块料镶贴和装饰抹灰工程的“零星项目”，适用于挑檐、天沟、腰线、窗台线、门窗套、压顶、栏杆、栏板、扶手遮阳板、池槽、阳台、雨篷周边等。

(13) 一般抹灰工程的“零星项目”，适用于各种壁柜、碗柜、过人洞、暖气窝、池槽、花台以及 $1m^2$ 以内的其它各种零星抹灰。抹灰工程的装饰线条，适应于门窗套、挑檐、腰线、压顶、遮阳板、楼梯边梁、宣传栏边框等项目的抹灰，以及突出墙面或灰面且展开宽度在 300mm 以内的竖横线条抹灰。

二、墙柱面工程工程量的计算规则

(1) 内墙面抹灰。

①内墙面、墙裙抹灰面积，应扣除门窗洞口和 $0.3m^2$ 以上的空圈所占的面积，且门

窗洞口、空圈、孔洞的侧壁面积亦不增加，不扣除踢脚线、挂镜线及 0.3m^2 以内的孔洞和墙与构件交接处的面积。附墙柱的侧面抹灰应并入墙面、墙裙抹灰工程量内计算。墙面、墙裙的长度以主墙间的图示净长计算，墙面高度按室内地坪至顶棚底面净高计算，墙裙抹灰高度按室内地坪上的图示高度计算。墙面抹灰面积应扣除墙裙抹灰面积。

②钉板顶棚（不包括灰板条顶棚）的内墙抹灰，其高度自楼地面至天棚底面另加 200mm 计算。

③砖墙中的钢筋混凝土梁、柱侧面抹灰，按砖墙抹灰定额计算。

（2）外墙面抹灰。

①外墙面抹灰面积，按垂直投影面积计算，应扣除门窗洞口、外墙裙和孔洞所占的面积，不扣除 0.3m^2 以内的孔洞所占的面积，门窗洞口及孔洞侧壁面积亦不增加。附墙柱侧墙抹灰面积，应并入外墙面抹灰工程量内。

②外墙裙抹灰按展开面积计算，扣除门窗洞口和孔洞所占的面积，但门窗洞口及孔洞侧壁面积也不增加。

（3）独立柱。

①柱抹灰、镶贴块料面积，按结构断面周长乘高度计算。

②其它柱饰面面积，按外围饰面尺寸乘以高度计算。

柱帽、柱墩工程量并入相应柱面积内，每 10 个另增加人工：抹灰 2.5 工日，块料 3.8 工日，饰面 5 工日。

（4）“零星项目”抹灰或镶贴块料面层均按设计图示尺寸展开面积计算，其中栏板、栏杆（包括立柱、扶手或压顶、下坎）按外立面垂直投影面积（扣除大于 0.3m^2 装饰孔洞所占的面积）乘以系数 2.20，砂浆种类不同时，应分别按展开面积计算。

（5）墙面贴块料面层，按实贴面积计算。

（6）墙裙贴块料面层，其高度按 1500mm 以内综合，超过者按墙面定额执行，高度在 300mm 以内者，按楼地面工程中的踢脚板定额执行。

（7）木隔墙、墙裙、护壁板均按墙的净长乘净高计算，扣除门窗及 0.3m^2 以上的孔洞面积。

（8）隔墙立楞、龙骨所需的垫木、木砖及预留门窗洞口加楞均包括在定额内。

（9）半玻璃隔墙系指上部为玻璃隔墙，下部为砖墙或其它隔墙，应分别计算工程量，分别套用定额。玻璃隔墙，其高度以下横档顶面算至下横档底面，宽度按两边立柱外边以 m^2 计算。

（10）厕浴木隔断，其高度自下横档底面算至上横档顶面以 m^2 计算，门扇面积并入隔断面积内计算。

（11）铝合金隔墙以框外围面积计算。

（12）一般抹灰工程装饰线条以图示延长米计算。其中，楼梯侧边有边梁者其抹灰长度乘以 2.1 的系数计算。门窗套、挑檐、遮阳板等展开宽度超过 300mm 者，按其抹灰长度乘以 1.8 的系数计算。展开宽度在 300mm 以内者，不论多宽，均不予调整。

（13）间壁墙按图示尺寸面积计算，扣除面积在 0.3m^2 的门窗洞口面积。有顶棚的墙，按顶棚高度加 5cm 计算。

（14）玻璃间壁下部如果有铝扣板或其它装饰面，工程量应分别计算。

(15) 铝扣板门头的立面和底面均以图示尺寸的展开面积计算，阴阳角封口装饰条按延长米另套项目计算。

(16) 轻钢龙骨单（双）面石膏板墙，设计墙体龙骨用量与定额不同时可以换算。定额用量每增减 10kg，增减一个定额工日，自攻螺丝增减 28 个。

(17) 各种外挑墙面，设计外挑宽度大于 20cm 时，套用相应外挑子目，其余按附墙计算。

(18) 镶软包墙面，按所镶入的软包部分面积计算。

(19) 定额水曲板墙面、墙裙，其做法为水曲木纹拼花。不拼花者，每 100m² 扣除水曲板 8m² 和人工 15 个工日，其它不变。

(20) 造型胶合板墙裙，定额中已考虑了墙裙立面有凹凸变化的情况，使用时不得调整。

(21) 墙面、墙裙中的装饰木线条，按延长米单独计算，套用木线条子目。

(22) 活动木隔断吊轨中包括假梁制作、安装。设计吊轨凹入顶棚内不做假梁时，扣除三合板、楼木板用量，其它不变。

(23) 楼木板隔断中已包括隔断侧门的制作、安装。

(24) 水泥白石子浆如果采用白水泥、色石子或大理石者，可按定额中配合比规定的数量换算；如果用颜料者，按每 1m³ 水泥石子浆增加 20kg 计算。

【例 7—6】 试计算如图 7—39 所示墙面装饰工程量。

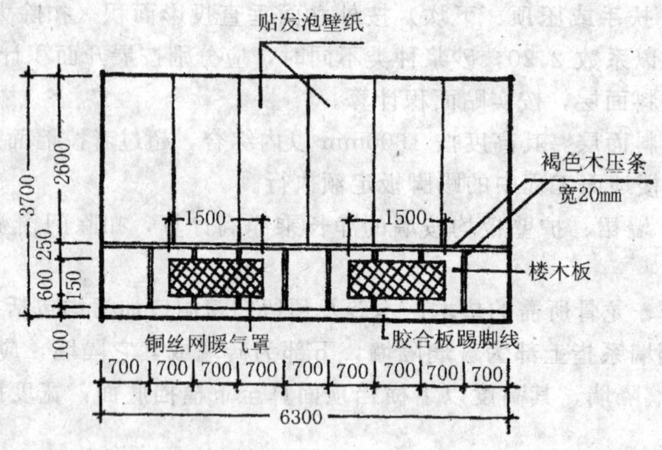

图 7—39

【解】

(1) 墙面贴壁纸的工程量= 6.30 × 2.60 = 16.38 (m²)

(2) 贴楼木板墙裙的工程量= 6.30 × (0.15 + 0.60 + 0.25) －1.50 × 0.6 × 2
= 4.5 (m²)

(3) 铜丝网暖气罩的工程量= 1.50 × 0.60 × 2 = 1.8 (m²)

(4) 木压条的工程量= 6.30 + (0.15 + 0.60 + 0.25) × 8 = 14.3 (m)

(5) 踢脚板的工程量= 6.3 (m)。

【例 7—7】试计算图 7—40 所示墙面喷涂的工程量。

【解】

墙面喷涂的工程量 $=\{[(3.0-0.24)\times4]+[(5.0-0.24)\times4]\}\times3-1.8\times1.8\times2-0.9\times2.1\times2-1\times2.7=77.28\ (m^2)$

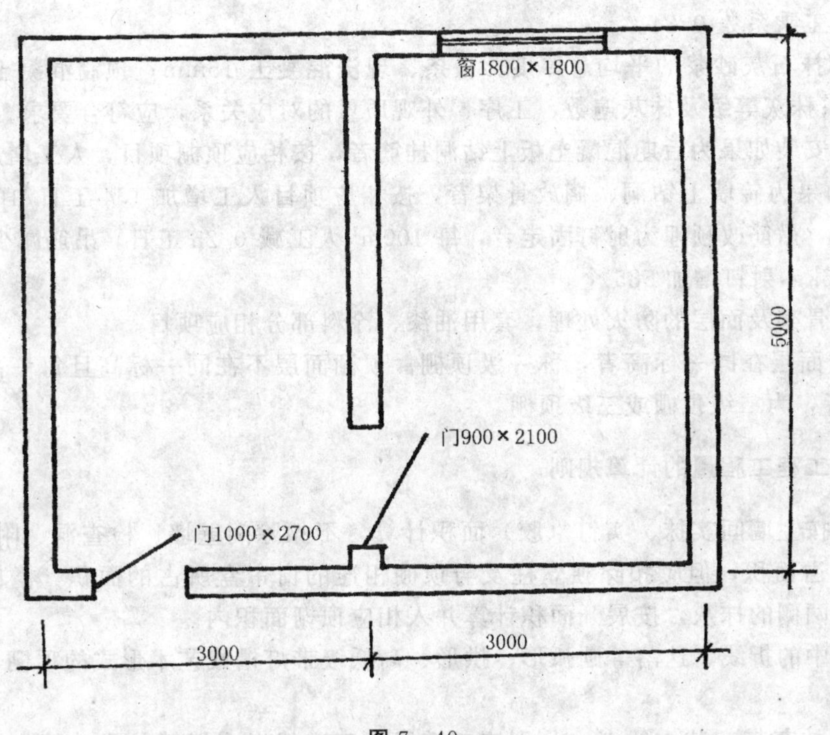

图 7—40

第六节　顶棚工程工程量的计算

一、顶棚工程工程量计算须知

（一）顶棚工程的内容

顶棚工程按骨架和饰面材料不同，可分为轻钢龙骨顶棚、型钢龙骨顶棚、木龙骨顶棚、铝合金龙骨顶棚、顶棚喷塑、顶棚贴壁纸等。

（二）顶棚工程定额的有关规定

（1）顶棚龙骨已列有几种材料组合的项目，如实际采用不同时，可以换算。型钢龙骨损耗率为 6%，轻钢龙骨损耗率为 6%，铝合金龙骨损耗率为 7%。

（2）定额中除注明了规格、尺寸的材料，实际使用不同可以换算外，其它材料不予换算。木龙骨顶棚中，大龙骨规格为 50mm × 70mm，中、小龙骨规格为 50mm × 50mm，吊木筋规格为 50mm × 50mm，实际使用不同时，允许换算。

（3）顶棚骨架及面层分别列项，套用相应的项目；对于二级及二级以下造型的顶棚，面层人工乘以系数 1.30；单层顶棚龙骨，为轻型不上人龙骨。

(4) 轻钢龙骨、铝合金龙骨定额中为双层结构（即中、小龙骨紧贴在龙骨底面吊挂），如使用单层结构时（大、中龙骨底面在同一水平上），材料用量应扣除定额中小龙骨及相应配件的数量；对一级顶棚，由双层结构改为单层结构时，轻钢龙骨、铝合金龙骨人工乘系数 0.83；对二、三级顶棚，由双层结构改为单层结构时，轻钢龙骨人工乘系数 0.87，铝合金龙骨人工乘系数 0.84。

(5) 顶棚抹石灰砂浆的平均总厚度：板条、现浇混凝土 15mm；预制混凝土 18mm；金属网 20mm；抹灰等级及抹灰遍数、工序、外观质量的对应关系，应符合要求。

(6) 吊筋安装如果为后期混凝土板上钻洞挂筋者，按相应顶棚项目，人工增加 3.4 工日/100m^2；如果为砖墙上钻洞、搁放骨架者，按相应项目人工增加 1.4 工日/100m^2。上人型顶棚骨架，吊筋改预埋为射钉固定者，每 100m^2 人工减 0.25 工日，吊筋减少 3.8kg，钢板增加 27.6kg，射钉增加 585 个。

(7) 木质骨架及面层的防火处理，套用油漆、涂料部分相应项目。

(8) 顶棚面层在同一标高者，称一级顶棚；顶棚面层不在同一标高且每一高度差在 200mm 以上者，为二级顶棚或三级顶棚。

二、顶棚工程工程量的计算规则

(1) 顶棚按主墙间实抹、实钉（胶）面积计算，不扣除间壁墙、检查洞、附墙烟囱、柱垛和管道所占面积，但应扣除独立柱及与顶棚相连的窗帘盒所占的面积；檐口抹灰顶棚、带梁顶棚两侧的抹灰，按展开面积计算并入相应顶栅面积内。

(2) 顶棚中的折线、迭落等圆弧形、拱形、高低级带灯槽或艺术形式的顶棚，按展开面积计算。

(3) 顶棚抹灰带有装饰线者，分别按三道线或五道线以内以延长米计算；线角的道数，以每一个突出的棱角为一道线。

(4) 异型顶棚，包括凸凹顶棚，Z、J 口单灯槽顶棚，双灯槽顶棚及三灯槽顶棚等，其工程量按展开面积计算，人工费乘系数 1.3。

(5) 轻钢龙骨顶棚、T 型铝合金顶棚，龙骨设计用量与定额不同时可以换算，其它不变。

(6) 嵌入式光带所占顶棚面积不扣除，顶棚龙骨用量不增加。

(7) 钢化玻璃采光顶棚、镜面顶棚，按图示尺寸面积计算。

(8) 顶棚工程中未包括混凝土板下吊钢筋，使用时按设计顶棚投影面积套定额Ⅲ—33子目。定额内钢筋规格、用量已综合考虑，使用时不得调整。

(9) 木龙骨九夹板艺术顶棚、“井”字顶棚包括各种艺术造型及灯槽，其工程量按水平投影面积计算；面层按面层含量套用相应面层定额，面层基价乘系数 1.3。

(10) 木龙骨五夹板吊顶棚，定额已考虑五夹板二次加工的人工材料消耗。

(11) 顶棚子项中未包括木装饰线条，木装饰线条按延长米单独计算，并套用顶棚木线条子目。

【例 7—8】试计算图 7—41 所示天棚吊顶和贴壁纸的工程量。

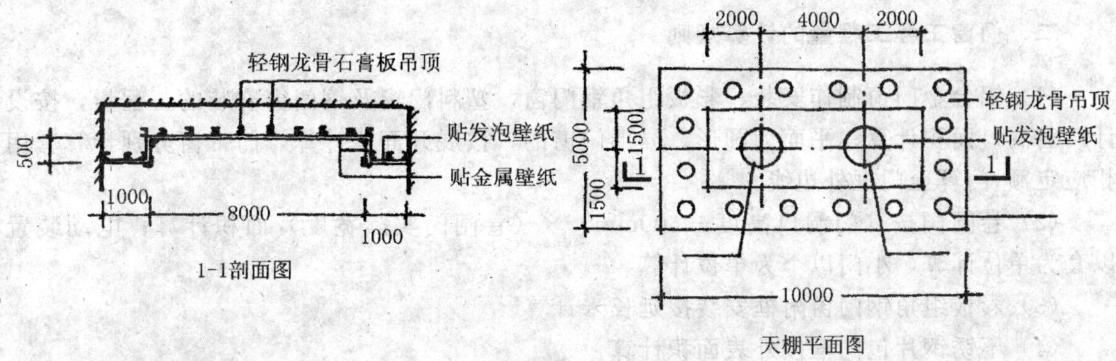

图 7—41

【解】

轻钢龙骨吊顶和贴发泡壁纸的工程量，均按顶棚的展开面积计算。

石膏板吊顶工程量 = 10.00 × 5.00 + (1.5 × 2 × 0.5 + 8.00 × 0.5) × 2 = 61.00 (m^2)

贴发泡壁纸工程量 = 10.00 × (5.00－1.50 × 2) + 1.50 × 2 × (10.00－2.0 × 2－4.0) × 2

= 32.00 (m^2)

贴金属壁纸工程量 = 61.00－32.00 = 29.00 (m^2)

第七节 门窗工程工程量的计算

一、门窗工程工程量计算须知

(一) 门窗工程内容

门窗工程包括铝合金门窗、卷闸门、塑料门窗、钢门窗、彩板组角钢门窗。

(二) 门窗工程定额的有关规定

(1) 铝合金制作兼安装项目，按施工企业附属加工制作制定；加工厂至现场堆放的运费，按各省市有关规定执行。

(2) 铝合金地弹簧门制作型材（框料），按 1011.6mm × 44.5mm，厚 1.5mm 方管制定；单扇开平门、双扇平开门，按 38 系列制定；推拉窗，按 90 系列制定；如果型材断面尺寸及厚度与定额规定不符时，按附表调整铝合金型材用量，附表中“()”的数量为定额取定量。

(3) 铝合金卷闸门（包括卷筒、导轨）、彩板组角钢门窗、塑料门窗和钢门窗安装，以成品制定。

(4) 玻璃厚度、颜色、密封油膏（按塑料油膏计列）及软填料（按沥青玻璃棉毡计列），如设计与定额不符时可另作调整。

二、门窗工程工程量的计算规则

(1) 铝合金门窗制作安装、彩板组角钢门窗、塑料门窗及钢门窗安装的工程量，按设计门窗洞口面积计算；平面为圆形、异形门窗的，按展开面积计算，门带窗分别计算套用相应定额，门算至门框外边线。

(2) 卷闸门按（门洞口高度+600mm）×（卷闸门实际宽度）面积计算；电动装置以套为单位计算，小门以个为单位计算。

(3) 彩板组角钢门窗附框安装按延长米计算。

(4) 不锈钢片包门框按外表面积计算。

(5) 工字铝窗帘轨按延长米计算。

(6) 塑料百页窗及窗帘布，其宽度按窗洞口宽度两边各加 25cm 计算。窗帘为左右两拉窗帘时，除按以上规定外，中间两窗帘重合部分按 30cm 计算。

【例 7—9】试计算图 7—42 所示古铜色铝合金门连窗，双层里外开启的工程量。

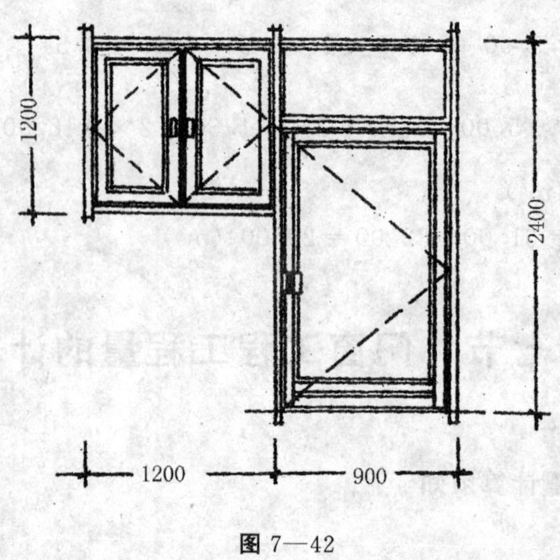

图 7—42

【解】

门、窗工程量应分别计算。

窗的工程量= 1.20 × 1.20 × 2 = 2.88 (m²)

门的工程量= 0.90 × 2.40 × 2 = 4.32 (m²)

【例 7—10】试计算图 7—43 所示铝合门的制安工程量

【解】

铝合金门的制安工程量按铝合金门框外围面积计算。

铝合金门的制安工程量= 1.50 × 2.70 = 4.05 (m²)

【说明】

铝合金门的小五金及地弹簧均不包括在定额基价内，可另行计算。

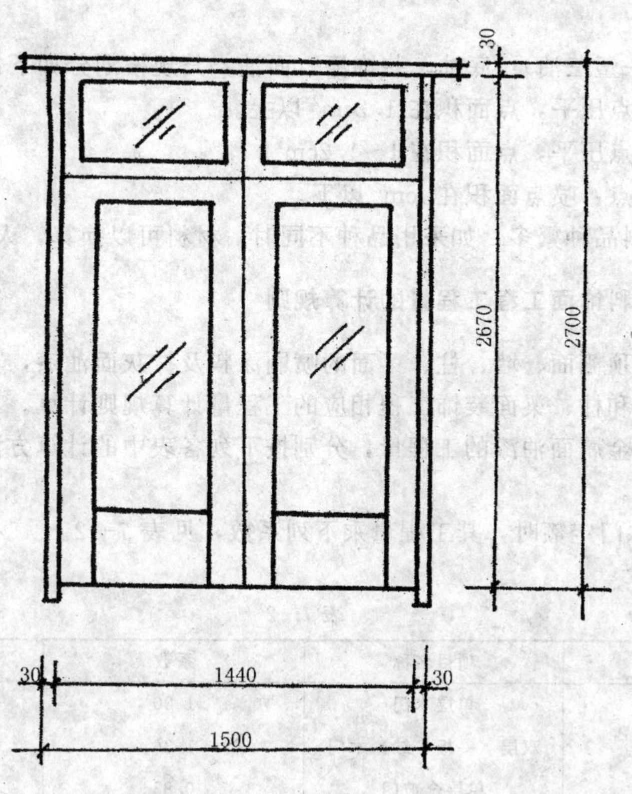

图 7—43

第八节 油漆、涂料饰面工程工程量的计算

一、油漆、涂料饰面工程工程量计算须知

（一）油漆、涂料饰面工程内容

油漆、涂料饰面工程包括木材面、金属面的各种油漆项目，以及抹灰面的各种油漆涂料项目。

（二）油漆、涂料饰面工程定额的有关规定

(1) 定额中的刷涂、刷油采用手工操作，喷塑、喷涂、喷油采用机械操作，如采用操作方法不同时均按定额执行。

(2) 油漆工、料已综合浅、中、深等各种颜色在内，不论何种颜色均按定额执行。

(3) 定额已综合考虑了在同一面上的分色及门窗内外分色，如需做美术图案者另行计算。

(4) 定额中所规定的喷、涂、刷遍数，如与设计图纸要求不同时，可按每增加一遍定额项目进行调整。

(5) 喷塑（一塑三油）：底油、装饰漆、面油，其规格划分如下：

①大压花：喷点压平，点面积在 1.2cm^2 以上。

②中压花：喷点压平，点面积在 1～1.2cm^2。

③喷中点、幼点：喷点面积在 1cm^2 以下。

(6) 由于涂料品种繁多，如采用品种不同时，材料可以换算，人工、机械不变。

二、油漆、涂料饰面工程工程量的计算规则

(1) 楼地面、顶棚面、墙、柱、梁面的喷刷涂料及抹灰面油漆，其工程量的计算按楼地面、顶棚面、墙和柱、梁面装饰工程相应的工程量计算规则计算。

(2) 木材面、金属面油漆的工程量，分别按下列各表中的计算方法计算：

①木材面油漆。

a. 套用单层木门定额时，其工程量乘下列系数，见表 7—2。

表 7—2

定额项目	项目名称	系数	工程量计算方法
单层木门	单层木门	1.00	按单面洞口面积
	双层（一板一纱）木门	1.36	
	单层全玻门	0.83	
	木百页门	1.25	
	厂库大门	1.10	

b. 套用单层玻璃窗定额时，其工程量乘下列系数，见表 7—3。

表 7—3

定额项目	项目名称	系数	工程量计算方法
单层玻璃窗	单层玻璃窗	1.00	按单面洞口面积
	双层（一玻一纱）窗	1.36	
	三层（二玻一纱）窗	2.60	
	单层组合窗	0.83	
	双层组合窗	1.13	
	木百页窗	1.50	

c. 套用扶手（不带托板）定额时，其工程量乘下列系数，见表 7—4。

表 7—4

定额项目	项目名称	系数	工程量计算方法
木扶手（不带托板）	木扶手（不带托板）	1.00	按延长米
	木扶手（带托板）	2.60	
	窗帘盒	2.04	
	封檐板、顺手板	1.74	
	挂衣板、黑板框	0.52	
	生活园地框		
	挂镜线、窗帘棍	0.35	

d. 套用其它木材面定额时，其工程量乘下列系数，见表 7—5。

表 7—5

定额项目	项目名称	系数	工程量计算方法
其它木材面	木板、纤维板、胶合板顶棚、檐口	1.00	长×宽
	清水板条天棚、檐口	1.07	
	木方格吊顶顶棚	1.20	
	吸音板、墙面、顶棚面	0.87	
	鱼鳞板墙	2.48	
	木护墙、墙裙	0.91	
	窗台板、筒子板、差板	0.82	
	暖气罩	1.28	
其它木材面	屋面板条（带擦条）	1.11	斜长×宽
	木间壁、木隔断	1.90	单面外围面积
	玻璃间壁露明墙筋	1.65	
	木栅栏、木栏杆（带扶手）	1.82	
	木屋架	1.79	跨度（长）×中高×1/2
	衣柜、壁柜	0.91	投影面积（不展开）
	零星木装修	0.87	展开面积

e. 套用木地板定额时，其工程量乘下列系数，见表 7—6。

表 7—6

定额项目	项目名称	系数	工程量计算方法
木地板	木地板、木踢脚线	1.00	长×宽
	木楼梯（不包括底面）	2.30	水平投影面积

②金属面油漆。

a. 套用单层钢门窗定额时，其工程量乘下列系数，见表 7—7。

表 7—7

定额项目	项目名称	系数	工程量计算方法
单层钢门窗	单层钢门窗	1.00	洞口面积
	双层（一玻一纱）钢门窗	1.48	
	钢百页门	2.74	
	半截百页钢门	2.22	
	满钢门或包铁皮门	1.63	
	钢折叠门	2.30	
	射线防护门	2.96	框（扇）外围面积
	厂库平开、推拉门	1.70	
	铁丝网大门	0.81	
	间壁	1.85	长×宽
	平板屋面	0.74	斜长×宽
	瓦垄板屋面	0.89	
	排水、伸缩缝盖板	0.78	展开面积
	吸气罩	1.63	水平投影面积

b. 套用其它金属面定额时，其工程量乘下列系数，见表 7—8。

表 7—8

定额项目	项目名称	系数	工程量计算方法
其它金属面	钢屋架、木窗架、挡风架、支撑、擦条	1.00	
	墙架（空腹式）	0.50	
	墙架（格板式）	0.82	
	钢柱、吊车梁、花式梁、柱、空花构件	0.63	
	操作台、走台、制动梁、钢梁、车档	0.71	
	钢栅栏门、栏杆、窗栅	1.18	
	钢爬梯	1.42	
	轻型屋架	1.05	
	踏步式钢扶梯	1.32	
	零星铁件		

c. 套用平板屋面定额时（涂刷磷化锌黄底漆），其工程量乘下列系数，见表 7—9。

表 7—9

定额项目	项目名称	系数	工程量计算方法
平板屋面	平板屋面 瓦垄板屋面	1.00 1.20	斜长×宽
	排水、伸缩缝盖板	1.05	展开面积
	吸气罩	2.20	水平投影面积
	包镀锌铁皮门	2.20	洞口面积

③抹灰面油漆、涂料。

套用抹灰面定额时，其工程量乘下列系数，见表 7—10。

表 7—10

定额项目	项目名称	系数	工程量计算方法
抹灰面	槽形底板，混凝土折板 有梁板底 密肋、井字梁底板	1.30 1.10 1.50	长×宽
	混凝土平板式楼梯底	1.30	水平投影面积

【例 7—11】 某工程楼梯的栏杆为铁栏杆，每部楼梯栏杆重为 400kg，共有三部楼梯，试计算栏杆油漆的工程量。

【解】

由表 7—9 查得，栏杆油漆的工程量计算系数为 1.18，故该栏杆油漆的工程量为：

$0.400 \times 3 \times 1.18 = 1.416$ (t)

【例 7—12】 试计算图 7—44 所示房间内墙裙油漆的工程量。已知墙裙高 1.5m，窗台高 1.0m，窗洞侧油漆宽 100mm。

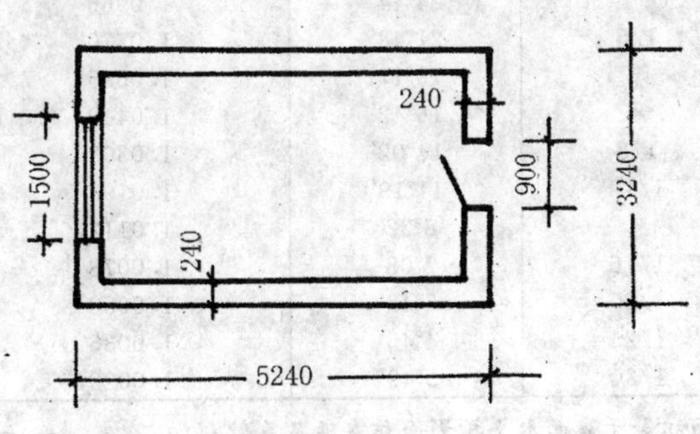

图 7—44

【解】

墙裙油漆的工程量=长×高－Σ应扣除面积+Σ应增加面积

$$=[(5.24-0.24\times2)\times2+(3.24-0.24\times2)\times2]\times1.5-[1.5\times(1.5-1.0)+0.9\times1.5]+(1.50-1.0)\times0.10\times2=16.42(\text{m}^2)$$

第九节　屋面工程工程量的计算

一、屋面工程工程量计算须知

（一）屋面工程的范围

屋面工程主要包括琉璃瓦屋面、琉璃瓦檐和脊，以及仿古小青瓦屋面。

（二）屋面工程定额的工作内容

屋面工程的工作内容，包括调制砂浆、铺砂浆、盖瓦、抹瓦筒、安脊瓦、修齐瓦口边线、清扫瓦面。

二、屋面工程工程量的计算规则

琉璃瓦屋面、仿古小青瓦屋面的工程量，均按图示尺寸的水平投影面积乘以屋面延尺系数 C 计算，单位为 m^2。屋面延尺系数 C 的数值，参见表 7—11。

表 7—11　屋面坡度延尺系数

序号	坡度			延尺系数	偶延尺系数
	B（$A=1$）	$B/2A$	角度 θ	C（$A=1$）	D（$A=1$）
1	1.000	1/2	45°	1.4142	1.7320
2	0.750		36°52′	1.2500	1.6008
3	0.700		35°	1.2207	1.5780
4	0.666	1/3	33°40′	1.2015	1.5632
5	0.650		33°01′	1.1927	1.5564
6	0.600		30°58′	1.1662	1.5362
7	0.577		30°	1.1545	1.5274
8	0.550		28°49′	1.1413	1.5174
9	0.500	1/4	26°34′	1.1180	1.5000
10	0.450		24°14′	1.0966	1.4841
11	0.400	1/5	21°48′	1.0770	1.4697
12	0.350		19°17′	1.0595	1.4569
13	0.300		16°42′	1.0440	1.4457
14	0.250	1/8	14°02′	1.0308	1.4361
15	0.200	1/10	11°19′	1.0198	1.4283
16	0.150		8°32′	1.0112	1.4221
17	0.125	1/16	7°08′	1.0078	1.4197
18	0.100	1/20	5°42′	1.0050	1.4177
19	0.083	1/24	4°45′	1.0035	1.4166
20	0.066	1/30	3°49′	1.0022	1.4157

注：1. 两坡水屋面的实际面积等于屋面水平投影面积乘延尺系数 C。

2. 当 $S=A$ 时，四坡水屋面斜脊长度等于 $A\times D$。

3. 沿山墙的泛水长度等于 $A\times C$。

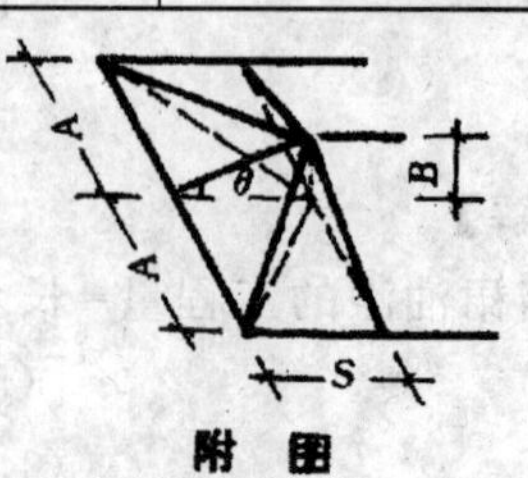

附图

由表 7—11 附图可以看出，对于同一宽度的屋面，当定下起脊高度后，屋面沿坡度方向的实际长度与其水平投影长度的比值——延尺系数就确定了。实质上，单位水平投影长度所对应的屋面斜坡的实际长度，就是屋面延尺系数，通常用 C 来表示。

$$C=\frac{\text{屋面斜坡的实际长度}}{\text{单位水平投影长度}\ (A=1)}$$

$$=\frac{\text{屋面的延尺系数}}{\text{单位水平投影长度}\ (A=1)}$$

$$=\text{屋面的延尺系数}\ (A=1)$$

由此可见：

屋面工程量=屋面水平投影面积×延尺系数（C）

山墙泛水的总长度=屋面宽度×延尺系数（C）

对于四坡水屋面，当端部马尾的削脊宽度 S 与屋面宽度的一半相等时，即 $S=A$，其斜脊的实际长度与斜脊所依附的斜坡水平投影长度的比值就确定了，称此比值为偶延尺系数，用符号 D 表示。即：

$$D=\frac{\text{斜脊的实际长度}}{\text{斜脊依附的斜坡水平投影长度}}$$

$$=\frac{\text{屋面的偶延尺系数}}{\text{单位水平投影长度}\ (A=1)}$$

$$=\text{屋面的偶延尺系数}\ (A=1,\ S=A)$$

因此，四坡水屋面斜脊的总长度可按下式计算。

屋面斜脊的总长度= 2 ×屋面宽度×偶延尺系数 D

【例 7—13】某工程采用四坡水琉璃瓦屋面，其屋面坡度 $B/2A=1/3$，即 $\theta=33°40'$，屋面尺寸如图 7—45 所示，试计算屋面工程量。

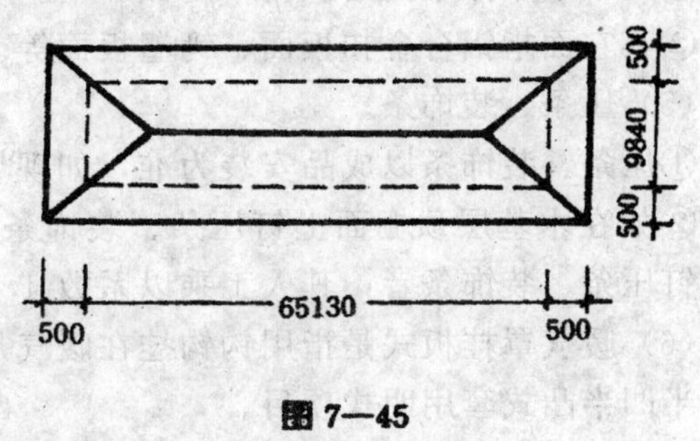

图 7—45

【解】

由表 7—11 查得，当 $B/2A=\frac{1}{3}$时，其屋面的延尺系数（C）= 1.2015，屋面的偶延尺系数（D）= 1.5632。

（1）琉璃瓦屋面的工程量=（65.130 + 0.5 × 2）×（9.840 + 0.5 × 2）× 1.2015 = 861.294（m^2）

（2）琉璃瓦檐的工程量=［（65.130 + 0.5 × 2）+（9.840 + 0.5 × 2）］× 2 = 153.94（m^2）

（3）琉璃瓦脊的工程量= 2 ×（9.840 + 0.5 × 2）× 1.5632 +（65.130 + 0.5 × 2）－（9.840 + 0.5 × 2）= 33.89 + 55.29 = 89.18（m^2）

第十节　招牌及幕墙工程工程量的计算

一、招牌工程

（一）招牌定额的有关规定

（1）定额除铁件外，均不包括油漆、防火漆工料，如需做油漆、防火漆的项目，按油漆工程相应定额执行。

（2）安装项目，同材质规格、品质不同时可以换算，其安装人工、材料消耗量不予调整。

（3）招牌基层。

①平面招牌是指安装在门前的墙面上；箱形招牌、竖式标箱是指六个面体固定在墙体上。沿雨篷、檐口、阳台走向立式招牌，套用平面招牌复杂项目。

②一般招牌和矩形招牌是指正立面平整无凸出面；复杂招牌和异形招牌是指正立面有凸起或造型。招牌的灯饰均不包括在定额内。

③招牌的面层套用顶棚相应面层项目，其人工乘以系数 0.8。

（4）美术字安装。

①美术字不分字体均执行本定额。

②其它面指铝合金扣板面、钙塑板面等。

（5）压条、装饰条。

①压条、装饰条以成品安装为准，如现场制作木压条者，每 10m 增加 0.25 个工日。

②如在木基层顶棚面上钉压条、装饰条者，其人工乘以系数 1.34。在轻钢龙骨顶棚板面钉压条、装饰条者，其人工乘以系数 1.68。木装饰条做图案者，人工乘以系数 1.8。

（6）暖气罩挂板式是指用钩钩挂在暖气片上；平墙式是指凹入墙内；明式是指凸出墙面；半凹半凸式套用明式项目。

（7）柜类材料与定额含量不同时，可以调整。

（二）招牌工程量的计算规则

（1）平面招牌基层，按正立面面积计算，复杂形凸凹造形部分不增减。

（2）沿雨篷、檐口或阳台走向的立式招牌基层，按平面招牌复杂形执行时，应按展开面积计算。

（3）箱体招牌和竖式标箱基层，按外围体积计算；突出箱外的灯饰、店徽和其它艺术装潢等,另行计算。

（4）压条、装饰条均按延长米计算。

（5）美术字安装按字的最大外围面积计算。

（6）暖气罩包括脚的高度在内，按边框外围尺寸垂直投影面积计算。

（7）窗台板、筒子板按实铺面积计算。

（8）其它安装项目，按所示计量单位计算。

（9）货架、高货柜、收银台按正立面面积计算，包括脚的高度在内。其它柜类项目均按米计算。

（10）楼梯表面铲除，其工程量均按水平投影面积乘以系数 1.4 套楼地面定额。

二、玻璃幕墙

（一）玻璃幕墙定额的有关规定

（1）铝合金玻璃幕墙的铝合金型材主要有 140 系列、155 系列、175 系列三种，辅助件主要是紧固件和密封件，100m^2 铝合金玻璃幕墙所需材料的经验数据见表 7—12。

（2）玻璃幕墙所用的轻钢、铝合金龙骨，如设计要求与定额用量不同时允许调整，但人工、机械不变。

（3）玻璃幕墙上如设计有平、推、拉者，计算幕墙面积时，应扣除窗洞面积，平、推、拉窗执行门窗定额。

表 7—12　铝合金玻璃幕墙和材料用量

序号	项　目	所需数量
1	140 系列铝型材（kg）	630
	155 系列铝型材（kg）	700
	175 系列铝型材（kg）	950
2	玻璃（m^2）	10
3	铁件（kg）	250
4	镀锌螺栓（个）	150
5	自攻螺钉（个）	2000
6	镀锌铁脚（个）	100
7	射钉（个）	100
8	玻璃胶（支）	55
9	水泥（kg）	60

（二）玻璃幕墙工程量的计算规则

（1）铝合金玻璃幕墙的工程量以框外围面积计算。

（2）有顶棚的玻璃幕墙，其幕墙高度按顶棚高度加 5cm 计算。

（3）玻璃幕墙如带有门窗的，应分别计算。

复习思考题

1. 什么是工程量？计算建筑装饰工程量有何意义？

2. 什么是建筑面积？计算建筑面积有何作用？

3. 建筑面积的计算方法有哪些？

4. 建筑装饰工程中毛面积、净面积、展开面积、洞口面积、框外围面积、水平投影面积、垂直投影面积、折算面积各是什么含义？它们应如何计算？

5. 综合脚手架综合了哪些内容？

6. 单项脚手架的适用范围是什么？

7. 天棚吊顶的工程量如何计算？

8. 墙面、柱面镶贴饰面的工程量如何计算？

9. 楼地面层的工程量如何计算？

10. 楼梯镶贴面层的工程量如何计算？

11. 铝合金门窗的工程量如何计算？

12. 什么是屋面延尺系数？什么是屋面的偶延足系数？

13. 油漆工程的工程量如何计算？

14. 什么是大压花、中压花及幼点？如何计算喷塑的工程量？

15. 安装美术字如何计算工程量？

第八章

建筑装饰工程用料的计算

建筑装饰材料是津筑装饰工程的重要物质基础，建筑装饰材料费用在建筑装饰工程造价中占有很大的比重。正确地管理和使用建筑装饰材料，是降低建筑装饰工程成本的重要措施。建筑装饰材料的用量计算，是编制建筑装饰工程预算的重要一环。为了正确地确定建筑装饰材料的用量，本章着重介绍一些常用建筑装饰材料用料的计算方法。

第一节　砂浆配合比的计算

一、一般抹灰砂浆的配合比

抹灰砂浆分为水泥砂浆、石灰砂浆、混合砂浆（水泥、石灰砂浆）。抹灰砂浆配合比，均以体积比计算。其材料用量按体积比的计算，可用下式表示：

$$Q_s = \frac{S}{\Sigma f - S \times S_p}$$

$$Q_c = \frac{C \times \gamma_C}{C} \times Q_s$$

$$Q_d = \frac{d}{S} \times Q_s$$

式中：Q_s——砂子用量，m^3；

S——砂子比例数；

Q_c——水泥用量，kg；

C——水泥比例数；

Q_d——石灰膏用量，m^3；

d——石灰膏比例数；

Σf——配合比的总比例数；

S_p——砂空隙率，%；

γ_c——水泥容重，kg/m^3。

当砂子用量超过 1m³ 时，因其空隙容积已大于灰浆数量，均按 1m³ 取定。砂子密度按 2650kg/m²，质量为 1550kg，空隙率为 40%。水泥密度按 3100kg/m³，质量为 1200kg。石灰膏用生石灰量 600kg/m³。粉化灰用生石灰量 501kg/m³。

【例 8—1】 水泥砂浆配合比为 1∶2.5（水泥∶砂），求材料用量。

【解】

砂子用量（Q_s）$=\dfrac{2.5}{(1+2.5)-2.5\times0.4}=1$（$m^3$）

水泥用量（Q_c）$=\dfrac{1\times1200}{2.5}\times1=480$（kg）

【例 8—2】 石灰砂浆配合比为 1∶3（石灰膏∶砂），求材料用量。

【解】

砂子用量（Q_s）$=\dfrac{3}{(1+3)-3\times0.4}=1.071$（$m^3$）$\approx 1m^3$

石灰膏用量（Q_d）$=\dfrac{1}{3}\times1=0.333$（$m^3$）

【例 8—3】 水泥石灰砂浆配合比为 1∶0.3∶4（水泥∶石灰膏∶砂），求材料用量。

【解】

砂子用量（Q_s）$=\dfrac{4}{(1+0.3+4)-4\times0.4}=1.081$（$m^3$）$\approx 1m^3$

水泥用量（Q_c）$=\dfrac{1\times1200}{4}\times1=300$（kg）

石灰膏用量（Q_d）$=\dfrac{0.3}{4}\times1=0.075$（$m^3$）

二、装饰砂浆的配合比

外墙装饰砂浆分为水刷石、干粘石、水磨石、剁假石、假面砖、拉毛灰等。水泥白石子浆配合比计算，可采用一般抹灰砂浆计算公式。

白石子密度 2700kg/m³，堆积密度 1500kg/m³，空隙率为 44%。当白石子计算量超过 1m³ 时，它与砂的计算方法相同，按 1m³ 取定。

纯水泥砂浆的计算方法如下：

用水量按水泥的 35%计，则：

$$\text{水灰比}=0.35\times\frac{1200}{1000}=0.42$$

$$\text{虚体积系数}=\frac{1}{1+0.42}=0.7042$$

收缩后的体积：

$$\text{水泥净体积}=0.7042\times\frac{1200}{3100}=0.2726\ (m^3)$$

$$\text{水净体积}=0.7042\times0.42=0.2958\ (m^3)$$

合计为：0.5684m³

实体积系数$=\dfrac{1}{(1+0.42)\times0.5684}=1.239$

水泥用量$=1.239\times1200=1487$（kg）

水用量$=1.239\times0.42=0.52$（m^3）

【例 8—4】白石子浆配合比为 1∶2.5（水泥∶白石子），试求材料用量。

【解】

$$白石子用量=\frac{1500\times2.5}{(1+2.5)-2.5\times44\%}=1563\text{（kg）}，取定 1500\text{kg}$$

$$水泥用量=\frac{1454}{2.5}=582\text{（kg）}$$

【说明】

每 $1m^3$ 密实体积水泥浆用水泥为 1454kg。

装饰砂浆的水刷石、水磨石、剁假石等的配合比，见表 8—1、表 8—2。

表 8—1　外墙装饰砂浆的配合比及抹灰厚度表

项　目		分　层　做　法	厚度（mm）
水刷石		水泥砂浆 1∶3 底层	15
		水泥白石子浆 1∶1.5 面层	10
剁假石		水泥砂浆 1∶3 底层	16
		水泥石屑浆 1∶2 面层	
水磨石		水泥砂浆 1∶3 底层	16
		水泥白石子浆 1∶2.5 面层	12
干粘石		水泥砂浆 1∶3 底层	15
		水泥砂浆 1∶2 面层	7
石灰拉毛		水泥砂浆 1∶3 底层	14
		纸筋灰浆面层	6
水泥拉毛		混合砂浆 1∶3∶9 底层	14
		混合砂浆 1∶1∶2 面层	6
喷涂	混凝土外墙	水泥砂浆 1∶3 底层	1
		混合砂浆 1∶1∶2 面层	4
	砖外墙	水泥砂浆 1∶3 底层	15
		混合砂浆 1∶1∶2 面层	4
滚涂	混凝土墙	水泥砂浆 1∶3 底层	1
		混合砂浆 1∶1∶2 面层	4
	砖墙	水泥砂浆 1∶3 底层	15
		混合砂浆 1∶1∶2 面层	4

表 8—2　各类抹灰砂浆配合比表

1. 每 $1m^2$ 水泥砂浆配合比表

项　目	单位	1∶1	1∶2	1∶2.5	1∶3
水泥 325 号	kg	758	550	485	404
中（粗）砂	m^3	0.64	0.93	1.02	1.02
水	m^2	0.30	0.30	0.30	0.30

2. 每 1m³ 石灰砂浆配合比表

项　目	单位	1：1	1：2	1：2.5	1：3
石灰膏	m^3	0.74	0.47	0.40	0.36
中（粗）砂	m^3	0.84	0.97	1.02	1.02
水	m^3	0.60	0.60	0.60	0.60

3. 每 1m³ 水泥白石子浆配合比表

项　目	单位	1：1.15	1：1.5	1：2	1：2.5	1：3
水泥 325 号	kg	1099	915	686	550	458
白石子	kg	1072	1189	1376	1459	1459
水	m^3	0.30	0.30	0.30	0.30	0.30

注：如采用颜色石子或大理石子时，石子用量不变，需增加颜料时，每 1m³ 水泥石子（屑）浆，增加颜料 20kg。

4. 每 1m³ 水泥石屑浆等配合比表

项　目	单位	水泥石屑浆	水泥豆石浆	素水泥浆
		1：2	1：1.25	
水泥 325 号	kg	686	1099	1502
豆粒砂	m^3	—	0.73	—
石屑	kg	1376	—	—
水	m^2	0.30	0.30	0.30

5. 每 1m³ 混合砂浆配合比表

项　目	单位	1：0.5：1	1：3：9	1：2：1	1：0.5：4	1：1：2	1：0.3：3
水泥 325 号	kg	577	129	335	303	379	391
石灰膏	m^2	0.24	0.32	0.56	0.13	0.32	0.10
中（粗）砂	m^3	0.49	0.98	0.28	1.02	0.64	0.99
水	m^3	0.60	0.60	0.60	0.60	0.60	0.60

项　目	单位	1：1：1	1：1：6	1：0.5：5	1：0.5：3	1：1：4	1：0.2：2
水泥 325 号	kg	467	203	242	368	276	504
石灰膏	m^2	0.39	0.17	0.10	0.15	0.23	0.08
中（粗）砂	m^2	0.39	1.02	1.02	0.93	0.93	0.85
水	m^3	0.60	0.60	0.60	0.60	0.60	0.60

6. 每 $1m^3$ 纸筋、麻刀石灰浆配合比表

项　目	单位	纸筋石灰浆	麻刀石灰浆	石灰草筋砂浆	石灰麻刀砂浆	纸筋石膏浆	水泥石灰麻刀砂浆
水泥 325 号	kg	—	—	—	—	—	224
石灰膏	m^3	1.01	1.01	0.33	0.34	—	0.37
中（粗）砂	m^3	—	—	1.02	1.02	—	0.75
纸筋	kg	38	—	—	—	26.30	—
麻刀	kg	—	12.12	—	16.60	—	16.60
石膏粉	kg	—	—	—	—	846	—
稻草	kg	—	—	18	—	—	—
水	m^2	0.50	0.50	0.60	0.60	0.45	0.60

注：以上各表的材料用量均已包括损耗在内。

三、砌筑砂浆的配合比

（一）水泥砂浆的水泥用量的计算

根据理论计算，如已知砂浆强度和水泥标号，其水泥用量的计算公式如下：

$$Q_c = \frac{R_p}{K \cdot R_c} \times 1000$$

式中：Q_c——$1m^3$ 砂的水泥用量，kg；

R_c——水泥标号，kg/cm^2；

R_p——砂浆强度，kg/cm^2；

K——系数，$K = \frac{1.1\lg R_p}{\lg R_c}$

以不同标号水泥配制不同标号砂浆的 K 值，见表 8—3。

表 8—3

水泥标号	砂浆标号				
	100	75	50	25	10
425	0.837	0.785	0.711	0.585	0.419
325	0.876	0.822	0.744	0.613	0.438
225	—	0.877	0.794	0.654	0.468

【例 8—5】 已知 50 号水泥砂浆，用 425 号水泥，求水泥用量。

【解】

水泥用量（Q_c）$= \frac{50}{0.711 \times 425} \times 1000 = 165.47$（kg）

【说明】

上述所计算的水泥用量为净用量，未包括损耗量（下同）。

（二）混合砂浆的计算

已知 $1m^3$ 砂的混合砂浆，其水泥及石灰膏用量可按下式计算：

$$Q_c = \frac{1}{S} \times \gamma_c$$

$$Q_d = \frac{d}{S}$$

式中：Q_c——水泥用量，kg；

S——砂子比例数；

γ_c——水泥容重，kg/m^3；

Q_d——石灰膏用量，m^3；

d——石灰膏比例数。

【例 8—6】混合砂浆配合比为 1∶0.73∶7.3（水泥∶石灰膏∶砂），试求材料用量。

【解】

水泥用量（Q_c）$= \frac{1}{7.3} \times 1200 = 164.38$（kg）

石灰膏用量（Q_d）$= \frac{0.73}{7.3} = 0.10$（$m^3$）

四、特种砂浆的配合比

特种砂浆包括耐酸、防腐、不发火花沥青砂浆等，配合比计算均按重量比计算。

（一）耐酸砂浆计算

设甲、乙、丙三种材料，其比重分别为 A、B、C，配合比分别为 a、b、c，则：

单位用量（G）$= \frac{1}{a+b+c} \times 100$（%）

甲材料用量 $= G \times a$

乙材料用量 $= G \times b$

丙材料用量 $= G \times c$

每 $1m^3$ 砂浆需要各种材料用量分别为：

甲材料＝每 $1m^3$ 砂浆容重×（$G \times a$）

乙材料＝每 $1m^3$ 砂浆容重×（$G \times b$）

丙材料＝每 $1m^3$ 砂浆容重×（$G \times c$）

配合后 $1m^3$ 砂浆重量（kg）$= \dfrac{1}{\dfrac{G \times a}{A} + \dfrac{G \times b}{B} + \dfrac{G \times c}{C}}$

【例 8—7】耐酸沥青砂浆配合比（重量比）为 1.3∶2.6∶7.4（即沥青：石英粉：石英砂），试求材料用量。

【解】

单位用量 $= \frac{1}{1.3 + 2.6 + 7.4} = 0.0885$

沥青 $= 1.3 \times 0.0885 = 0.115$

石英粉 $= 2.6 \times 0.0885 = 0.230$

石英粉 $= 7.4 \times 0.0885 = 0.655$

$$1m^3\text{耐酸砂浆重量}=\frac{1000}{\frac{0.115}{1.1}+\frac{0.23}{2.7}+\frac{0.655}{2.7}}=2326\ (kg)$$

沥青重量$=2326\times0.115=267\ (kg)$

石英粉重量$=2326\times0.23=535\ (kg)$

石英砂重量$=2326\times0.655=1524\ (kg)$

【说明】

式中各材料比重，见特种砂浆所需材料比重表（见表 8—4）。

表 8—4 特种砂浆所需材料比重表

材料名称	比重 (g/cm^2)	备 注
辉绿岩粉	2.5	
石英粉	2.7	
石英砂	2.7	
耐酸水泥	3.0	
过氯乙烯清漆	1.25	
聚乙烯醇甲醛	1.05	107 胶
滑石粉	2.6	
氟酸钠	2.75	
石油沥青	1.05	普通沥青砂浆用
重晶石粉	4.3	
石灰石砂	2.5	
砂	2.65	
普通水泥	3.1	
石油沥青	1.1	耐酸砂浆用
煤沥青	1.2	
煤焦油	1.1	
石灰膏	1.35	
水玻璃	1.36—1.5	

【例 8—8】 耐酸砂浆配合比为 1 ∶1.5 ∶0.12 ∶0.8（即石英粉∶石英砂∶氟硅酸钠∶水玻璃），试求材料用量。

【解】

$$\text{单位用量}=\frac{1}{1+1.5+0.12+0.8}=0.292$$

石英粉$=1\times0.292=0.292$

石英砂$=1.5\times0.292=0.438$

氟硅酸钠$=0.12\times0.292=0.035$

水玻璃$=0.8\times0.292=0.234$

$$每\ 1m^3\ 耐酸砂浆的重量 = \frac{1000}{\frac{0.292}{2.7}+\frac{0.438}{2.7}+\frac{0.035}{2.75}+\frac{0.234}{1.45}} = 2250\ (kg)$$

每 $1m^3$ 耐酸砂浆材料用量：

石英粉 = 2250 × 0.292 = 657（kg）

石英砂 = 2250 × 0.438 = 985.5（kg）

氟硅酸钠 = 2250 × 0.035 = 78.75（kg）

水玻璃 = 2250 × 0.234 = 526.5（kg）

（二）不发火花沥青砂浆的计算

不发火花沥青砂浆地面，又称"防爆地面"，是由沥青材料与不发火花的砂和矿物粉的混合物组成的。它除了要求受摩擦或冲击时不生火花以外，其它性质和构造原理与一般沥青砂浆相同。

【例 8—9】 不发火花沥青砂浆配合比为 9.25 ∶82.5 ∶8.25（即沥青∶石灰石砂和粉∶石棉）其砂浆容重为 $2300kg/m^3$，求材料用量。

【解】

可简化计算式，利用配合比的数（重量%）乘单位容重即得：

石油沥青重量 = 0.0925 × 2300 = 212.75（kg）

石灰石砂和粉重量 = 0.825 × 2300 = 1897.50（kg）

石棉重量 = 0.0825 × 2300 = 189.75（kg）

（三）石棉水泥灰浆的计算

石棉水泥灰浆用于贮油池填缝，其配合比为 1∶15（石棉∶水泥），按重量比计算。其中，水泥比重为 $3.1g/cm^3$，石棉比重为 $2.5g/cm^3$。

$$单位用量 = \frac{1}{1+15} \times 100\% = 6.25\%$$

石棉用量 = 1 × 0.0625 = 0.0625

水泥用量 = 15 × 0.0625 = 0.9375

$$每\ 1m^3\ 石棉水泥灰浆的重量 = \frac{1000}{\frac{0.0625}{2.5}+\frac{0.9375}{3.1}} = 3058\ (kg)$$

每 $1m^3$ 石棉水泥灰浆材料用量：

石棉 = 3058 × 0.0625 = 191.13（kg）

水泥 = 3058 × 0.9375 = 2866.90（kg）

第二节　装饰用块料（板）用量的计算

一、铝合金装饰板

铝合金装饰板是现代化建筑的装饰材料，具有耐热、耐磨、防腐蚀、抗震等特点，并刻有图案花饰，美观大方。适用于室内、外装饰墙、柱面、吊顶板等。

（一）品种及规格

铝合金装饰板的品种及规格，见表 8—5。

表 8—5

厚度（mm）	内装 0.50～1.0　外装 2.0
规格（mm）	800 × 600 压型条板
表面颜色	铝本色、褐色、有光、无光、图案花纹
参考价格（元/m^3）	96～100　160～220

注：参考价格均为出厂价格，下同。

（二）用量计算

$$100m^2\text{ 用量}=\frac{100}{\text{块长}\times\text{块宽}}\times(1+\text{损耗率})=\frac{100}{0.80\times0.60}\times(1+0.01)=210\text{（块）}$$

二、铝艺术装饰板

铝艺术装饰板是现代豪华高级建筑的室内装潢材料，是采用阳极表面处理工艺而制成的。它有各种图案，并具有质感，耐腐蚀、耐热、耐磨等特点。铝艺术装饰板适用于门厅、柱面、墙面、吊顶、家具等，其色泽在灯光下变幻莫测，高雅含蓄，富丽堂皇。

（一）品种及规格

铝艺术装饰板的品种及规格，见表 8—6。

表 8—6

厚度（mm）	0.5～0.8
规格（mm）	500 × 500、1200 × 500
表面颜色	铝本色、金黄色、浅蓝色
参考价格（元/m^2）	48～60

（二）用量计算

$$100m^2\text{ 用量}=\frac{100}{0.50\times0.50}\times(1+0.01)=404\text{（块）}$$

三、石膏装饰板

石膏装饰板是一种新型装饰材料，具有轻质、隔音、防火、可调节室内湿度、装饰美观、施工方便等优点。如龙牌石膏板是采用P·V·C塑料贴面制成，也有纯白浮雕板、彩色压光面板、彩色花面板、钻孔板，还有纤维石膏装饰板、增强石膏装饰板以及防水防潮石膏板、吸音装饰板等。

（一）品种及规格

石膏装饰板的品种及规格，见表 8—7。

表 8—7

厚度（mm）	8、9、10
规格（mm）	300 × 300、400 × 400、500 × 500、600 × 600
表面颜色	贴面彩色花面、钻孔面、浮雕面、各色及纯白色面
参考价格（元/m²）	白色面 4.00～5.00 白压花面 5.00～6.00 白浮雕面 7.00～8.00 彩色压花面 5.20～5.60

（二）用量计算

$$100m^2\text{ 用量}=\frac{100}{(\text{块长}+\text{拼缝})\times(\text{块宽}+\text{拼缝})}\times(1+\text{损耗率})$$

【说明】

（1）凡块（板）料均用此式计算；

（2）式中拼缝应按设计要求离缝或压条等。

【例 8—10】 石膏装饰板 500mm × 500mm，其拼缝宽为 2mm，损耗率为 1%，试求 $100m^2$ 需用的块数。

【解】

$$100m^2\text{ 用量}=\frac{100}{(0.50+0.002)\times(0.50+0.002)}\times(1+0.01)$$

$$=\frac{100}{0.502\times0.502}\times1.01$$

$$=401\text{（块）}$$

四、釉面砖

釉面砖，又称“内墙面砖”，是上釉的薄片状精陶建筑装饰材料。主要用于建筑物内装饰、铺贴台面等。白色釉面砖，色纯白釉面光亮，清洁大方。彩色釉面砖分为：有光彩色釉面砖，釉面光亮晶莹，色彩丰富；无光彩色釉面砖，釉面半无光，不晃眼，色泽一致，色调柔和；还有各种装饰釉面砖，如花釉砖、结晶釉砖、斑纹釉砖、白地图案砖等。釉面砖不适于严寒地区室外用，经多次冻融，易出现剥落掉皮现象，所以在严寒地区室外宜慎用。

（一）品种及规格

释面砖的品种及规格，见表 8—8。

（二）用量计算

$$100m^2\text{ 用量}=\frac{100}{(0.152+0.001)\times(0.152+0.001)}\times(1+0.01)$$

$$=\frac{100}{0.153\times0.153}\times1.01$$

$$=4315\text{（块）}$$

【说明】

根据《装饰工程施工及验收规范》（JG73—91）的规定，饰面砖的接缝宽度，应符合设计要求，室内镶贴釉面砖如无设计要求时，接缝宽度为 0.6～1.5mm。

表 8—8

厚度（mm）	4、5、6
规格（mm）	正方形 152×152、108×108、110×110 长方形 152×75
表面颜色	白、红、绿、蓝、橙、黄、棕、黑等
参考价格（元/块）	白方（152×152）　0.25～0.27 白长方（152×75）　0.14～0.16 色方（152×152）　0.35～0.37
参考价格（元/m^2）	彩色浮雕面 7.00～8.00 钻孔板 5.00～6.00 纤维石膏装饰板 5.50～6.60 增强石膏板 4.80～5.80

五、天然大理石

天然大理石是一种富有装饰性的天然石材，品种繁多，有纯黑、纯白、纯灰等，色泽朴素自然，也有红花、浪花等呈现“朝霞”、“晚霞”、“云雾”、“海浪”等图案，石质细腻，光泽度高，色调素雅；还有多姿多彩的。它是厅、堂、馆、所及其它民用建筑理想的室内装饰材料。

（一）品种及规格

天然大理石的品种及规格，见表 8—9。

表 8—9

厚度（mm）	20
规格（mm）	300×150　610×610 300×300　900×600 305×152　1067×760 305×305　1070×750 400×200　1220×915 400×400　1200×600 600×300　1200×900 610×305
表面颜色	汉白玉、艾叶青、墨玉、晚霞、螺丝转、芝麻花、雪花、奶油、秋香、桔香、咖啡、丹东绿、铁岭红、雪浪、粉荷、云花等
参考价格（元/m^2）	80～150

（二）用量计算

$$100m^2 用量=\frac{100}{（块长+灰缝）\times（块宽+灰缝）}\times（1+损耗率）$$

$$=\frac{100}{(0.30+0.005)\times(0.30+0.005)}\times(1+0.01)$$

$$=\frac{100}{0.305\times0.305}\times1.01$$
$$=1086\text{（块）}$$

【说明】

根据《装饰工程施工及验收规范》（JGJ73—91）的规定，拼缝应协调，不得有通缝，缝宽为 5～20mm。

第三节　壁纸、油漆用量计算

一、壁纸用量计算

壁纸是目前国内外使用最广泛的墙面装饰材料。它的品种很多，按被涂基物分为纸、布、塑料、玻璃纤维布等。它的花饰图案及色泽丰富，有印花、压花、发泡等。按质地有聚氯乙烯、玻璃纤维、化纤纺织（仿锦缎）及复合（花线、金属）等上涂料液，并用印花色浆印制出各种花纹而成。

（一）品种及规格

壁纸用量的品种及规格，见表 8—10。

表 8—10

幅宽（mm）	1000、1200、1050、530、960、860
卷长（m）	50、100
表面颜色	有多种图案、有发泡、非发泡、颜色浅蓝、浅绿、浅黄、桔黄、金、银色等
参考价格（元/m^2）	塑料面（中档）1.50～2.5 仿锦缎（高档）8.00～12.00 复合（高档）7.50～15.00

（二）用量计算

每 $100m^2\times(1+0.12)=112\ (m^2)$

【说明】

仿锦缎及大单元对花墙布，其用量乘以系数 1.2。

二、油漆涂料用量计算

油漆涂料是一种胶体溶液，以成膜为基础，一般由粘结剂、颜料、溶剂和各种助剂组成。油漆命名原则是以主要成膜物质为混合树脂，按其在涂膜中起作用的一种树脂为基础。根据我国的情况，将产品分为 18 大类，见表 8—11。

表 8—11　油漆涂料成膜物质分类

序号	代号	名　称
1	Y	油脂
2	T	天然树脂
3	F	酚醛树脂
4	L	沥青
5	C	醇酸树脂
6	A	氨基树脂
7	Q	硝基纤维
8	M	纤维酯及醚类
9	G	过氯乙烯树脂
10	X	乙烯树脂
11	B	丙烯酸树脂
12	Z	聚酯树脂
13	H	环氧树脂
14	S	聚氨脂
15	W	元素有机聚合物
16	J	橡胶
17	E	其它
18		辅助材料

(一) 品种及用途

油漆涂料品种甚多，我国现生产用于建筑工程中的有上百种之多。这里，仅将建筑常用油漆列于表 8—12 中。

(二) 用量计算

以各色厚漆用量计算为例，根据《遮盖力试验》规定，其遮盖力 (g/m^2) 计算公式：

$$X=\frac{G\ (100-W)}{A}\times 10000-37.5G$$

式中：X——遮盖力，g/m^2；

A——黑白格板的涂漆面积，cm^2；

G——黑白格板完全遮盖时涂漆重量，g；

W——涂料中含清油重量的百分数。

【说明】

厚漆与清油是以 3：1 的比例调匀后进行试验的。

厚漆遮盖力各色分别为；黑色≤40g/m²；黄色≤180g/m²；铁红色≤70g/m²；红色≤200g/m²；灰、绿色≤80g/m²；白色≤220g/m²；蓝色≤100g/m²；象牙色≤220g/m²。

各种油漆的遮盖力，详见表 8—13。

表 8—12　建筑常用油漆

产品名称	特性及用途	出厂价格（元/kg）
清油	用于调制厚漆和红丹防锈漆，也可单独用于物体表面涂覆，可做防水、防腐蚀和防锈用	0.60～0.63
聚合清油	用于调配厚漆，粘度大，不适于调制红丹，亦称经济清油	0.60
各色厚漆	用于一般要求不高的建筑物或水管接头处涂覆，也可做木质物件打底之用	红、紫红 0.41 黄绿 0.40 蓝、白、灰 0.40
各色调合漆	主要用于室内金属、木质物件及建筑表面的涂覆和保护装饰	0.70～0.90
油性防锈漆	用于涂刷大型钢结构表面做防锈打底之用	红丹 0.69
脂胶清漆	用于木制家具、门窗、壁板及金属制品表面的罩光	0.62
各色酚醛磁漆	用于室内外一般金属、木质物体及建筑物表面的涂覆做保护和装饰之用	0.84
酚醛清漆	用于木器家具的涂饰可显出木器的色和花纹	0.60
各色酚醛磁漆	主要用于建筑工程室内木材和金属表面的涂覆	0.60～0.90
各色酚醛无光磁漆	用于要求无光的钢铁、木材表面，适于喷涂不可刷涂	0.70～0.85
各色醇酸半光磁漆	用于涂覆要求半光的钢铁、木材表面。附着力好，但耐候性差	0.70～0.85
酚醛地板漆	供室内地板涂刷，坚硬耐磨，亦称棕色地板漆	0.60
沥青清漆	用于各种金属制品	0.55～0.75
醇酸清漆	用于室内外金属表面的涂覆，并用作醇酸瓷漆罩光用，耐水性差	0.65
各色醇酸瓷漆	用于金属、木材表面的涂覆，要配套使用醇酸底漆	0.83～1.10
各色醇酸无光瓷漆	用于金属表面或车船的表面耐水性较好	0.86～1.00
各色醇酸半光瓷漆	用于金属及木材表面涂覆，不宜于湿热带	0.82～0.96
各色醇酸调合漆	用于木质及金属表面涂覆，也适合户外使用	0.63～0.85
氨基清漆	涂于已涂有色漆的表面上罩光用，耐湿性好，以喷涂为主	0.90
硝基清漆	用于木器和金属表面的涂饰，也用罩光用，漆干燥快，有光泽耐久	0.97
硝基木器漆	用于高级木器家具，不宜用于室外的物件	0.95
过氯乙烯清漆	用于室内外各种金属、木质等表面涂饰及罩光用	0.74
各色过氯乙烯瓷漆	喷涂于金属或木质物件上	0.94～1.05
各色过氯乙烯半光瓷漆	用于金属或木质物件表面的涂覆，反光性不大	
过氯乙烯木器清漆	用于木器家具，漆膜耐久，耐水，保光性强	
磷化底漆（分装）	用于镀锌铁皮及各种金属结构表面。磷底漆：磷化液＝4∶1用量不能随意增加	1.10
丙烯酸清漆	用于经阳极化处理后铝合金表面涂覆，起保护作用	1.60
铁红环氧酯地板漆	供室内地板涂刷之用，坚硬耐磨	
聚氨酯清漆	主要用于防腐建筑、各种金属防腐保护和木器家具表面罩光	1.60
合成聚氨酯清漆	适用于各种木质、金属设备作为装饰保护涂层，光亮丰满	
合成聚氨酯木器漆	适用于木器罩光涂层，光亮硬性高	
聚氨酯半光瓷漆	应用于设备、金属制品表面涂刷。耐酸、耐碱、耐各种油类、耐水、耐潮等特性	

表 8—13 各类油漆遮盖力表

产品及颜色	遮盖力（g/m²）	产品及颜色	遮盖力（g/m²）
（1）各色各类调合漆		红、黄色	≤140
黑色	≤40	（5）各色硝基外用瓷漆	
铁红色	≤60	黑色	≤20
绿色	≤80	铝色	≤30
蓝色	≤100	深复色	≤40
红、黄色	≤180	浅复色	≤50
白色	≤200	正蓝、白色	≤60
（2）各色酯胶瓷漆		黄色	≤70
黑色	≤40	红色	≤80
铁红色	≤60	紫红、深蓝色	≤100
蓝、绿色	≤80	柠檬黄色	≤120
红、黄色	≤160	（6）各色过氯乙烯外用瓷漆	
灰色	≤100	黑色	≤20
（3）各色酚醛瓷漆		深复色	≤40
黑色	≤40	浅复色	≤50
铁红、草绿色	≤60	正蓝、白色	≤60
绿灰色	≤70	红色	≤80
蓝色	≤80	黄色	≤90
浅灰色	≤100	深蓝、紫红色	≤100
红、黄色	≤160	柠檬、黄色	≤120
乳白色	≤140	（7）聚氨酯瓷漆	
地板漆（棕、红）	≤50	红色	≤140
（4）各色醇酸瓷漆		白色	≤140
黑色	≤40	黄色	≤150
灰、绿色	≤55	黑色	≤40
蓝色	≤80	蓝灰绿色	≤80
白色	≤110	军黄、军绿色	≤110

计算油漆用料，首先需计算涂盖面积（遮盖力），再从油漆的产品技术条件中，查这种油漆使用 g/m²，两者相乘再除以 1000，即得这种油漆每 1m² 刷一遍的用量（kg）。

【例 8—11】 漆刷油漆面积为 200m²，用蓝色厚漆 100g/m²，试计算涂刷一遍需要多少蓝色厚漆？

【解】

$$蓝色厚漆用量 = 200 \times 100 \times \frac{1}{1000} = 20\ (kg)$$

以 100%固体含量计，每 1kg 涂料所涂面积与厚度关系，见表 8—14。

表 8—14 涂层厚度与涂刷面积的关系

涂层厚度（um）	100	50.0	33.3	25.0	20.0	16.7	14.3	12.5	11.1	10.0
涂层面积（m²）	10	20	30	40	50	60	70	80	90	100

涂层厚度可用下列公式求出：

$$涂层厚度\ (um)=\frac{所耗漆量\ (kg)\ \times 固体含量\ (\%)}{固体含量比重\times 涂刷面积\ (m^2)}\times 1000$$

或将涂料固体含量（不挥发部分）所占容积的百分数与涂料涂刷面积的厚度之乘积，即得总厚度。

例如，涂刷面积为 40m²，固体含量所占容积为 52%，其涂层厚度从上表查出为 25um。

52%× 25 = 13 (um)

此值即为涂层厚度。常见喷涂材料用量，见表 8—15。

表 8—15　常见喷涂材料用量

喷涂用料品种项目	用　量 (m²/kg)			
	喷大点中压花		喷中点、细点	
	油性	水性	油性	水性
973 拉碱底油	10～12	10～12	10～12	10～12
678 浮雕骨料	1～1.1	1～1.2	1.3～1.6	1.3～1.6
9700 悦亮底油	5～6	5～6	6～7	6～7
0300 悦亮面油		6～7		6～7
油性面漆	5～6		5～6	
稀释剂（或香蕉水）	20		22	
底油	8～10		8～10	
骨料	1～1.2		1.3～1.8	
面料	5～6		6.5	
底油	10～12	10～12	10～12	10～12
中层骨料	1～1.1	1～1.1	1.3～1.6	1.3～1.6
有光面油	5～6		6～7	
无光面油		5～6		6～7
底油	10～12		10～12	
707 胶		3～4		3～4
石英砂骨料		2～3		5～6
SB—2 胶液		2～3		3.5
白水泥		1～1.3		1.3～1.6
底油		10～12		10～12
骨料		1～1.1		1.3～1.5
面料		2～3		2～3
919 底油		1～1.1		1.2～1.5
891 面油		2～3		2～3

常见油漆单位面积用量，见表 8—16。

普通木门窗与金属材料油漆饰面用量，见表 8—17。

常见腻子用量，见表 8—18。

表 8—16　常见油漆料单位面积用量

漆　种	用　途	材料项目	用量（kg/m²）	
			普通油漆处理	精细油漆饰面
酚醛清漆	普通木饰面	酚醛清漆 松节油	0.12 0.02	
硝基清漆（蜡克）	木顶棚、木墙裙、木造型、木线条及木家具的饰面	虫胶片 工业酒精 硝基清漆 天那水或香蕉水	0.023 0.14 0.15 0.8	0.03 0.2 0.22 1.4
聚氨酯清漆	木顶棚、木墙裙、木造型、木线条及木家具的饰面	虫胶片 酒精 聚氨酯清漆	0.023 0.14 0.15	0.03 0.25 0.15
硝基漆（手扫漆）	木造型、木线条、钢木家具	硝基磁漆 天那水	0.11 1.2	0.15 1.8
硝基磁漆	木造型、木线条、钢木家具	硝基磁漆 天那水或香蕉水	0.11 1.1	0.15 1.6
酚醛磁漆	普通木饰面	酚醛磁漆 松节油	0.14 0.05	

表 8—17　普通木门窗与金属材料油漆饰面用量

饰面项目	材料用量（kg/m²）						
	深色调和漆	浅色调和漆	防锈漆	深色原漆	浅色原漆	熟桐油	松节油
深色普通门	0.15			0.12		0.08	
深色普通门	0.21			0.16			0.05
深色木板壁	0.07			0.07			0.04
浅色普通门		0.175			0.25		0.05
浅色普通门		0.24			0.33		0.08
浅色木板壁		0.08			0.12		0.04
旧门重油漆	0.21						0.04
旧窗重油漆	0.15						0.04
新钢门窗油漆	0.12		0.05				0.04
旧钢门窗油漆	0.14		0.1				
一般铁窗栅油漆	0.06		0.1				

表 8—18　常用腻子用量表

腻子种类	用　途	材料项目	用量（kg/m²）
石膏油腻子	墙面、柱面、地面、普通家具的不透木纹嵌底	石膏粉 熟桐油 松节油	0.22 0.06 0.02
血料腻子	中、高档家具的不透木纹嵌底	熟猪血 老粉（富粉） 木胶粉	0.11 0.23 0.03
石膏清漆腻子	墙面、地面、家具面的露木纹嵌底	石膏粉 清漆	0.18 0.08
虫胶腻子	墙面、地面、家具面的露木纹嵌底	虫胶漆 老粉	0.11 0.15
硝基腻子	常用于木器透明涂饰的局部填嵌	硝基清漆 老粉	0.08 0.16

第四节　屋面瓦及其它用量的计算

一、屋面瓦用量的计算

建筑工程房上用瓦有平瓦（水泥瓦、粘土瓦）和波纹瓦（石棉波纹瓦、塑料波纹瓦）。其选用规格及搭接尺寸，见表 8—19。

表 8—19　瓦屋面的搭接

项　目	规格（mm）		搭接（mm）		每块瓦的利用率（%）	每 1m² 用量（块）
	长	宽	长	宽		
水泥平瓦	385	235	85	33	67	16.91
粘土平瓦	380	240	80	33	68.09	16.51
小波石棉瓦	1820	725	150	62.5	83.8	0.99
大波石棉瓦	2800	994	150	165.7	78.89	0.40

注：本表每 1m² 用量已包括损耗量。

屋面瓦用量计算公式：

$$100\text{m}^2\text{屋面瓦用量}=\frac{100}{\text{瓦有效长}\times\text{瓦有效宽}}\times(1+\text{损耗率})$$

式中：瓦有效长——规格长减搭接长；

瓦有效宽——规格宽减搭接宽。

【例 8—12】 如铺屋面 100m² 水泥瓦，其损耗率为 2.5%，试求水泥瓦用量。

【解】

$$100\text{m}^2\text{水泥瓦用量}=\frac{100}{(0.385-0.085)\times(0.235-0.033)}\times(1+0.025)$$

$$=\frac{100}{0.30\times0.202}\times1.025$$

$= 1691$（块）

【例 8—13】 波形玻璃钢瓦，规格 1820mm × 720mm，其损耗率为 2.5%，试求 100m² 的用量。

【解】

$$100\text{m}^2\ \text{波形玻璃钢瓦用量} = \frac{100}{(1.82-0.15)\times(0.72-0.0625)}\times(1+0.025)$$

$$= \frac{100}{1.67\times0.6575}\times1.025 = 93.35\ (\text{块})$$

二、卷材（油毡）用量的计算

油毡的规格为 0.915m × 21.86m，每卷 20m²。按《屋面工程施工及验收规范》要求，搭接时长边不小于 10cm，短边不小于 15cm。

如《建筑工程预算定额》中，取定长边搭接为 11cm，短边搭接 16cm，每卷按两个搭接头计算,其计算式为：

$$\text{每}\ 100\text{m}^2\ \text{卷材用量} = \frac{100}{(0.915-0.11)\times(21.86-0.16\times2)}\times(1+0.01)$$

$$= 116.50\ (\text{m}^2)$$

三、砌砖及砂浆用量的计算

标准砖的规格 240mm × 115mm × 53mm。其砌体厚度加灰缝的厚度，见表 8—20。

表 8—20

墙厚（砖）	$\frac{1}{4}$	$\frac{1}{2}$	$\frac{3}{4}$	1	$1\frac{1}{2}$	2	$2\frac{1}{2}$	3
计算厚度（mm）	53	115	178	240	365	490	615	740
设计尺寸（mm）	60	120	180	250	370	490	620	740

砌砖墙每 1m³ 用砖数和砂浆用量的计算公式，采用砖量理论计算，有两种公式，即通用式和非通用式。

所谓通用式，就是任何墙厚均可通用的计算公式。即：

$$\text{砖净用量（块/m}^3\text{）} = \frac{1}{\text{墙厚}\times(\text{砖长}+\text{灰缝})\times(\text{砖厚}+\text{灰缝})}\times K$$

$$\text{砂浆用量} = 1 - \text{砖数}\times\text{每块砖体积}$$

式中：K——墙厚砖数× 2，即 1 砖墙为 1、$1\frac{1}{2}$砖墙为 1.5、2 砖墙为 2……。

所谓非通用式，就是每一种墙厚的砖各有一个计算式，每个计算式不能通用，如$\frac{1}{4}$砖和$\frac{3}{4}$砖墙用砖量计算公式为：

$$\text{砖净用量（块/m}^3\text{）} = \frac{1}{\text{墙厚}\times1\times(\text{砖宽}+\text{灰缝})}\times K$$

$$\text{砂浆用量} = 1 - \text{砖数}\times\text{每块砖体积}$$

式中：K——$\frac{1}{4}$砖墙厚为 4、$\frac{3}{4}$砖墙厚为 12。

每块砖的体积＝0.24×0.115×0.053＝0.0014628（m^3）。

【例 8—14】 试求$\frac{1}{4}$砖墙每 $1m^3$ 净用砖数及砂浆用量。

【解】

$$砖净用量=\frac{1}{0.052\times1\times(0.115+0.010)}\times4=604（块）$$

砂浆用量＝1－604×0.0014628＝0.117（m^3）

【例 8—15】 试求 2 砖墙每 $1m^3$ 净用砖数及砂浆用量。

【解】

$$砖净用量=\frac{1}{0.49\times(0.24+0.01)\times(0.053+0.01)}\times2\times2-518（块）$$

砂浆用量＝1－（518×0.0014628）＝0.242（m^3）

复习思考题

1. 配制 $1m^3$ 抹灰 1∶3 水泥砂浆，求材料用量。

2. 配制 $1m^3$ 抹灰用混合砂浆配合比为 1∶3∶9（即水泥∶石灰∶砂浆），求材料用量。

3. 配制 $1m^3$ 装饰砂浆 1∶1.5 水泥白石子浆，求材料用量。

4. 铺 $100m^2$ 聚氯乙烯地板块 305mm×305mm（不计算接缝），请问需要多少块？

5. $100m^2$ 内墙面釉面砖 110mm×110mm，砖接缝宽 1mm，请问需要多少块（不计损耗）？

6. $100m^2$ 内墙面贴仿锦缎墙布，须对大花，请问需要多少 m^2？

7. 1 砖墙厚每 $1m^3$ 砌体的砖净用量及砂浆净用量是多少？

第九章

建筑装饰工程施工图预算编制与实例

第一节　建筑装饰工程施工图预算的作用及编制依据

一、建筑装饰工程施工图预算的概念

建筑装饰工程施工图预算是建筑安装工程施工图预算的组成部分，是工程建设施工阶段核定工程施工造价的重要经济文件。

建筑装饰工程施工图预算，是指建筑装饰工程施工前，根据施工图、预算定额、现场条件及有关规定所编制的一种确定工程施工造价的经济文书。它是以单位工程为编制单元，以分项工程划分项目，按相应的专业定额及其项目为计价单位的综合性预算。

掌握建筑装饰工程施工图预算编制的基本原理和基本方法，对于系统地学习、理解和掌握设计概算、施工预算的编制理论和方法，有着十分重要的承前启后的作用。

二、建筑装饰工程施工图预算的作用

(1) 建筑装饰工程施工图预算是建设银行拨付工程价款的依据。建设银行根据审定批准后的施工图预算，办理基本建设拨款和工程价款，监督甲、乙双方按工程进度办理结算。

(2) 建筑装饰工程施工图预算是建设单位和施工单位结算工程费用的依据。施工单位根据会审后的施工图，编制施工图预算送交建设单位审核。审定后的施工图预算就是建设单位和施工单位竣工时双方结算工程费用的依据。

(3) 建筑装饰工程施工图预算是施工单位编制施工计划的依据。施工图预算是建筑装饰企业正确编制施工计划（材料计划、劳动计划、机械台班计划、施工计划等），进行施工准备,组织材料进场的依据。

(4) 建筑装饰工程施工图预算是建筑装饰企业加强经济核算、提高企业管理水平的依据。

(5) 建筑装饰工程施工图预算是控制投资、加强施工管理和经济核算的基础。

(6) 建筑装饰工程施工图预算是建筑装饰企业进行两算对比的依据。两算对比，是指施工图预算的对比。通过两算对比分析，可以预先找出工程节约或超支原因，防止人工、材料、机械费用的超支，避免发生工程成本亏损。

(7) 建筑装饰工程施工图预算是建设单位、设计单位进行设计方案比较的依据。

(8) 建筑装饰工程施工图预算是建设单位编制标底，装饰企业编制投标报价的依据。

三、建筑装饰工程施工图预算的编制依据

(一) 经审批后的设计施工图和说明书

经建设单位、设计单位和施工单位共同进行会审，并经有关部门审批后的施工图纸和说明书，是编制建筑装饰工程预算的重要依据之一。它主要包括装饰工程施工图纸说明、总平面布置图、平面图、立面图、剖面图和梁、柱、地面、楼梯、屋顶、门窗等各种详图，以及门窗和材料明细表等。这些资料表明了装饰工程的主要工作对象和主要工作内容，以及结构、构造、零配件等尺寸，材料的品种、规格和数量等。

(二) 批准的工程项目设计总概算文件

主管单位在批准拟建（或改建）项目的总投资概算后，将在拟建项目投资最高限额的基础上，对各单项工程也规定了相应的投资额。因此，在编制装饰工程预算时，必须以此为依据，使其预算造价不能突破单项工程概算中所规定的限额。

(三) 施工组织设计资料

建筑装饰工程施工组织设计具体地规定了装饰工程中各分项工程的施工方法、施工机具、构配件加工方式、技术组织措施和现场平面布置图等内容。它直接影响整个装饰工程的预算造价，是计算工程量、选套预算定额或单位估价表和计算其它费用的重要依据。

(四) 现行建筑装饰工程概（预）算定额

现行建筑装饰工程概（预）算定额是编制装饰工程概（预）算的基本依据。编制概（预）算时，从分部分项工程项目的划分到工程量的计算，都必须以此作为标准进行。

(五) 地区单位估价表

地区单位估价表是根据现行的装饰工程概（预）算定额、建设地区的工资标准、材料预算价格、机械台班价格和水、电、动力资源等价格进行编制的。它是现行概（预）算定额中各分项工程及其子目在相应地区价值的货币表现形式，是地区编制装饰工程概（预）算的最基本的依据之一。

(六) 材料预算价格

工程所在地区不同，运费不同，必将导致材料预算价格的不同。因此，必须以相应地区的材料预算价格进行定额调整或换算，作为编制装饰工程预算的依据。

(七) 有关的标准图和取费标准

编制装饰工程预算除要具备有全套的施工图纸以外，还必须具备所需的一切标准图（包括国家标准图、地区标准图）和相应地区的其它直接费、间接费、计划利润以及税金等费率标准，作为计算工程量，计取有关费用，最后确定工程造价的依据。

(八) 预算定额及有关的手册

预算定额及有关的手册是准确、迅速地计算工程量、进行工料分析、编制装饰工程预算的主要基础资料。

（九）其它资料

其它资料一般指国家或地区主管部门，以及工程所在地区的工程造价管理部门所颁布的编制预算的补充规定（如项目划分、取费标准、调整系数等）、文件和说明等资料。

（十）装饰工程施工合同

施工合同是发包单位和承包单位履行双方各自承担的责任和分工的经济契约，也是当事人按有关法令、条例签定的权利和义务的协议。它明确了双方的责任以及分工协作、互相制约、互相促进的经济关系。经双方签订的合同包括双方同意的有关修改承包合同的设计和变更文件，承包范围，结算方式，包干系数的确定，材料量、质和价的调整，协商记录，会议纪要以及资料和图表等。这些都是编制装饰工程预算的主要依据。

四、建筑装饰工程施工图预算编制的条件

(1) 施工图纸经过审批、交底和会审后，必须由建设单位、设计单位和施工单位共同认可。

(2) 施工单位编制的建筑装饰工程施工组织设计或施工方案，必须经其主管部门批准。

(3) 建设单位和施工单位在材料、构件、配件和半成品等加工、定货和采购方面，都必须有明确分工或按合同执行。

(4) 参加编制预算的人员，必须具有由有关部门进行资格培训、考核合格后签发的相应证书。

第二节　建筑装饰工程施工图预算的编制方法和步骤

一、建筑装饰工程施工图预算的编制方法

建筑装饰工程施工图预算多由施工单位负责编制，主要有以下两种：

（一）单位估价法

单位估价法，也叫“工程预算单价法”，是根据各分部分项工程的工程量，按当地人工工资标准、材料预算价格及机械台班费等预算定额基价或地区单位估价表，计算工程定额直接费、其它直接费，并由此计算间接费、计划利润或法定利润以及其它费用，最后汇总得出整个工程预算造价的方法。

（二）实物造价法

建筑装饰工程多采用新材料、新工艺、新构件和新设备，有些项目现行装饰工程定额中没有包括，编制临时定额时间上又不允许时，通常采用实物造价法编制预算。

实物造价法，是根据实际施工中所用的人工、材料和机械等数量，按照现行的劳动定额、地区工人日工资标准、材料预算价格和机械台班价格等计算人工费、材料费和机械费，汇总后在此基础上计算其它直接费用，然后再按照相应的费用定额计算间接费、计划利润或法定利润、其它费用和税金，最后汇总形成工程预算造价的方法。

二、建筑装饰工程施工图预算的编制步骤

编制建筑装饰工程施工图预算，在满足编制条件的前提下，一般可按下列步骤进行：

（一）收集有关编制装饰工程施工图预算的基础资料

这主要是包括经过交底会审后的施工图纸；批准的设计总概算书；施工组织设计和有关的技术组织措施；国家和地区主管部门颁发的现行装饰工程预算定额、工人工资标准、材料预算价格、机械台班价格、单位估价表（包括各种补充规定）及各项费用的取费率标准；有关的预算工作手册、标准图集；工程施工合同和现场情况等资料。

（二）熟悉审核施工图纸

施工图纸是编制预算的重要依据。预算人员在编制预算之前，应充分、全面地熟悉、审核施工图纸，了解设计意图，掌握工程全貌，这是准确、迅速地编制装饰工程施工图预算的关键。只有在对设计图纸进行了全面详细的了解，结合预算定额项目划分的原则，正确而全面地分析了该工程中各分部分项工程以后，才能准确无误地对工程项目进行划分，以保证工程量的计算和正确地计算出工程造价。熟悉审核施工图纸，一般包括下列步骤：

1. 整理施工图纸

装饰工程施工图纸，应把目录上所排列的总说明、平面图、立面图、剖面图和构造详图等按顺序进行整理，将目录放在首页，装订成册，避免使用过程中引起混乱而造成失误。

2. 审核施工图纸

审核施工图纸的目的就是看其是否齐全，根据施工图纸的目录，对全套图纸进行核对，发现缺少应及时补全，同时收集有关的标准图集。

3. 熟悉图纸

熟悉施工图是正确计算工程量的关键。经过对施工图纸进行整理、审核后，就可以进行阅读。其目的在于了解该装饰工程中，各图纸之间、图纸与说明之间有无矛盾和错误；各设计标高、尺寸、室内外装饰材料和做法要求，以及施工中应注意的问题；采用的新材料、新工艺、新构件和新配件等是否需要编制补充定额或单位估价表；各分项工程的构造、尺寸和规定的材料品种、规格以及它们之间的相互关系是否明确；相应项目的内容与定额规定的内容是否一致等。并做好记录，为精确计算工程量、正确套用定额项目创造条件。

4. 交底会审

施工单位在熟悉和审核图纸的基础上，参加由建设单位主持，设计单位参加的图纸交底会审会议，并妥善解决好图纸交底和会审中发现的问题。

（三）熟悉施工组织设计

施工组织设计是施工单位根据施工图纸、组织施工的基本原则和上级主管部门的有关规定以及现场的实际情况等资料编制的，用以指导拟建工程施工过程中各项活动的技术、经济、组织的综合性文件。它具体地规定了组成拟建工程各分项工程的施工方法、施工进度和技术组织措施等。因此，编制装饰工程预算前，应熟悉并注意施工组织设计中影响工程预算造价的有关内容，严格按照施工组织设计所确定的施工方法和技术组织措施等要求，准确计算工程量，套取相应的定额项目，使施工图预算能够反映客观实际。

（四）熟悉预算定额或单位估价表

预算定额或单位估价表是编制装饰工程施工图预算基础资料的主要依据。因此，在编

制预算之前，熟悉和了解装饰工程预算定额或单位估价表的内容、形式和使用方法，是结合施工图纸，迅速、准确地确定工程项目、计算工程量的根本保证。

（五）确定工程量计算项目

在熟悉图纸的基础上，列出全部所需编制的预算工程项目，并根据预算定额或单位估价表，将设计中有关定额上没有的项目单独列出来，以便编制补充定额或采用实物造价法进行计算。

（六）计算工程量

工程量是以规定的计量单位（自然计量单位或法定计量单位）所表示的各分项工程或结构件的数量，它是编制预算的原始数据。

在建筑装饰工程中，如铝合金送风口、回风口、壁柜等以个为单位，大理石台板、角钢支架、卷帘机和灯具安装等以套为单位，进口卫生洁具等以组为单位。这些均是采用自然计量单位；而日光灯遮光板、顶棚压条、楼梯栏杆扶手等以 m 为单位，墙面、地面、柱面、顶棚和铝合金工程等以 m^2 为单位的则是采用法定计量单位。

（七）工程量汇总

各分项工程量计算完毕经仔细复核无误后，应根据概（预）算定额手册或单位估价表的内容、计量单位的要求，按分部分项工程的顺序逐项汇总、整理，以防止工程量计算时对分项工程的遗忘或重复，为套用预算定额或单位估价表提供方便条件。

（八）套用预算定额或单位估价表

根据所列计算项目和汇总整理后的工程量，就可以进行套用预算定额或单位估价表的工作，并可根据分项列表 9—1，即汇总后求得直接费。

表 9—1　工程预算表

工程名称：　　　　　　　　　　　　　　　　　　　　　　　　第　　页

定额编号	分部分项工程名称	工程量		价值（元）		其中					
		定额单位	数量	定额单价	金额	人工费		材料费		机械费	
						单价	金额	单价	金额	单价	金额
(1)	(2)	(3)	(4)	(5)	(6)	(7)	(8)	(9)	(10)	(11)	(12)

（九）计算各项费用

定额直接费求出后，按有关的费用定额即可进行其它直接费、间接费、计划利润或法定利润、其它费用和税金等的计算。

（十）比较分析

各项费用计算结束，即形成了装饰工程预算造价。此时，还必须与设计总概算中装饰工程概算部分进行比较，如前者没有突破后者，则进行下一步；否则，要查找原因，纠正错误，保证预算造价在装饰工程概算投资额内。确实因工程需要的改变而突破总投资所规定的百分比，必需向有关部门重新申报。

（十一）工料分析

工料分析，详见本章第三节。

（十二）编制装饰工程施工图预算书

根据上述有关项目求得相应的技术经济指标后，就要编制装饰工程预算书。装饰工程预算书一般包括下列几部分：

（1）填写工程预算书封面，见表 9—2。

表 9—2　工　程　预　算　书

NO ________号

工 程 名 称：______________________________

工 程 性 质：______________________________

施 工 地 址：______________________________

工 程 造 价：______________________________

其中：直接费：______________________________

间　接　费：______________________________

建设单位：________　　　　施工单位：________

负 责 人：________　　　　负 责 人：________

经 办 人：________　　　　审　　核：________

施 工 员：________　　　　编 制 人：________

编制日期：______年______月______日

（2）编制工程预算汇总表，见表 9—3。

表 9—3　工程（　　）算汇总表

工程名称：

代号	费用名称	计算式及费率	金额	代号	费用名称	计算式及费率	金额
一	工程直接费			3	施工管理费		
1.	定额直接费			4	临时设施费		
	原定额直接费			三	计划利润		
其中	人工费			四	其它费用		
	材料费			5	预制混凝土构件增值税		
	机械费			6	城镇土地使用税		
	其它			7	定额流动贷款利息		
2	其它直接费			8	市场材料价格差		
（1）	冬施费			9	五材价差		
	其中人工费			10	劳动基金		
（2）	二次倒运费			五	其它		
（3）	干扰费						
（4）	雨季施工等费用			六	税金		
（5）	预算包干费						
	其中人工费						
二	间接费						
合计							

(3) 编制说明。主要包括工程概况、编制依据和其它有关说明等。

(4) 编制工程预算表。将装饰工程预算书封面、工程预算汇总表、编制说明、工程预算表格和工程量计算表等按顺序装订成册，即形成完整的装饰工程施工图预算书。至此，分项编制工作结束，可送有关部门审核。

三、建筑装饰工程施工图预算的编制程序

编制建筑装饰工程施工图预算是一项工作量大而复杂的工作，参加编制的工作人员在具备编制条件的基础上，可按下列程序（见图 9—1）进行：

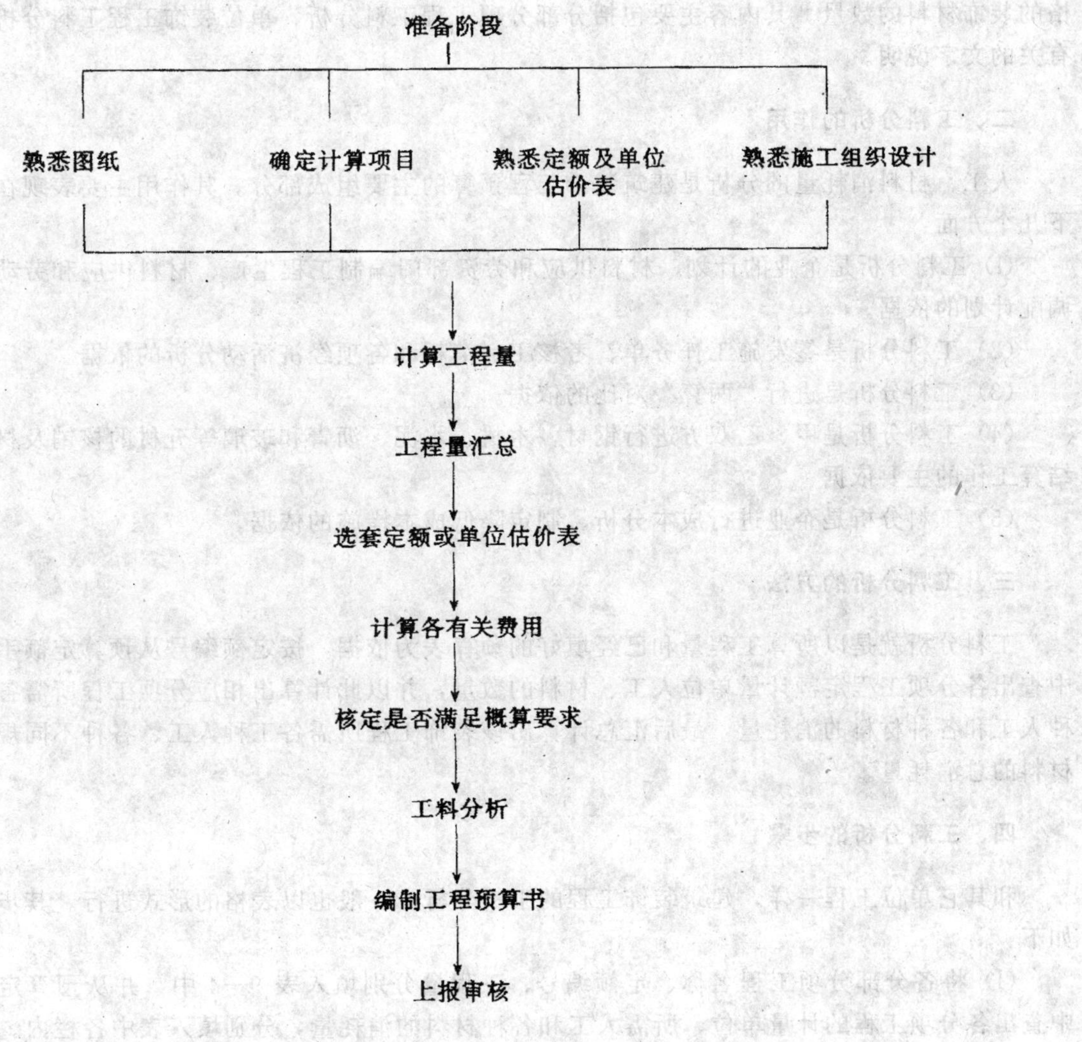

图 9—1 预算编制程序

第三节　工料分析

一、工料分析的概念

在建筑装饰工程造价中，人工、材料费用占很大比重，个别项目的造价主要又是由人工和材料费用组成。因此，进行工料分析，合理地调配劳动力，正确管理和使用材料，是降低工程造价的重要措施之一。

工料分析，是指确定完成一个装饰工程项目所需要消耗的各种劳动力、各种种类和规格的装饰材料的数量。其内容主要包括分部分项工程工料分析、单位装饰工程工料分析和有关的文字说明。

二、工料分析的作用

人工、材料消耗量的分析是建筑装饰工程预算的主要组成部分。其作用主要表现在以下几个方面：

(1) 工料分析是企业的计划、材料供应和劳资部门编制工程生产、材料供应和劳动力调配计划的依据。

(2) 工料分析是签发施工任务单、考核工料消耗和各项经济活动分析的依据。

(3) 工料分析是进行“两算”对比的依据。

(4) 工料分析是甲、乙双方进行钢材、木材、水泥、沥青和玻璃等五材的核销及材料结算工作的主要依据。

(5) 工料分析是企业进行成本分析、制定降低成本措施的依据。

三、工料分析的方法

工料分析就是以所算工程量和已经填好的预算表为依据，按定额编号从预算定额手册中查出各分项工程定额计量单位人工、材料的数量，并以此计算出相应分项工程所需各工种人工和各种材料的消耗量，最后汇总计算出该装饰工程所需各工种人工、各种不同规格材料的总消耗量。

四、工料分析的步骤

和其它单位工程一样，建筑装饰工程的工料分析，一般也以表格的形式进行。其步骤如下：

(1) 将各分部分项工程名称、定额编号、工程量分别填入表 9—4 中，并从预算定额中查出各分项工程的计量单位、所需人工和各种材料的消耗量，分别填入表中各栏内。

(2) 根据所计算出的各分项工程的人工、材料消耗量，按工种、材料规格进行分析汇总，计算出分部工程所需相应的人工、材料的消耗量。

(3) 将分部工程相应的人工、材料消耗量进行汇总，即可计算出该装饰工程所需各种人工、不同种类不同规格材料的总消耗量，并分别列于表 9—5 和表 9—6。

表 9—4

序号	定额编号	分部分项工程名称	单位	工程量	人工				主要材料		
					…工（工日）		……		……（单位）		……
(1)	(2)	(3)	(4)	(5)	单位用量 (6)	合计 (7)	… …	… …	单位用量 …	合计 …	…… …

表 9—5 人工分析汇总表

序号	工种名称	工日数	备注
1	技工		
2	普通工		
⋮	……		

表 9—6 材料分析汇总表

序号	材料名称	规格	单位	数量	备注
1	一等红松中方	50.8 × 50.8	m^3		
2	一等红松大方	40 × 80	m^3		
3	一等红松小方	30 × 40	m^3		
⋮	……	……			

五、工料分析应注意的问题

1. 按配合比组成的材料消耗的计算

在装饰工程中，涉及到按以配合比给出的材料消耗量。例如，墙面工程、柱面工程、楼地面工程、铝合金工程和屋面工程等。这些分部工程与一般土建工程中的普通装饰工程相比，其消耗量很小。因此，部分地区在现行装饰工程预算定额中，已将按配合比组成的材料中的各组成部分（如砂浆类中的砂、水泥和水等）逐一列了出来，直接从定额中就可查到，这就减少了工料分析的工作量，为工料分析提供了方便条件。但部分地区在现行装饰工程预算定额中，仍然以配合比的形式给出了半成品的消耗量。因此，在进行工料分析时，就必须根据定额中规定的配合比和相应半成品的消耗量，通过计算求出各组成部分的消耗量。

2. 铝合金项目的计算

部分地区在现行的装饰工程预算定额中的铝合金项目，已包括了铝合金项目的制作和安装。因此，如果承包单位只包制作工程，在进行铝合金项目的工料分析时，应将铝合金项目的安装部分扣除。

3. 其它说明

随着建筑装饰工程的迅速发展，各种新型建筑材料层出不穷，材料种类日趋增多，新技术、新工艺不断涌现，使得装饰工程施工所涉及的单位或部门，也越来越多。而装饰工程最显著的特点，就是分部工程之间在材料需要上差别很大。因此，为了不影响工程施工，在进行工料分析时，应对装饰工程所需材料、配件、成品和半成品按不同的品种、规格，以分部工程为单位进行汇总，以便使材料采购部门能根据施工进度计划、资源需要量计划等提前订货。如材料供应的有关单位或部门能及时提供装饰工程施工中所需要的各种材料、配件、成品或半成品等，将为装饰工程的施工做到保质、保量、按期或提前完成工程创造有利条件。

第四节　建筑装饰工程预算审查

一、建筑装饰工程预算审查的意义

建筑装饰工程预算是建筑装饰工程建设施工过程中的重要文件，它编制的准确程度是通过复审对比来衡量的。所以，建筑对装饰工程预算的审查，直接关系到建设单位和施工单位的经济利益，同时也反映出装饰工程造价的合理性和严肃性。因此，对建筑装饰工程预算进行审查具有重要意义。它主要体现在以下几方面：

(1) 建筑装饰工程预算审查能够合理确定装饰工程造价。

(2) 建筑装饰工程预算审查能够为工程承发包双方签订合同提供可靠的造价指标，以确定承发包双方的经济利益。

(3) 建筑装饰工程预算审查能够为银行按进度拨付工程款、办理工程价款结算提供可靠依据。

(4) 建筑装饰工程预算审查能够为建设单位编制装饰工程竣工决算提供依据。

(5) 建筑装饰工程预算审查能够为施工单位进行成本核算、核实收入、组织施工提供依据。

二、建筑装饰工程预算审查的方式和方法

(一) 建筑装饰工程预算的审查方式

建筑装饰工程预算的审查方式，根据预算编制单位和审查部门的不同，一般有以下几种：

1. 单独审查

单独审查，一般是指编制单位经过自审后，将预算文件分别送交建设单位和有关银行(或审计单位)进行审查。建设单位和有关银行（或审计单位）依靠自身的技术力量进行审查后，对审查中发现的问题，经与施工单位交换意见，协商解决。

2. 委托审查

委托审查，一般是指因建设单位或银行自身审查力量不足而难以完成审查任务，委托具有审查资格的咨询部门代其进行审查，并与施工单位交换意见，协商定案。

3. 会审

会审方式，一般是指工程规模大，且装饰高级豪华、造价高的工程预算，因单独审查或委托审查比较困难，而采取设计、建设、施工等单位会同建设银行一起审查的方式。这

种方式定案的时间较短、效率高。但参加审查的单位和人员较多，组织工作较麻烦。

(二)建筑装饰工程预算的审查方法

1．全面审查法

全面审查法，是指对送审预算采取逐项计算复核的审查方法。这种方法实质上是编制工程预算的全过程。其特点是审查质量高、准确性高，但效率低、费时费力。适用于规模小、内容少的工程，在审查任务不紧张的情况下，可采用这种方法。

2．重点审查法

重点审查法，是指根据预算项目金额的大小，有选择的重点审查。如装饰工程中的镶贴大理石墙面、地面、室内墙壁高级装饰、软包墙壁、顶棚装饰等费用昂贵的项目。此种方法适用于审查工作量较大、时间性较强的预算审查。它的特点是速度快，质量基本能保证。但由于审查的项目是有选择性的，故若项目选不准，将造成较大误差。

3．经验指标审查法

经验指标审查法，是指采用长期积累的经验指标对照送审预算进行比较的审查方法。这种方法对装饰工程比较适用。装饰工程一般以面积为计量单位进行工程量计算，因此就容易归纳出各种装饰工程的单位工程量的费用指标。它的特点是速度快，质量基本能得到保证。

三、建筑装饰工程预算审查的依据、步骤和内容

(一)建筑装饰工程预算审查的依据

建筑装饰工程预算审查的依据，与编制装饰工程施工图预算的依据基本相同。

1．施工图纸

施工图纸是预算审查的主要依据，结合施工图纸可以对装饰工程的工程量计算进行审查。

2．施工方案或施工组织设计

针对施工方案或施工组织设计，对施工图以外发生的工程量和技术措施费进行审查。

3．承发包协议或合同

依照建设单位和施工单位签订的承发包协议或合同，对双方的协议费用条款与预算内容进行对比审查。

4.装饰工程预算定额

结合装饰工程预算定额，对工程量计算方法和定额套用进行审查。

5.建筑安装工程费用定额

按照建筑安装工程费用定额，对送审预算的各项费用进行审查。

(二)建筑装饰工程预算审查的步骤

(1)熟悉送审预算及提供的审查必备的施工图纸、施工承发包协议或合同和施工方案或施工组织措施。

(2)确定审查方式和方法，即根据投资规模和送审预算价值及审查期限，选择相应的审查方式和方法。

(3)深入施工现场调查研究，掌握施工现场情况，对于施工期间以预代结的预算，更应通过深入现场，掌握技术变更和现场签证等资料，使预算审查工作既符合国家规定，又

不脱离工程施工实际情况。

(4)进行具体审查计算，核对定额选套、费用标准和计算方法。

(5)整理审查结果，与送审单位、设计单位和有关部门交换意见。

(6)审查定案，将经过多方审定的结果，由审查单位形成文件，通知各有关单位。至此，审查工作结束。

(三)建筑装饰工程预算审查的内容

1. 审查工程直接费

(1)审查定额直接费。装饰工程直接费是依据施工图纸和预算定额规定的工程量计算规则计算工程量，并套用相应定额项目计算的。因此，主要审查以下内容：

①审查工程量计算。装饰工程工程量计算一般以 $100m^2$ 为计量单位。在审查过程中，一是审查工程量计算单位是否与相应定额项目计算单位一致；二是审查工程量计算方法是否与定额规定的计算方法一致；三是审查工程量计算的结果。施工企业在编制工程预算中，往往以扩大工程量来套取费用。如铺贴进口大理石地面或墙面工程，应重点审查铺贴面积计算，对应扣除的孔洞面积必须扣除。

②审查定额项目选套。此部分往往会存在故意高套定额项目的问题。如壁纸粘贴工程，要分清壁纸的类型，与定额项目相一致；轻钢龙骨顶棚不能套用型钢龙骨顶棚项目等。

③审查预算直接费汇总。此部分往往存在汇总重复计算而多计取费用的问题。

(2)审查其它直接费。重点审查其计取项目和费率标准。在审查时，一是审查费用项目是否属应计取项目；二是审查应计取项目的计取方式是否符合规定；三是审查计算费率标准和计算结果是否正确。

2. 审查间接费、计划利润、其它费用和税金

在审查这部分费用时，主要从以下内容入手：

(1)审查费用内容。在建筑安装工程费用中，部分费用是依据企业性质确定是否计取的。例如，房产税、土地使用税、劳保基金等。

(2)审查费用标准。目前，建筑安装工程费用计算，是根据不同企业性质划分取费标准的。所以，因送审预算单位的性质不同，其取费标准也就不同。在审查预算中的费用计算时，要弄清送审单位应计取的费用标准，防止高套取费标准套取费用。

(3)审查取费计算基础。不同的费用，计算取费的基础也有所不同。如间接费是以工程直接费为计取费用的基础；计划利润是以工程直接费和间接费用之和为基础计取的。在审查中，要注意任意扩大取费计算基础多套取费用的现象。

第五节　建筑装饰工程施工图预算实例

本例为×××招待所建筑装饰工程。

一、建筑装饰工程施工图

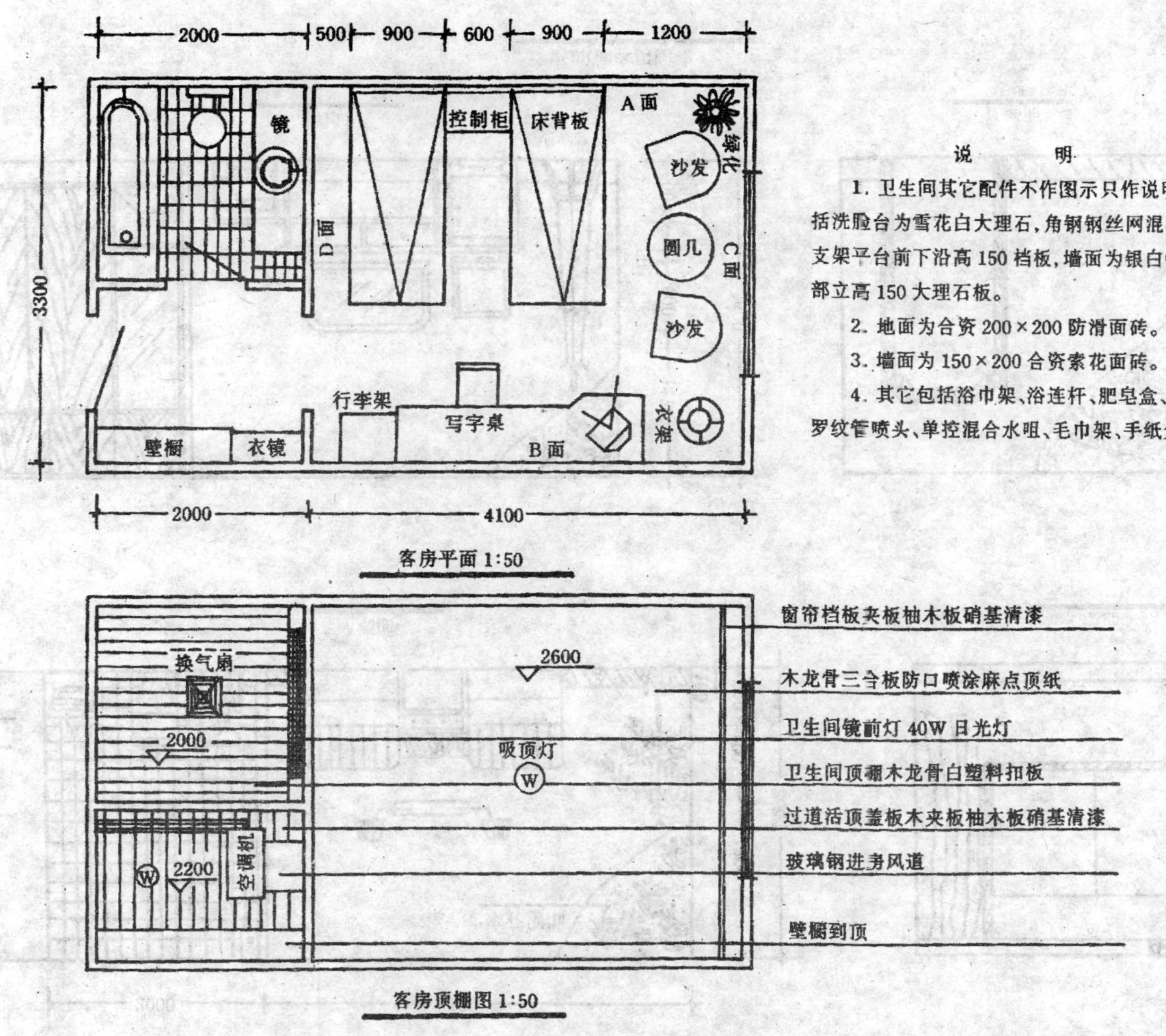

客房平面 1:50

客房顶棚图 1:50

说　明

1. 卫生间其它配件不作图示只作说明：包括洗脸台为雪花白大理石，角钢钢丝网混凝土支架平台前下沿高 150 档板，墙面为银白镜，下部立高 150 大理石板。

2. 地面为合资 200×200 防滑面砖。

3. 墙面为 150×200 合资素花面砖。

4. 其它包括浴巾架、浴连杆、肥皂盒、金属罗纹管喷头、单控混合水咀、毛巾架、手纸盒。

2000
4100
索花壁纸
1900
300
400
1700
2600
400
500
160
A墙面
C墙面
1170
600
50
180
600
2600
B墙面
D墙面

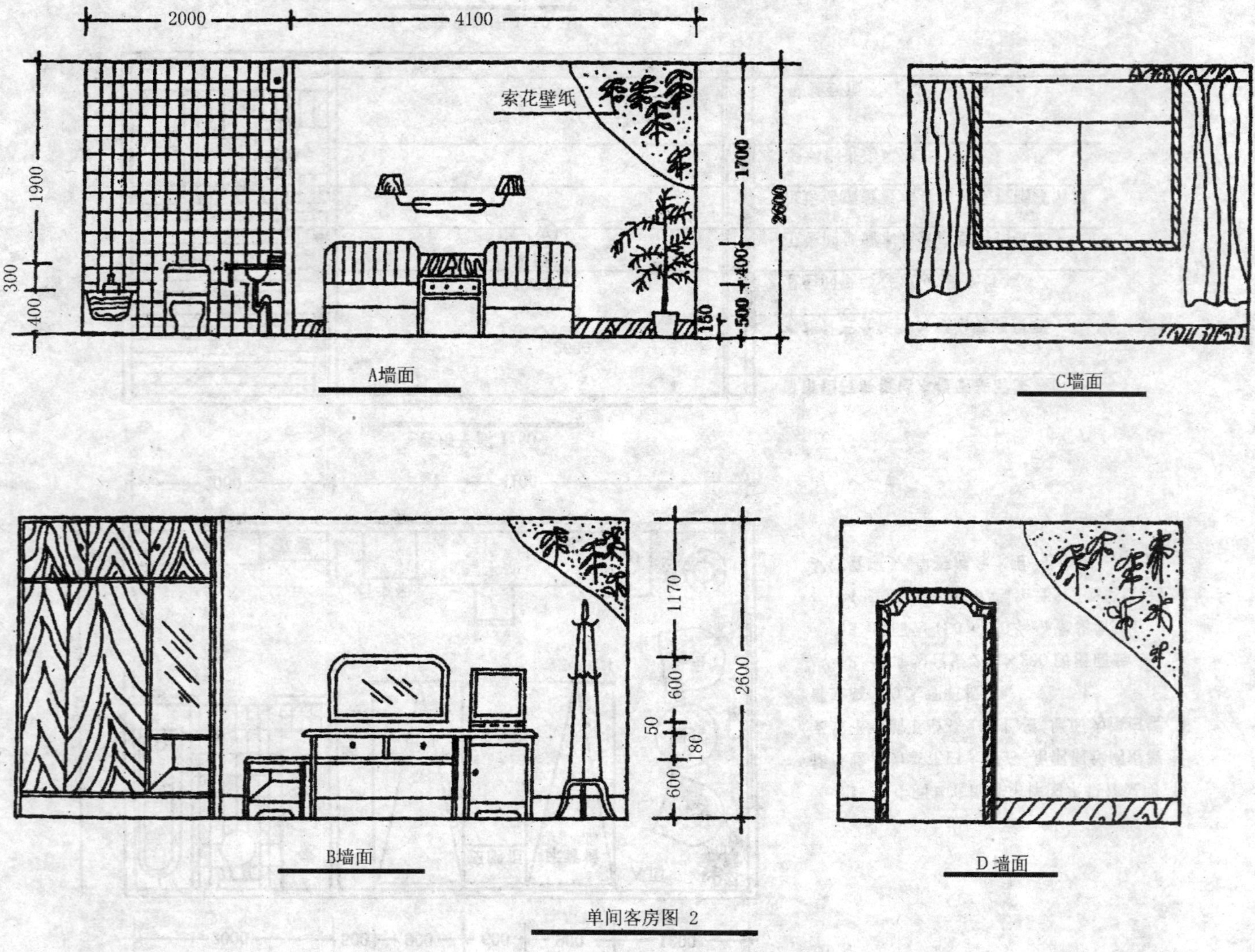

单间客房图 2

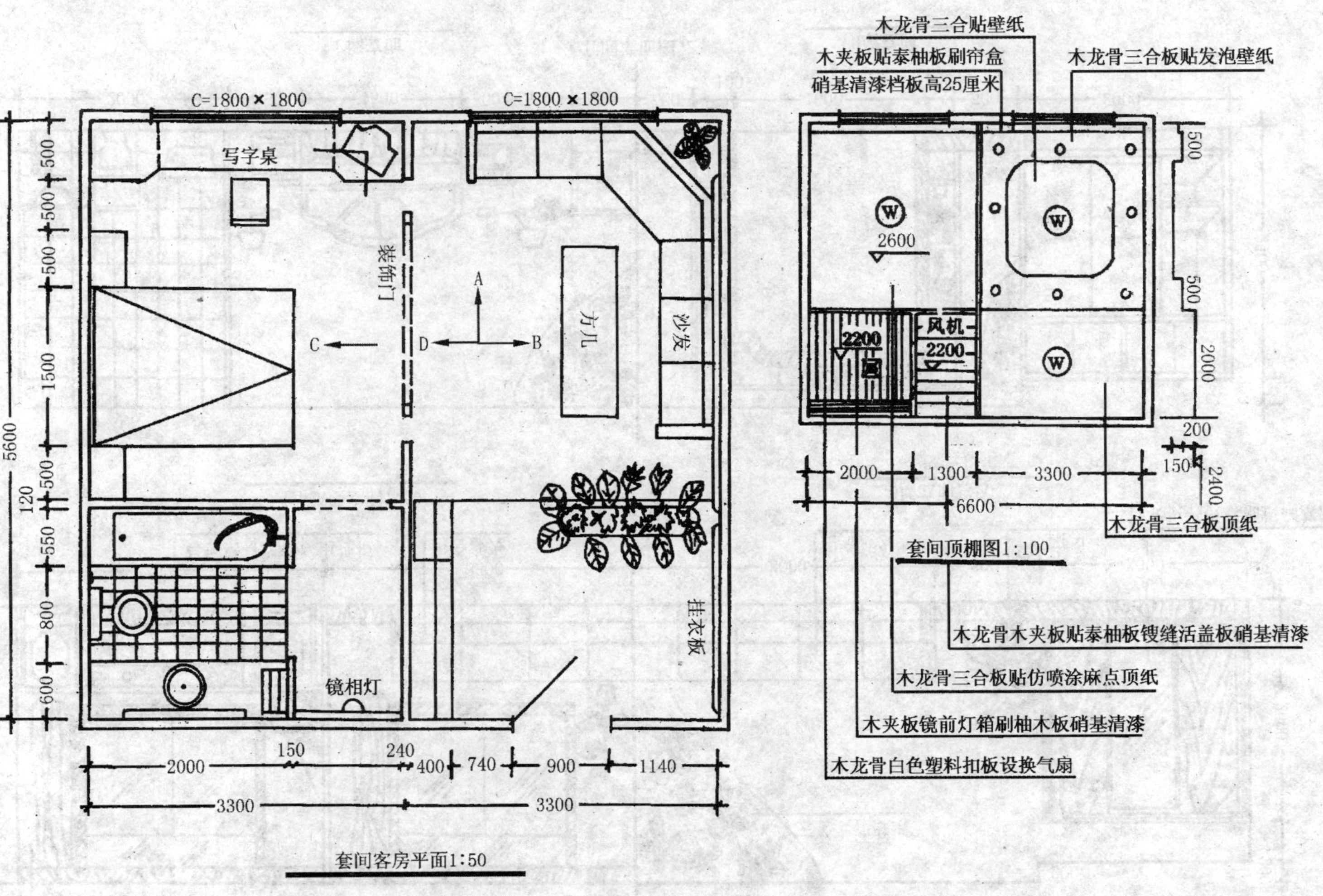

套间客房平面1:50

套间顶棚图1:100

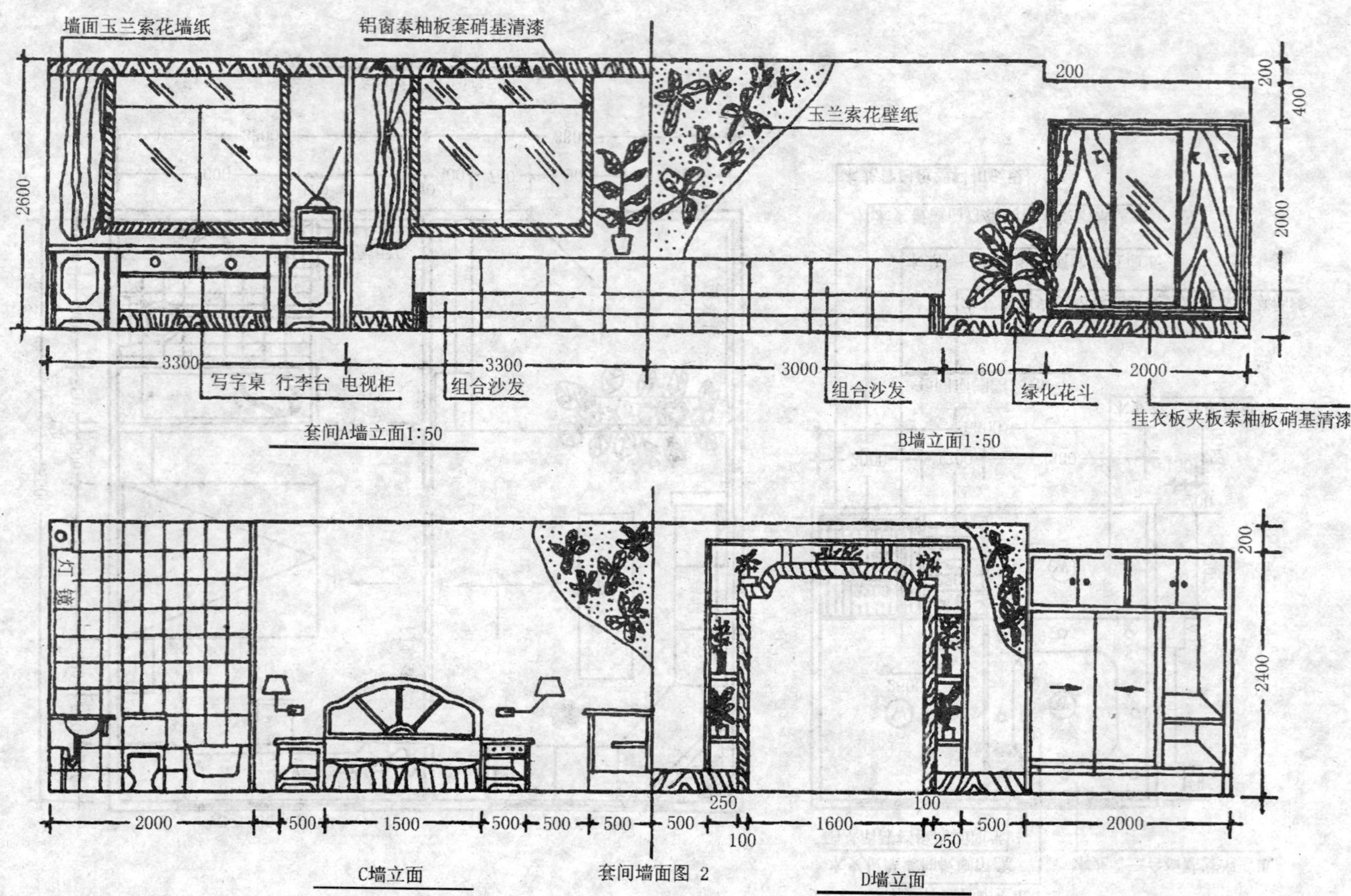

套间墙面图 2

注：做法同A、B墙　家具装饰门采用夹板贴泰柚板刷硝基清漆墙面统一玉兰壁纸踢脚板木类板柚木板刷硝基清漆15厘米高

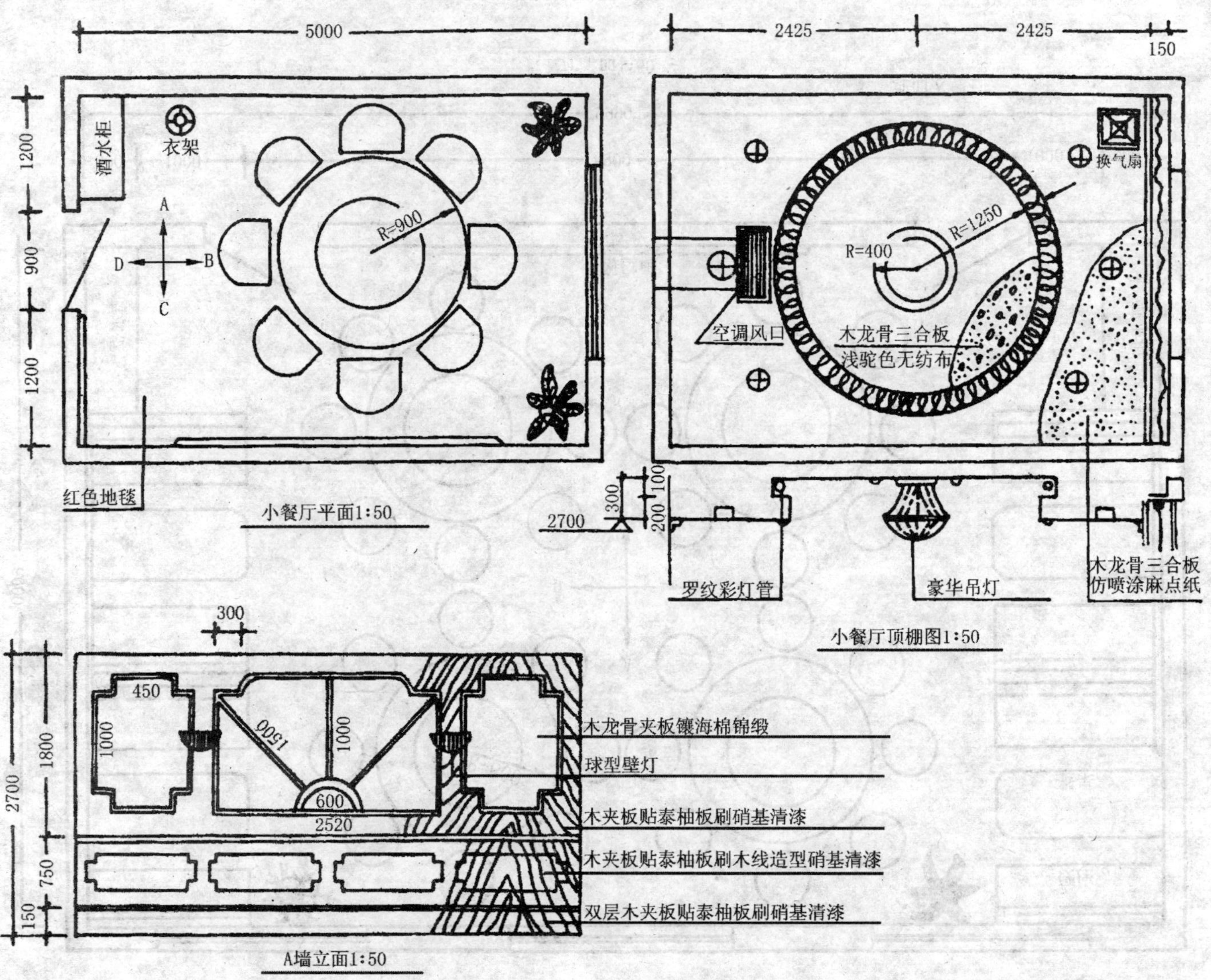

酒水柜
衣架
R=900
红色地毯
小餐厅平面1:50
换气扇
R=1250
R=400
空调风口
木龙骨三合板
浅驼色无纺布
罗纹彩灯管
豪华吊灯
木龙骨三合板
仿喷涂麻点纸
小餐厅顶棚图1:50
木龙骨夹板镶海棉锦缎
球型壁灯
木夹板贴泰柚板刷硝基清漆
木夹板贴泰柚板刷木线造型硝基清漆
双层木夹板贴泰柚板刷硝基清漆
A墙立面1:50

硬座
餐桌
R=800
A
B
C
D
酒水柜
酒水柜
浮雕壁画
6000
500
1000
6900
1000
500
9990
地面大理石

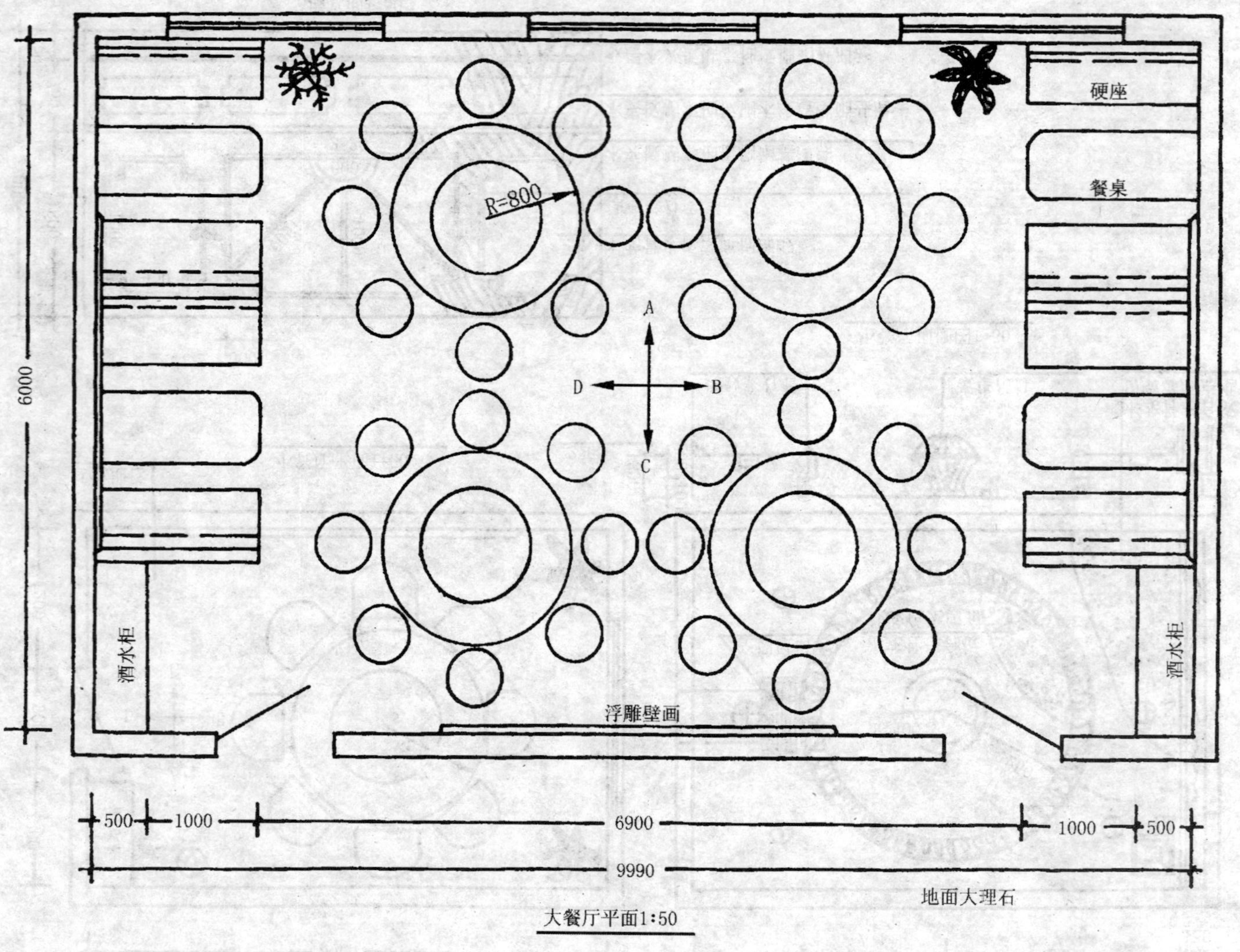

大餐厅平面1:50

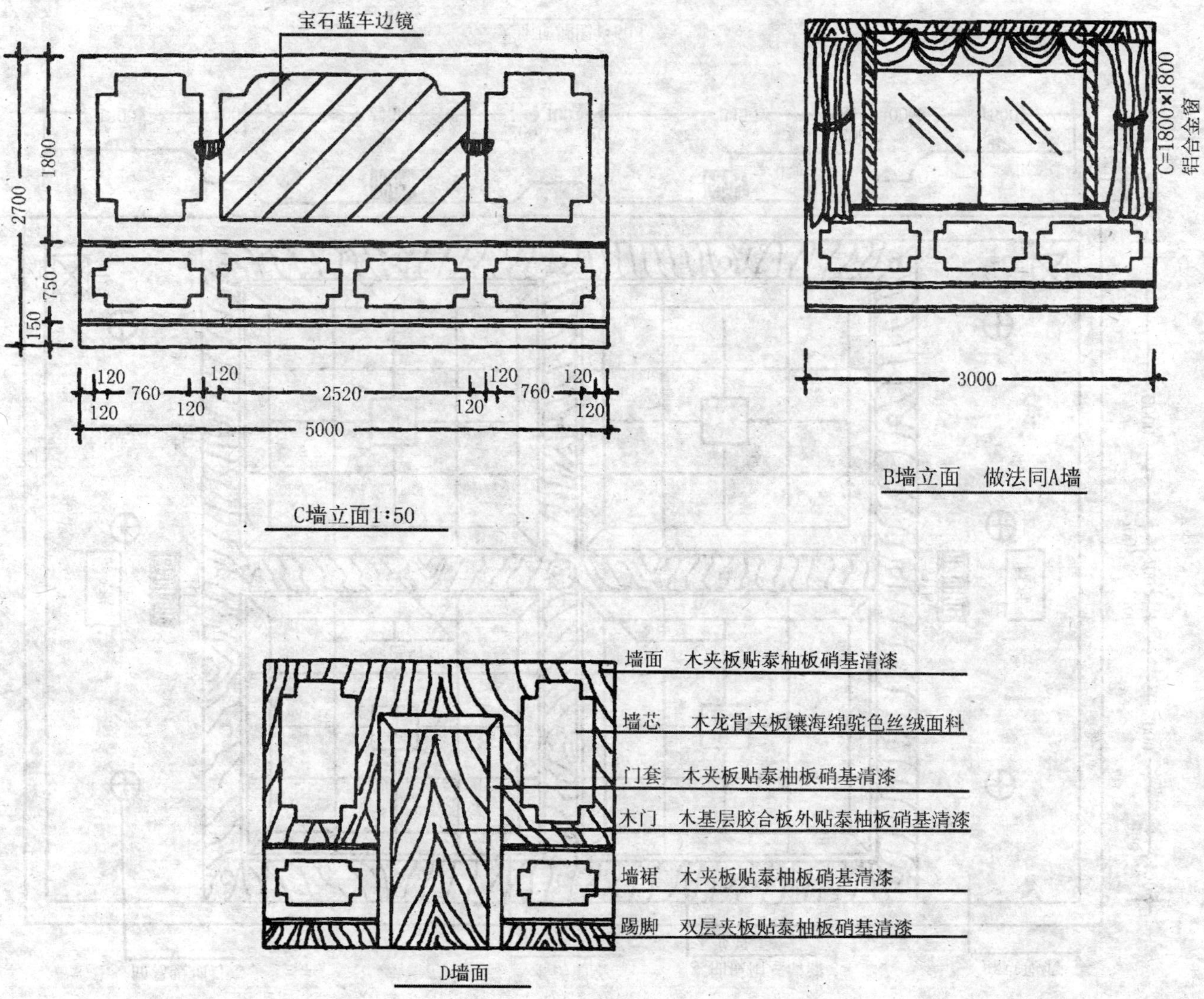
宝石蓝车边镜
2700
1800
750
150
120
760
120
120
2520
120
120
760
120
120
5000
C墙立面1:50
C=1800×1800
铝合金窗
3000
B墙立面　做法同A墙
墙面　木夹板贴泰柚板硝基清漆
墙芯　木龙骨夹板镶海绵驼色丝绒面料
门套　木夹板贴泰柚板硝基清漆
木门　木基层胶合板外贴泰柚板硝基清漆
墙裙　木夹板贴泰柚板硝基清漆
踢脚　双层夹板贴泰柚板硝基清漆
D墙面

简易吸顶灯
不锈钢条
泰柚板硝基清漆
木龙骨
麻点顶纸
彩色射灯
舞厅转灯
风机
出风
点缀筒灯
回风
豪华吸顶灯
2700
250
1500
400
200
2450
2000

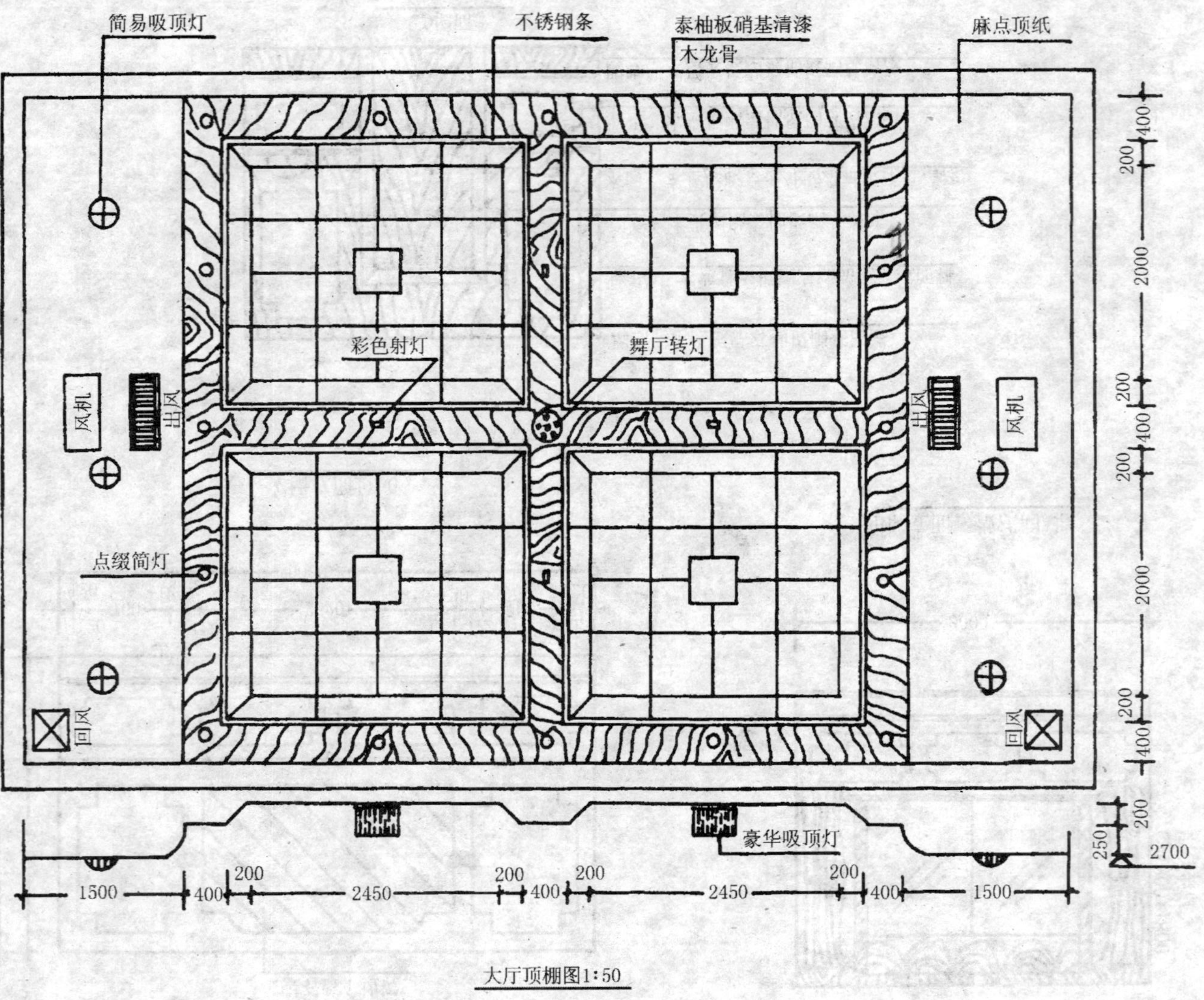

大厅顶棚图1:50

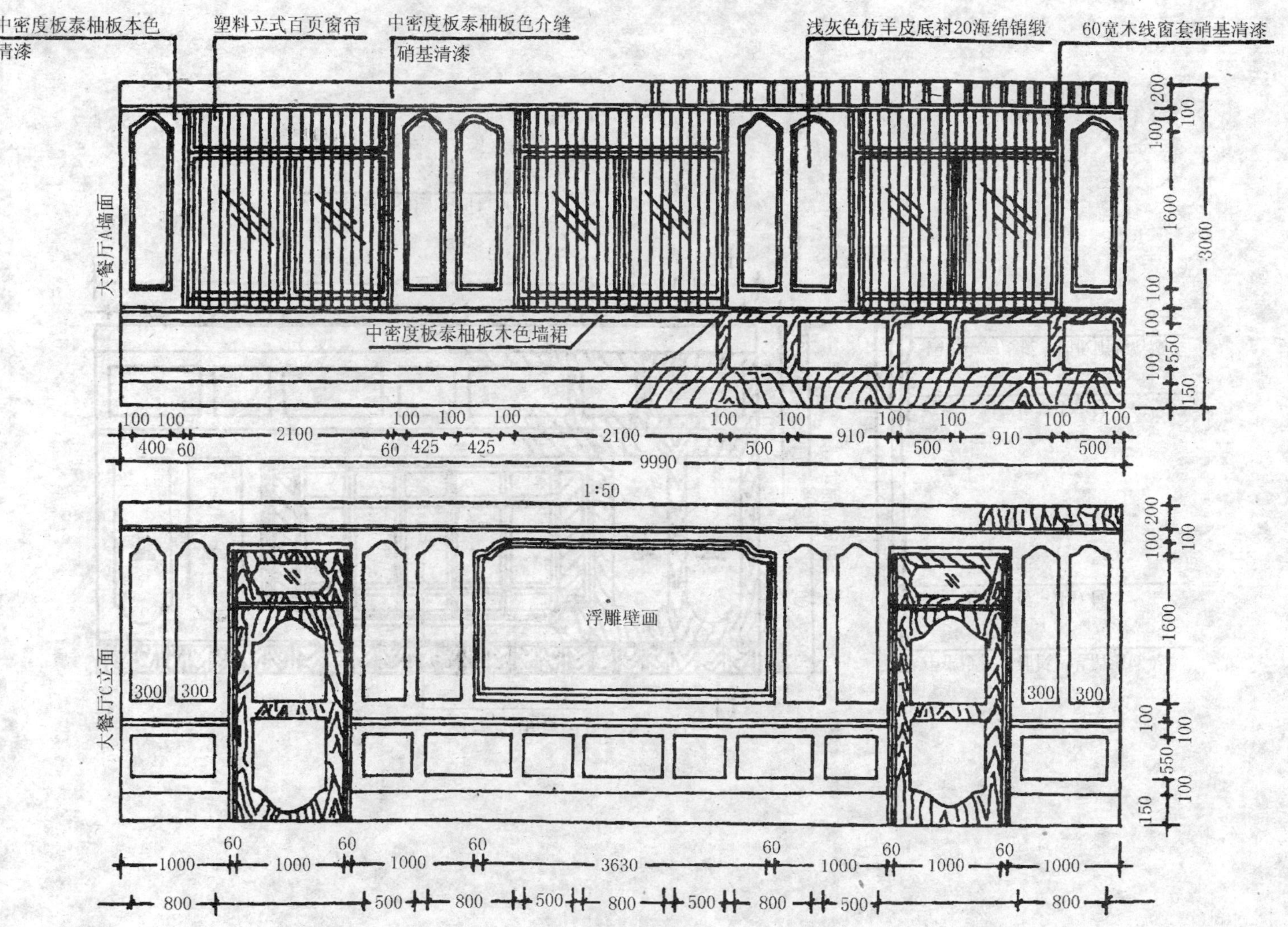

中密度板泰柚板本色清漆
塑料立式百页窗帘
中密度板泰柚板色介缝硝基清漆
浅灰色仿羊皮底衬20海绵锦缎
60宽木线窗套硝基清漆
大餐厅A墙面
中密度板泰柚板木色墙裙
1:50
浮雕壁画
大餐厅C立面

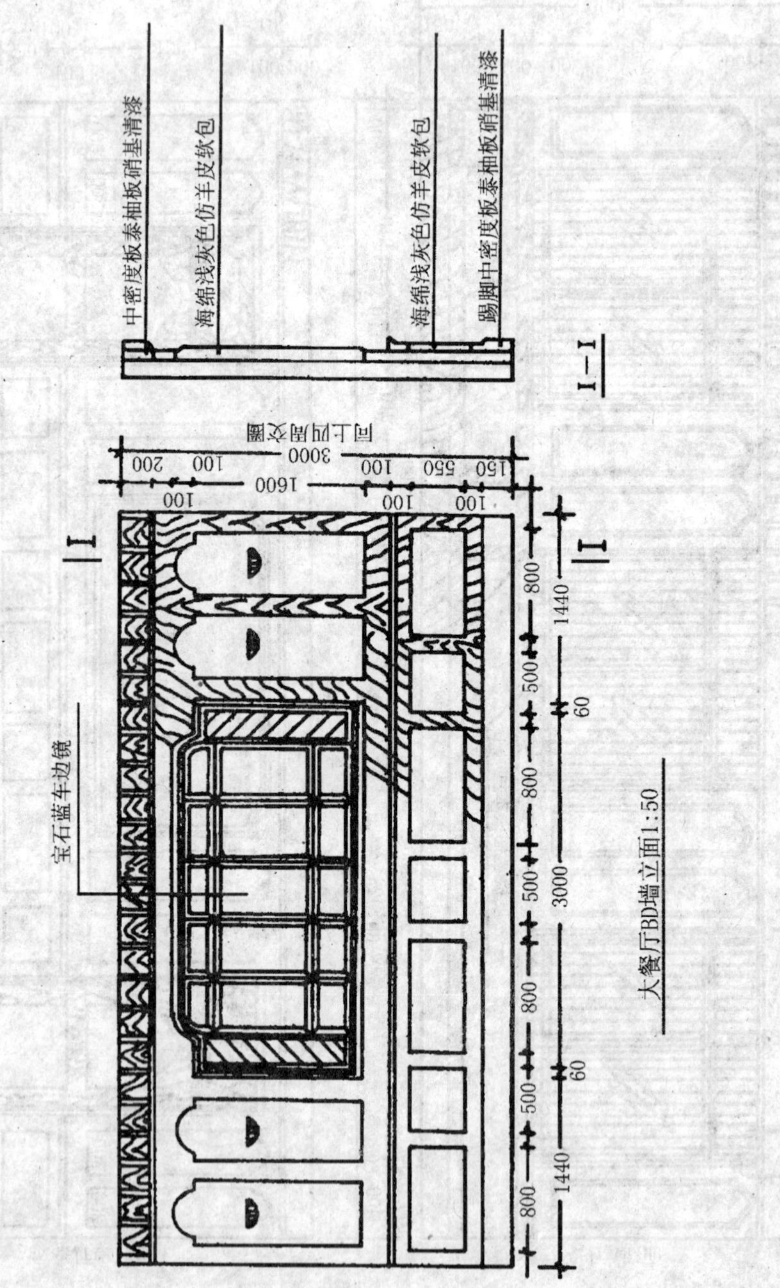

大餐厅BD墙立面1:50

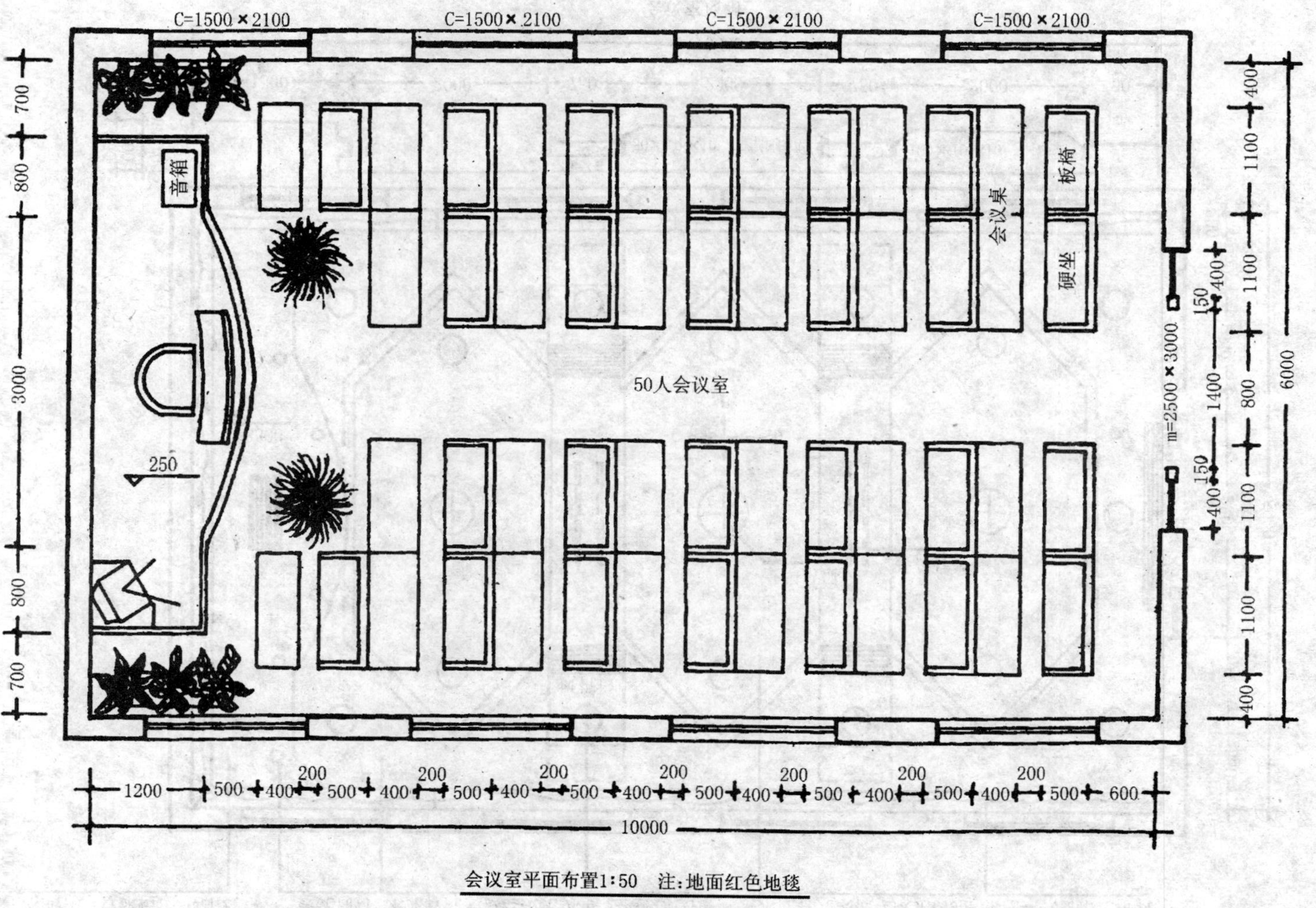

会议室平面布置1:50　注：地面红色地毯

木龙骨三合板贴化纤墙毯
聚光筒灯
木龙骨九夹板丝绒无纺布
轻型吸顶灯
木龙骨九夹板丝绒无纺布
驼色丝绒窗帘工字轨
风机口
豪华吊顶
兰色灯管
空气幕
A
B
C
D
3300
50×10×10 不锈钢槽型
100×10×10 不锈钢
200
550
1000
2500
1000
550
200
6000
350
100
150
100
150
1500
250
2000
750
2000
750
2000
750
10000

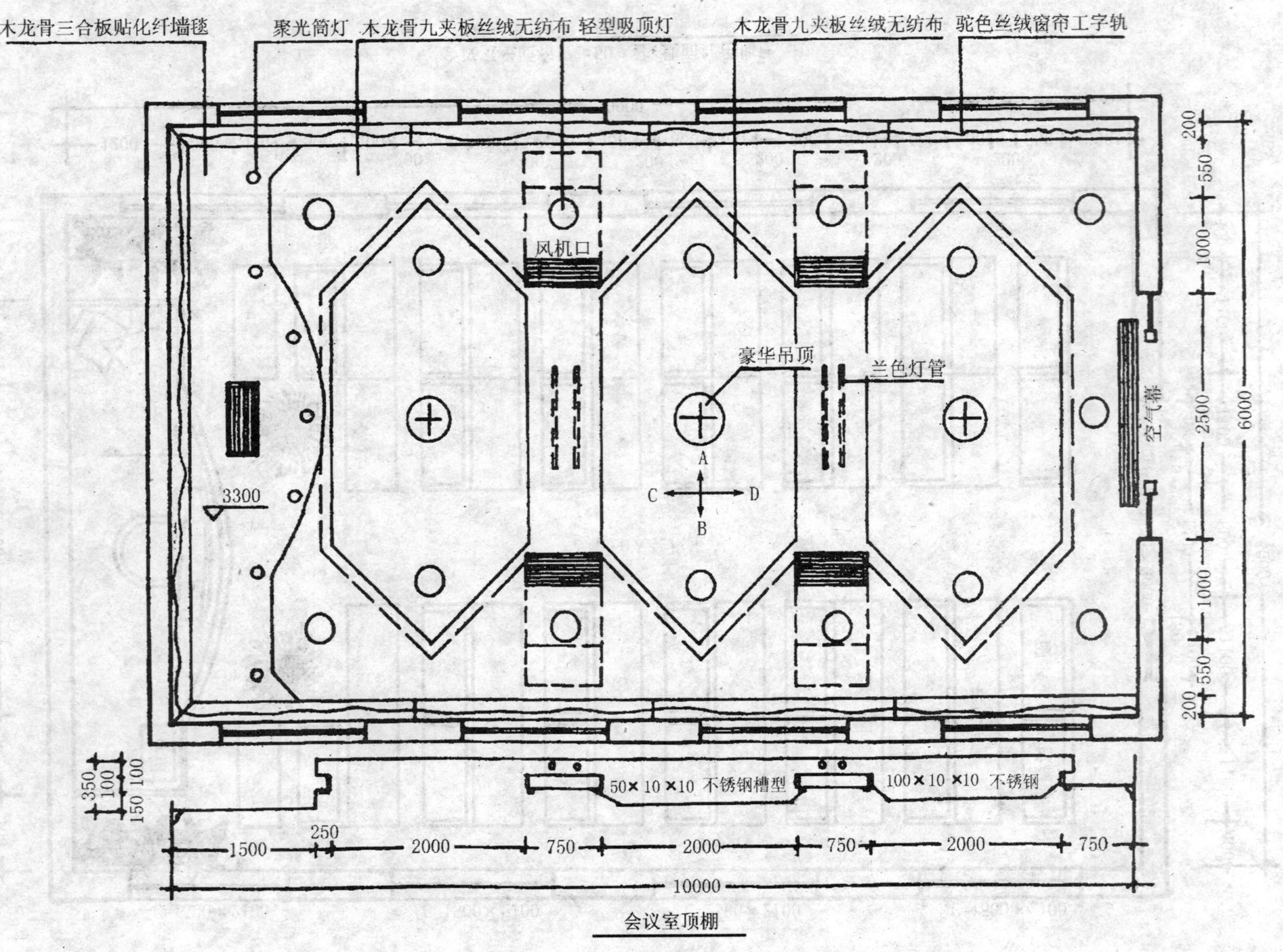

会议室顶棚

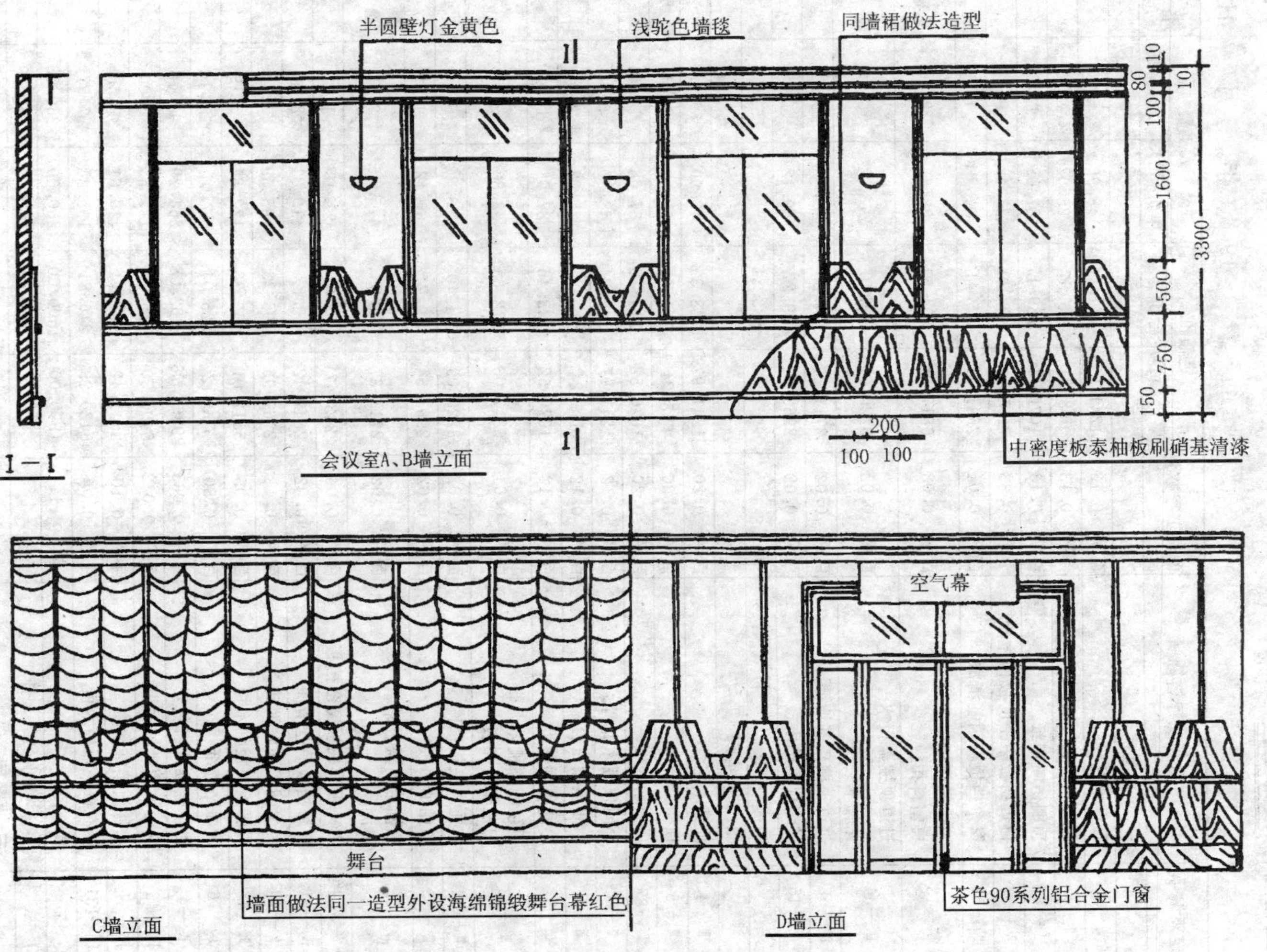

半圆壁灯金黄色
浅驼色墙毯
同墙裙做法造型
10
10
80
100
1600
3300
500
750
150
200
100 100
中密度板泰柚板刷硝基清漆
I—I
会议室A、B墙立面
空气幕
舞台
墙面做法同一造型外设海绵锦缎舞台幕红色
茶色90系列铝合金门窗
C墙立面
D墙立面

二、工程预算书

工 程 （预） 结 算 书

建设单位：×××招待所

工程名称：装饰工程

19　　年　　月　　日

顺序号	定额编号	分项工程名称	单位	工程数量	定额价		人工费		备 注
					单价(元)	合价(元)	单价(元)	合价(元)	
		一、单间客房							
1	Ⅲ—4	顶棚木龙骨	百平	0.13	1241.97	161.46	48.90	6.36	
2	Ⅱ—5	顶棚三合板	百平	0.13	658.24	85.57	25.02	3.25	
3	Ⅰ—87	顶棚仿喷壁纸	百平	0.13	1070.52	139.17	87.08	11.32	
4	Ⅳ—37	窗帘挡板中密度板柚木板	十米	0.33	267.54	88.29	27.48	9.07	
5	Ⅳ—51	窗帘挡板刷硝基清漆	百平	0.01	2641.42	26.41	419.81	4.20	
6	Ⅲ—13	卫生间顶棚木龙骨白塑料扣板	百平	0.03	6817.06	204.51	98.83	2.96	
7	Ⅲ—34	过道顶棚盖板木龙骨木夹板	百平	0.02	3220.09	64.40	273.22	5.46	
8	Ⅳ—65	过道顶棚硝基清漆	百平	0.02	2711.37	54.23	475.86	9.52	
9	Ⅲ—45	过道顶棚柚木板	百平	0.02	2963.64	59.27	69.12	1.38	
		小　　计	元			883.31		53.52	
		二、套间客房							
1	Ⅲ—4	顶棚木龙骨	百平	0.20	1241.97	248.39	48.90	9.78	
2	Ⅲ—5	顶棚三合板	百平	0.20	658.24	131.65	25.02	5.00	
3	Ⅰ—87	顶棚贴壁纸	百平	0.20	1070.52	214.10	87.08	17.42	
4	Ⅲ—4	小间顶棚木龙骨	百平	0.12	1241.97	149.04	48.90	5.87	
5	Ⅲ—5	小间顶棚三合板	百平	0.12	658.24	78.99	25.02	3.00	
6	Ⅰ—87	小间顶棚壁纸	百平	0.12	1070.52	128.46	87.08	10.45	
7	Ⅲ—13	卫生间顶棚木龙骨白色塑料扣板	百平	0.04	6817.06	272.68	98.83	3.95	
8	Ⅲ—34	木龙骨夹板顶棚	百平	0.02	3220.09	64.40	273.22	5.46	
9	Ⅲ—45	顶棚柚木板	百平	0.02	2963.64	59.27	69.12	1.38	
10	Ⅳ—65	顶棚活动盖板硝基清漆	百平	0.02	2711.37	54.23	475.86	9.52	
11	Ⅳ—37 换	木夹板泰柚板窗帘挡板	百平	0.06	243.47	14.61	27.48	1.65	
12	Ⅳ—51	窗帘挡板硝基清漆	百平	0.02	2641.42	52.83	419.81	8.40	
13	Ⅰ—47	卫生间墙面贴面砖	百平	0.18	2767.96	498.23	195.58	35.20	
14	Ⅱ—48	踢脚板夹板柚木板	百平	0.03	5312.01	159.36	172.87	5.19	
15	Ⅰ—76	墙面贴壁纸	百平	0.30	750.12	225.04	67.01	20.10	
16	Ⅳ—4	铝合金推拉窗制安	百平	0.065	29262.78	1902.08	264.29	17.18	
17	Ⅳ—42	窗套木龙骨柚木板	百平	0.032	5490.50	175.70	187.55	6.00	
18	Ⅳ—51	木材面硝基清漆	百平	0.10	2641.42	264.14	419.81	41.98	
19	Ⅰ—131	挂衣板夹板柚木板	百平	0.04	5420.29	216.81	199.24	7.97	
20	估	装饰门	套	1	1500.00	1500.00	250.00	250.00	
		小　　计	元			6410.01		465.50	
		三、小餐厅							
1	Ⅲ—4	顶棚木龙骨	百平	0.24	1241.97	298.07	48.90	11.74	
2	Ⅲ—5	顶棚三合板	百平	0.24	658.24	157.98	75.02	6.00	
3	Ⅰ—87 换	顶棚浅驼色无纺布	百平	0.08	2333.32	186.67	87.08	6.97	每 $1m^2$ 16.50元

续 表

顺序号	定额编号	分项工程名称	单位	工程数量	定额价		人工费		备 注
					单价(元)	合价(元)	单价(元)	合价(元)	
4	Ⅰ—87	顶棚贴仿喷涂壁纸	百平	1.16	1070.52	171.28	87.08	13.93	
5	Ⅲ—37	天棚木压条	百米	0.27	645.56	174.30	29.18	7.87	
6	Ⅱ—48 换	踢脚板双夹板 柚木板	百平	0.02	6608.01	132.16	172.87	3.46	
7	Ⅰ—147	有造型木夹板柚木板墙裙	百平	0.11	6573.36	723.07	303.67	33.40	
8	Ⅳ—42	木门窗木龙骨柚木板	百平	0.02	5490.50	109.81	187.55	3.75	
9	Ⅰ—166	墙面木线条	百平	0.52	657.92	342.12	24.32	12.65	
10	Ⅰ—150	木龙骨夹板海绵 锦缎	百平	0.06	7735.59	464.14	267.42	16.05	
11	Ⅰ—131	墙面木龙骨木夹板柚 木板	百平	0.14	5420.29	758.84	199.24	27.89	
12	Ⅲ—27	宝石蓝车边镜面	百平	0.03	16219.54	486.59	182.83	5.48	
13	Ⅰ—150	墙芯木龙骨夹板镶 海绵驼色丝绒面料(锦锻)	百平	0.02	7735.59	154.71	267.42	5.35	
14	Ⅳ—51	木材面硝基清漆	百平	0.30	2641.42	292.43	419.81	125.94	
15	Ⅳ—4	铝合金推拉窗制安	百平	0.032	29262.78	936.41	264.29	8.46	
		小　　计	元			5888.58		288.94	
		四、大餐厅							
1	Ⅱ—1	地面大理石	百平	0.60	12409.73	744.58	129.27	7.76	
2	Ⅱ—4	顶棚木龙骨	百平	0.21	1241.97	260.81	48.90	10.27	
3	Ⅲ—37	顶棚木压条	百平	0.12	645.56	77.47	29.18	3.50	
4	Ⅲ—45	顶棚柚木板	百平	0.17	2963.64	503.82	69.12	11.75	
5	Ⅲ—27	顶棚车边镜面	百平	0.12	16219.54	1946.35	182.83	21.93	
6	Ⅲ—27	中间顶棚　车边镜面	百平	0.20	16219.54	3243.91	182.83	36.57	
7	Ⅲ—11 81	顶棚不锈钢条	米	42.00	47.54	1996	0.26	10.92	
8	Ⅱ—48	踢脚板夹板柚木板	百平	0.05	5312.01	265.60	172.87	8.64	
9	Ⅰ—150	木龙骨夹板海绵 灰色仿羊皮软包(锦缎)	百平	0.05	7735.59	386.78	267.42	13.37	
10	Ⅰ—147	墙裙夹板柚木板	百平	0.08	6573.56	525.88	303.67	24.29	
11	Ⅰ—150 换	中密度板泰柚板 浅灰色仿羊皮底衬 20 海绵	百平	0.29	6909.49	2003.75	267.42	77.55	
12	Ⅳ—27	立式百页窗帘(塑料)	十平	0.12	433.43	52.01	7.06	0.85	
13	Ⅰ—166	墙面木压条	百米	0.42	657.92	276.33	24.32	10.21	
14	Ⅰ—166	墙面木压条 60—80	百米	0.50	657.92	328.96	24.32	12.16	
15	Ⅰ—131 换	中密度板泰柚板	百平	0.06	5876.79	352.61	199.24	11.95	
16	Ⅳ—51	木材面硝基清漆	百平	0.32	2641.42	845.25	419.81	134.34	
17	Ⅳ—31	柚木板艺术门制安	百平	0.054	11441.05	617.82	391.65	21.15	
18	Ⅰ—153 换 估	墙面木基层夹板浮雕 壁画	百平	0.06	37344.06	2240.64	214.68	12.88	每 m^2 300 元
19	Ⅰ—152	墙面龙骨夹板宝石蓝 车边镜面	百平	0.11	11085.66	1219.42	214.68	23.62	
20	Ⅰ—131	墙面木龙骨夹板 柚木板面	百平	0.08	5420.29	433.62	199.24	15.94	
		小　　计	元			18321.61		469.65	
		五、会议室							
1	Ⅱ—44	地面铺红色地毯	百平	0.60	5132.00	3079.20	89.34	53.60	
2	Ⅳ—4	铝合金推拉窗制安	百平	0.22	29262.28	6437.81	264.29	58.14	

续 表

顺序号	定额编号	分项工程名称	单位	工程数量	定额价		人工费		备 注
					单价(元)	合价(元)	单价(元)	合价(元)	
3	Ⅳ—2	铝合金门制安	百平	0.08	30392.14	2431.37	264.29	21.14	
4	Ⅳ—4	顶棚木龙骨	百平	0.09	1241.97	111.78	48.90	4.40	
5	Ⅲ—5	顶棚三合板	百平	0.09	658.24	59.24	25.02	2.25	
6		顶棚化纤墙毯	百平	略					
7	Ⅲ—40	顶棚木龙骨夹板丝绒无纺布	百平	0.67	4752.48	3184.16	254.06	170.22	
8	Ⅱ—48	踢脚板夹板柚木板	百平	0.04	5312.01	212.48	172.87	6.92	
9	Ⅰ—149换	墙裙木龙骨中密度板柚木板	百平	0.22	6345.13	1395.93	221.71	48.78	
10	Ⅰ—131换	墙面木龙骨中密度板柚木板	百平	0.07	5876.79	411.38	199.24	13.95	
11	Ⅰ—141	墙面木龙骨夹板浅色驼色海绵锦锻	百平	0.44	8236.66	3624.13	324.88	142.95	
12	Ⅰ—166	墙面木压条	百米	1.14	657.92	750.03	24.32	27.73	
13	Ⅳ—51	木材面刷硝基清漆	百平	0.34	2641.42	898.08	419.81	142.74	
		小计	元			22595.59		692.82	
		基期基价基本直接费	元			54099.10		1970.43	

注:本预算套用《山东省建筑装饰工程预算定额》

三、工程量计算表

×××招待所建筑装饰工程施工图预算工程量计算表

序号	工程项目	单位	数量	计 算 式
	一、单间客房			
1	顶棚木龙骨	m^2	13.13	3.30(净尺寸)×(4.10－0.12)＝3.30×3.98＝13.13(m^2)
2	顶棚三合板	m^2	13.13	3.30(净尺寸)×(4.10－0.12)＝3.30×3.98＝13.13(m^2)
3	顶棚贴仿喷涂麻点顶壁纸	m^2	13.13	3.30(净尺寸)×(4.10－0.12)＝3.30×3.98＝13.13(m^2)
4	窗帘挡板夹板、柚木板	m	3.3	3.30m(净尺寸)
5	窗帘挡板夹板柚木板刷硝基清漆	m^2	0.825	3.30×0.25(高)＝0.825(m^2)
6	卫生间顶棚木龙骨白塑料扣板	m^2	2.88	(2.00－0.12)×(1.65－0.12)＝1.88×1.53＝2.88(m^2)
7	过道顶棚盖板、木龙骨、木夹板、柚木板	m^2	1.94	(1.15－0.12)×(2.00－0.12)＝1.03×1.88＝1.94(m^2) 卫生间顶扣涂料单位数量
8	过道顶棚、盖板、木龙骨、木夹板柚木板外刷硝基清漆	m^2	1.94	(1.15－0.12)×(2.00－0.12)＝1.03×1.88＝1.94(m^2)
9	过道顶棚盖板、木龙骨夹板外贴柚木板	m^2	1.94	(1.15－0.12)×(2.00－0.12)＝1.03×1.88＝1.94(m^2)
	二、套间客房			
1	顶棚木龙骨	m^2	20.13	5.50(净尺寸)×(3.30－0.12)＋{[(5.50－0.5×2)×2]＋[(3.30－0.12)－0.5×2]×2}×0.15＋(3.30－0.12)×0.20 ＝5.50×3.18＋{[4.50×2]＋[2.15×2]}×0.15＋3.18×0.20 ＝17.49＋{9＋4.30}×0.15＋0.64 ＝17.49＋2.00＋0.64＝20.13(m^2)

续 表

序号	工程项目	单位	数量	计　　算　　式
2	顶棚三合板	m^2	20.13	5.50(净尺寸)×(3.30−0.12)+{[(5.50−0.50×2)×2]+[(3.30−0.12)−0.50×2]×2}×0.15+(3.30−0.12)×0.20 =5.50×3.18+{[4.50×2]+[2.18×2]}×0.15+3.18×0.20 =17.49+{9+4.30}×0.15+0.64 =17.49+2.00+0.64=20.13(m^2)
3	顶棚贴壁纸	m^2	20.13	5.50(净尺寸)×(3.30−0.12)+{[(5.50−0.5×2)×2]+[(3.30−0.12)−0.5×2]×2}×0.15+(3.30−0.12)×0.20 =5.50×3.18+{[4.5×2]+[2.18×2]}×0.15+3.18×0.20 =17.49+{9+4.30}×0.15+0.64 =17.49+2.00+0.64=20.13(m^2)
4	小间顶棚木龙骨	m^2	12.25	3.50(净尺寸)×3.50(净尺寸)=12.25(m^2)
5	小间顶棚三合板	m^2	12.25	3.50(净尺寸)×3.50(净尺寸)=12.25(m^2)
6	小间顶棚贴壁纸	m^2	12.25	3.50(净尺寸)×3.50(净尺寸)=12.25(m^2)
7	卫生间顶棚木龙骨白色塑料扣板	m^2	3.90	2.00(净尺寸)×1.95(净尺寸)=3.90(m^2)
8	木龙骨木夹板	m^2	2.01	(1.15−0.12)×1.95(净尺寸)=2.01(m^2)
9	活动盖板刷硝基清漆	m^2	2.01	(1.15−0.12)×1.95(净尺寸)=2.01(m^2)
10	木夹板泰柚板窗帘挡板	m	6.36	3.30×2−0.24=6.36(m)
11	窗帘挡板刷硝基清漆高 0.25 米	m^2	1.59	6.36×0.25=1.59(m^2)
12	卫生间墙面贴面砖	m^2	17.68	(2.00×2+1.95×2)×2.6(高)−(门口面积 0.8×2+浴盆高 0.50×2 宽)=7.80×2.6−(1.60+1)=20.28−2.60=17.68(m^2)
13	A 墙面踢脚板木夹板柚木板	m^2	0.95	(6.60−0.24)×0.15(高)=6.30×0.15=0.95(m^2)
14	A 墙面贴壁纸	m^2	9.10	(6.60−0.24)×(2.6−0.15)−1.80×1.80×2(铝合金窗) =6.36×2.45−6.48=9.10(m^2)
15	A 墙面铝合金窗制安	m^2	6.48	1.80×1.80×2(个)=6.48(m^2)
16	A 墙面铝合金窗套、 木龙骨柚木板	m^2	3.20	(2.00×2+2.00×2)(斜角部分按最长边算)×0.20(宽)×2(个)=(4+4)×0.20×2=8×0.20×2=1.60×2=3.2(m^2)
17	A 墙面木材面刷硝基清漆	m^2	4.15	0.95(踢脚板)+3.20(窗套)=4.15(m^2)
18	B 墙面踢脚板夹板泰柚木板	m^2	0.84	(3.00+0.60+2.0)×0.15(高)=0.84(m^2)
19	B 墙面挂衣板夹板泰柚板	m^2	4.00	2.00×2.00=4.00(m^2)
20	B 墙面踢脚板挂衣板刷硝基清漆	m^2	4.84	0.84+4=4.84(m^2)
21	B 墙面贴玉兰素花壁纸	m^2	9.62	3.60×(2.60−0.15)+2.00×0.40=3.6×2.45+0.80=9.62(m^2)
22	C 墙面踢脚板夹板柚木板	m^2	0.53	(0.50+1.50+0.50+0.50+0.50)×0.15(高)=3.50×0.15=0.53(m^2)
23	C 墙面贴玉兰素花壁纸	m^2	8.58	(0.50+1.50+0.50+0.50+0.50)×(2.60−0.15)=3.50×2.45=8.58(m^2)
24	D 墙踢脚板木夹板泰柚板	m^2	0.23	(0.50+0.25+0.25+0.50)×0.15(高)=1.50×0.15=0.23(m^2)
25	D 墙装饰门	套	1	约计 1500 元人工费 250 元
26	C、D 墙木材面油漆	m^2	0.76	0.53+0.23=0.76(m^2)

续 表

序号	工程项目	单位	数量	计　　算　　式
	三、小餐厅			
1	顶棚木龙骨	m^2	23.91	(2.425+2.425)×(1.2×2+0.90)+(直径)(1.25+0.30)×2×3.14×(高)0.10+(异形部分)0.30×2×(1.25+0.30)(按最长端算)×2×3.14+(异形部分)1.25×2×3.14×0.20(高) =4.85×3.30+0.49+(异形部分)+5.84+1.57(异形部分)=23.91(m^2)
2	顶棚三合板	m^2	23.91	(2.425+2.425)×(1.2×2+0.90)+(直径)(1.25+0.30)×2×3.14×0.10(高)+(异形部分)0.30×2×(1.25+0.30)(按最长端算)×2×3.14+(异形部分)1.25×2×3.14×0.20(高) =4.85×3.30+(异形部分)5.84+1.57(异形部分)=23.91(m^2)
3	顶棚浅驼色无纺布	m^2	7.54	(半径)^2 ×3.14=(1.25+0.30)×(1.25+0.30)×3.14=7.54(m^2)
4	顶棚贴仿喷涂麻点壁纸	m^2	15.96	[(2.425+2.425)×(1.2×2+0.9)+(直径)(1.25+0.30)×2×3.14×0.10(高)+(异形部分)(1.25+0.30)×2×3.14×0.30(按最长端算)+(异形部分)(1.25×2)×3.14×0.2]−1.25×1.25×3.14 =[4.85×3.30+0.97+(异形部分)2.92+0.97]−4.91 =20.87−4.91=15.96(m^2)
5	天棚木压条	m	26.66	0.4×2×3.14+1.25×2×3.14+2.425×2×2+(1.2×2+0.90)×2 =2.51+7.85+9.70+6.60=26.66(m)
6	A墙面双层夹板泰柚板踢脚板	m^2	0.75	5×0.15=0.75(m^2)
7	A墙面有造型木夹板泰柚板墙裙	m^2	3.75	5×0.75=3.75(m^2)
8	A墙面木线条	m	23.40	5+(1.20×2+0.65×2+0.20×4)×2(个)+(1.50×2+1+2.52+0.30×2+0.20×2)+(直径)0.60×2×3.14×1/2 =5+4.50×2+7.52+1.88=23.40(m)
9	A墙木龙骨夹板海绵锦缎	m^2	4.44	[(1.20×0.65)−0.1×0.1×4]×2+[(2.52×1.2)−0.30×0.1×2] =[0.78−0.04]×2+[3.02−0.06] =0.74×2+2.96=1.48+2.96=4.44(m^2)
10	A墙面木龙骨木夹板柚木板	m^2	4.56	5×1.80−(夹板海绵锦缎) 4.44=9.00−4.44=4.56(m^2)
11	A墙木材面刷硝基清漆	m^2	8.67	0.74+3.64+4.29=8.67(m^2)
12	C墙面双层夹板泰柚板踢脚板	m^2	0.75	5.00×0.15=0.75(m^2)
13	C墙面有造型木夹板泰柚板墙裙	m^2	3.75	5.00×0.75=3.75(m^2)
14	C墙宝石蓝车边镜面	m^2	2.90	(2.52×1.20)−0.20×0.30×2 =3.02−0.12=2.90(m^2)
15	C墙木龙骨夹板海绵锦缎	m^2	1.48	[(1.20×0.65)−0.1×0.1×4]×2(个) =[0.78−0.04]×2=0.74×2=1.48(m^2)
16	C墙面木线条	m	19.84	5.00+(1.20×2+0.65×2)×2+(2.52×2+1.20×2) =5.00+3.70×2+7.44=19.84(m)

续 表

序号	工程项目	单位	数量	计　算　式
17	C墙面木龙骨夹板柚木板	m^2	4.62	5.00×1.80－(车边镜面)2.90－(海绵锦缎)1.48=4.62(m^2)
18	C墙面木材面刷硝基清漆	m^2	9.12	0.75+3.75+4.62=9.12(m^2)
19	B墙面双层夹板柚木板踢脚板	m^2	0.45	3.00×0.15=0.45(m^2)
20	B墙面木龙骨夹板、柚木板墙裙(有造型)	m^2	2.25	3.00×0.75=2.25(m^2)
21	B墙铝合金窗制安	m^2	3.24	1.80×1.80=3.24(m^2)
22	B墙窗套木夹板柚木板(尺寸同前)	m^2	1.20	(2.00×2+2.00)×0.20(宽)=1.20(m^2)
23	B墙面木龙骨夹板柚木板	m^2	2.16	3.00×1.80－1.80×1.80=5.40－3.24=2.16(m^2)
24	B墙面木线条	m	3.00	3.00(m)
25	B墙木材面刷硝基清漆	m^2	6.06	0.45+2.25+1.20+2.16=6.06(m^2)
26	D墙面双层夹板柚木板踢脚板	m^2	0.32	(3.00－0.90)×0.15=2.10×0.15=0.32(m^2)
27	D墙面木龙骨木夹板墙裙(有造型)	m^2	1.58	(3.00－0.90)×0.75=1.58(m^2)
28	D墙墙芯木龙骨夹板镶海绵驼色丝绒面料	m^2	1.48	[(1.20×0.65)－0.1×0.1×4]×2(个)=[0.78－0.04]×2=0.74×2=1.48(m^2)
29	D墙木门套木龙骨夹板柚木板(尺寸同前)	m^2	1.14	(1.10+2.30×2)×0.20=1.14(m^2)
30	D墙木墙面龙骨夹板柚木板	m^2	2.84	(3.00×1.80)－(海绵面料)1.48－(门口)(1.2×0.90)=5.40－1.48－1.08=2.84(m^2)
31	D墙面木压条	m	5.80	[1.20×2+0.65×2]×2(个)+3.00－0.90=3.70+2.10=5.80(m)
32	D墙木材面刷硝基清漆	m^2	5.88	0.32+1.58+1.14+2.84=5.88(m^2)
	四、大餐厅			
1	地面大理石	m^2	60.42	(9.99×6.00)+(1.00×0.24)×2(门口)=59.94+0.24×2=60.42(m^2)
2	顶棚木龙骨	m^2	21.00	1.50×6.00×2+(立面)0.25×6×2=18.00+3.00=21.00(m^2)
3	顶棚木压条	m	12.00	6.00×2=12.00(m)
4	木龙骨柚木板顶棚面	m^2	17.40	(6.00×2+2.85×6+2.4×6)×0.40=43.50×0.40=17.40(m^2)
5	顶棚不锈钢条车边镜面	m^2	11.88	(2.85×2+2.40×2)×4×1.44(斜边)×0.20=11.88(m^2)
6	中间顶棚不锈钢条车边镜面	m^2	19.60	2.45×2×4=19.60(m^2)
7	顶棚车边镜面四周不锈钢条	m	42	(2.85×2+2.40×2)×4=42(m)
8	A墙面踢脚板夹板柚木板	m^2	1.5	9.99×0.15=1.50(m^2)
9	A墙面木龙骨夹板海绵灰色仿羊皮软包	m^2	4.81	0.50×0.55×3×2+0.91×0.55×2×2+2.10×0.55=1.65+2.00+1.16=4.81(m^2)
10	A墙面墙裙夹板泰柚板	m^2	2.68	(9.99×0.75)－(海绵软包)4.81=7.49－4.81=2.68(m^2)
11	A墙面中密度板泰柚板、浅灰色仿羊皮底衬20mm海绵	m^2	4.20	1.05×1.90+1.20×1.90=1.99+2.28=4.20(m^2)
12	A墙立式百叶窗帘	m^2	11.97	2.10×1.90×3=11.97(m^2)
13	A墙木压条60mm宽	m	35.18	1.90×8+9.99+9.99=35.18(m)
14	A墙中密板泰柚板	m^2	4.28	0.60×1.9×2+9.99×0.2=2.28+2.00=4.28(m^2)
15	A墙木材面硝基清漆	m^2	8.46	1.50+2.68+4.28=8.46(m^2)
16	C墙柚木板艺术门制安	m^2	5.40	1×2.70×2(个)=5.40(m^2)
17	C墙木龙骨夹板柚木板踢脚板	m^2	1.16	(1.00+6.75)×0.15=7.75×0.15=1.16(m^2)

续 表

序号	工程项目	单位	数量	计 算 式
18	C墙木龙骨夹板海绵浅灰色仿羊皮软包	m^2	3.30	0.80×0.55×5+0.50×0.55×4=2.20+1.10=3.30(m^2)
19	C墙面木基层夹板浮雕壁画	m^2	6.11	(3.63×1.70)−0.30×0.10×2=6.17−0.06=6.11(m^2)
20	C墙面木基层、夹板浅灰色仿羊皮底衬20mm海绵	m^2	9.67	(9.99×1.90)−(浮雕壁画)6.11−1.6×1×2(门)=18.98−6.11−3.20=9.67(m^2)
21	C墙中密度板木基层泰柚板	m^2	2.00	9.99×1.20=2.00(m^2)
22	C墙木压条	m	17.98	9.99+9.99−1×2(门)=9.99+7.99=17.98(m)
23	C墙木材面刷硝基清漆	m^2	3.16	1.16+2.00=3.16(m^2)
24	C墙木门刷硝基清漆	m^2	5.40	1×2.70×2(个)=5.40(m^2)
25	C墙壁雕画线条	m	10.66	3.63×2+1.70×2=7.26+3.40=10.66(m)
26	B,D墙面踢脚板中密度板柚木板	m^2	1.8	(6.00×0.15)×2(面)=0.90×2=1.8(m^2)
27	B,D墙夹板基层海绵浅灰色仿羊皮软包	m^2	5.18	(0.80×0.55×4+0.50×0.55×3)×2(面)=(1.76+0.83)×2=2.59×2=5.18(m^2)
28	B,D墙面墙裙木基层夹板柚木板	m^2	5.32	[(6.00×0.75)−(软包)2.59]×2(面)=(5.25−2.59)×2=5.32(m^2)
29	B,D墙面木基层夹板宝石蓝车边镜	m^2	10.48	[(3.12×1.70)−0.30×0.10×2]×2(面)=(5.30−0.06)×2=5.24×2=10.48(m^2)
30	B,D墙面木基层板海绵浅灰色仿羊皮软包	m^2	6.64	[(0.50×1.70×4−0.1×0.1×8)]×2(面)=(3.40−0.08)×2=6.64(m^2)
31	B,D墙面木龙骨夹板柚木板	m^2	8.08	[(6.00×2.10(高))−(宝石蓝镜)5.24−(软包墙面)3.32]×2(面)=12.60−5.24−3.32)×2=4.04×2=8.08(m^2)
32	B,D墙面木压条	m	24	(6.00+6.00)×2(面)=24(m)
33	B,D墙面木材面硝基清漆	m^2	15.20	1.80+5.32+8.08=15.20(m^2)
34	B,D墙面木龙骨夹板浅海绵锦缎	m^2	23.00	[2.40(高)×10.00−(铝合金窗)1.5×1.8×4−(弄粉墙面)1.70]×2(面)=[24.00−10.80−1.70]×2=11.50×2=23.00(m^2)
35	B,D墙木压条	m	80	10.00×4×2(面)=80(m)
36	B,D墙面木材面刷硝基清漆	m^2	21.40	3.00+15.00+3.40=21.40(m^2)
37	C,D墙踢脚板夹板柚木板	m^2	1.43	[6.00×2(面)−2.50(门)]×0.15(高)=[12.00−2.50]×0.15=9.50×0.15=1.43(m^2)
38	C,D墙顶棚木龙骨、夹板丝绒无纺布	m^2	66.51	[10.00−(1.50−0.50)×6.00]+(异形部分按展开面积计算)(0.25×2+0.10+0.10+0.25)×6.00×1.30(系数)+6.00×(0.35+0.25×2)=54+7.41+5.10=66.51(m^2)
39	C,D墙面其它略			
40	A,B墙踢脚板夹板柚木板	m^2	3.00	(10.00×0.15)×2=1.50×2=3.00(m^2)
41	A,B墙面墙裙木龙骨中密度板柚木板	m^2	15.00	(10.00×0.75)×2=7.50×2=15.00(m^2)
42	A,B墙面木龙骨中密度板柚木板(异形部分)	m^2	3.40	[(10.00×0.50)−(1.20+0.40)/2×0.25×4(个)−(铝合金窗)1.50×0.50×4]×2(面)=[5.00−0.30−3]×2=1.70×2=3.40(m^2)
	五、会议室			
1	地面铺红色地毯	m^2	60	10.00×6.00=60(m^2)
2	铝合金窗制安	m^2	21.00	1.50×1.80×8=21.00(m^2)
3	铝合金门制安	m^2	7.50	2.5×3=7.50(m^2)
4	木龙骨顶棚	m^2	9.00	6.00×1.50(异形部分按最长端算)=9.00(m^2)

续 表

序号	工程项目	单位	数量	计　　算　　式
5	顶棚三合板	m^2	9.00	6.00×1.50(异形部分按最长端算)=9.00(m^2)
6	顶棚化纤墙毯	m^2	9.00	6.00×1.50(异形部分按最长端算)=9.00(m^2)
7	墙裙木龙骨龙中密度板柚木板	m^2	7.13	[6.00×2(面)—(铝合金门)2.50]×0.75=(12.00—2.5)×0.75=7.13(m^2)
8	墙面木龙骨夹板柚木板异形部分	m^2	3.92	[(6.00×2×0.50(高)—11×(0.20+0.40)/2×0.75—2.5]×0.50=12.00×0.50—0.83—1.75=3.92(m^2)
9	墙面木龙骨夹板海绵锦缎	m^2	20.88	[2.40×6×2(面)—1.6×2.5(门)]—(异形部分)3.92=28.80—4—3.92=20.88(m^2)
10	木压条	m	33.50	6×3×2(面)—2.50=33.50(m^2)
11	木材面刷硝基清漆	m^2	12.48	1.43+7.13+3.92=12.48(m^2)

复习思考题

1. 建筑装饰工程预算的编制依据和步骤是什么？
2. 建筑装饰工程预算的编制说明应说明哪些问题？
3. 建筑装饰工程工料分析的作用是什么？
4. 建筑装饰工程预算审查的步骤是什么？
5. 建筑装饰工程预算审查应注意哪些问题？

第十章

建筑装饰工程概算

第一节　工程概算的概念、作用及分类

一、工程概算的概念

建筑工程设计一般分为初步设计、技术设计(也称扩大初步设计)和施工图设计三个阶段。前面所讲的建筑装饰工程施工图预算，就是根据施工图设计阶段所提供的施工图纸编制的单位建筑装饰工程建设费用的文件。

根据国家有关部门的规定，工程初步设计阶段必须编制工程设计总概算；采用三阶段设计的技术设计(扩大初步设计)阶段，必须编制工程设计修正总概算。

工程概算，是指在初步设计阶段(或扩大初步设计阶段)，由设计单位根据相应设计阶段的设计图纸、概算定额(或概算指标)、施工管理费等各项费用定额(标准)编制的工程建设费用文件。

工程概算文件是设计文件的重要组成部分。国家计委、国家建委、财政部颁发的有关文件明确规定："设计单位必须在报批设计文件的同时报批概算，各主管部门在审批设计的同时认真审批概算……。设计单位必须严格按照批准的初步设计和总概算进行施工图设计。"

二、工程概算的作用

(一)工程概算是国家控制工程建设投资额、编制工程建设计划、实行工程建设大包干的依据

经过审查批准的工程建设投资额，是国家控制工程建设投资的最高限额。无论是安排年度建设计划，还是建设银行拨款与贷款，都应以工程概算为依据。

(二)工程概算是编制工程建设招标标底和投标报价的依据

工程概算是工程设计文件的组成部分。在开展设计招、投标和施工招、投标过程中，以工程概算为依据确定的标底是评标的最重要标准之一。

（三）工程概算是衡量设计方案是否经济合理的依据

当建设项目的各个设计方案提出后，可以利用工程概算或总概算的造价指标及主要材料消耗指标，进行技术经济分析，评价设计方案的先进性、合理性，找出在设计方案中存在的浪费和保守现象，促进工程设计质量不断提高。

（四）工程概算可作为签订承包合同，办理拨款、贷款及竣工结算的依据

工程概算经建设单位和施工单位双方审定后，可作为签订承包合同，办理工程拨款、贷款及竣工结算的依据。

三、工程概算的分类

工程概算按其工程特征，可分为建筑工程概算和设备及安装工程概算两大类。

建筑工程概算又可分为一般土建工程概算、装饰工程概算、给排水工程概算、采暖通风工程概算、电气照明工程概算等；设备及安装工程概算分为机械设备及安装工程概算、电气设备及安装工程概算。

工程概算按编制程序，又可分为单位工程概算、单项工程综合概算、其它工程和费用概算、总概算。

第二节　单位工程概算的编制方法

单位工程概算，是指在初步设计阶段（或扩大初步设计阶段），根据单位工程设计图纸、概算定额（或概算指标）以及各种费用定额等技术资料编制的单位工程建设费用文件。

单位工程概算的编制方法，有单位估价法和指标估价法两种。单位估价法是以概算定额的指标和基价为依据，按分部项目（或构件）工程量逐项核算定价；指标估算法是以概算指标为依据，按工程规模特征值（技术经济指标计量单位，如建筑面积等）统一核算定价。可见，两者的概算精度是有差别的。采用指标估算法时，一般要凭经验作某些调整。

一、单位估价法

采用单位估价法编制单位工程概算，其主要编制依据是：初步设计（或扩大初步设计）的设计图及其设计文件、现行概算定额、有关取费标准及现场施工条件等资料。其编制步骤如下：

(1) 熟悉资料、收集资料。

(2) 计算扩大分项工程（分部工程或构件）的工程量，填入表10—1内。

表10—1　工程量计算表

序号	工程项目（或编号）	计算式（或说明）	计量单位	数量	备注

(3) 套价计算工程概算直接费，分别填入表10—2、表10—3或表10—4内。

表10—2　建筑工程预（概）算表

序号	单位估价号	工程或费用名称	计算单位	数量	预（概）算价值（元）	
					单价	总价

表10—3　设备及安装工程预（概）算表

序号	价目表名称及定额编号	设备及安装工程名称	工程量	计量单位	预（概）算价值（元）							
					单位价值				总价值			
					主材设备	安装单价			主材设备	安装工程费		
						基价	其中			合计	其中	
							人工	机械			人工费	机械费

表10—4　建筑装饰工程预算表

序号	定额编号	工程项目	工程量	计量单位	单位价值（元）			预算价值（元）			备注
					基价	其中		总价	其中		
						人工	机械		人工费	机械费	

(4) 按规定计算间接费和各项独立费，分别填入表10—5和表10—6内。

表10—5　单位工程概（预）算费用汇总表

序号	费用名称	金额（元）	计　算　式

表10—6　主材费预算费用计算表

序号	定额编号	工程项目	工程量	计量单位	主材费分析计算							备注
					名称	规格	单位	定额指标	消耗量	单价	主材费（元）	

(5) 工料分析与计算，填入表10—7内。

表 10—7　工料分析计算表

序号	定额编号	工程项目	工程量	计量单位	水泥（kg）		钢材（kg）		木材（m^3）		（　）		（　）	
					定额	耗量	定额	耗量	定额	耗量	定额	耗量	定额	耗量

（6）技术经济指标的分析与计算，填入表 10—8。

表 10—8　主要技术经济指标

序号	项目	单位	数量	单位指标	备注

（7）编制说明与预算资料整理。

在单位工程概算的费用计算中，凡需编制综合概算和总概算的工程，可以不计算费率相同的间接费、独立费、税金等费用，而在综合概算或总概算中一次性计算。

二、指标估算法

对于一些设计深度不够、图纸资料不全的建设工程，其单位工程概算可利用现行的“概算指标”编制。其编制步骤如下：

（1）收集和熟悉已有资料，选择合适的概算指标，进行必要的调整。

（2）根据设计图纸或设计文件，计算工程规模特征值，见表 10—1。

（3）运用概算指标的单价指标，计算单位工程概算直接费总额，见表 10—4。

（4）按规定计算间接费及有关独立费，见表 10—5。

（5）按工料指标分析计算主要材料和劳动量的消耗总数，见表 10—7。

（6）技术经济指标的分析与计算，见表 10—8。

（7）编制说明及预算资料整理。概算指标的调整应根据具体工程的实际情况进行，一般采用“比较类推法”权衡，要适当控制调整内容与幅度。

第三节　单项工程综合概算的编制

单项工程综合概算，也称“单项工程概算”，它是计算和确定每个生产与工作间（或车间）、住宅楼、写字楼或单独承包高、中级宾馆、饭店等建筑工程的全部建设费用的文件。单项工程综合概算是工程总概算书的一个重要组成部分。

一、单项工程综合概算的内容

单项工程综合概算一般包括编制说明和综合概算表。

（一）编制说明

单项工程综合概算的编制说明列于综合概算表的前面，一般包括下列几个方面：

(1) 编制依据。说明设计文件、概算定额及各种费用定额依据。

(2) 编制方法。说明编制概算时是利用概算定额还是概算指标等。

(3) 主要设备及工程材料的数量。

(4) 其它要说明的有关问题。

(二) 综合概算表

综合概算表是根据单项工程内的各个单位工程概算及其它工程和费用概算等资料，对各个单位（或部位）建筑工程概算书，按建筑投资的不同费用进行汇总来完成的。就建筑装饰工程而言，综合概算通常包括下列工程概算费用：

1. 建筑装饰工程概算费用

建筑装饰工程概算费用包括建筑装饰工程、水暖装饰工程、卫生器具装饰工程、通风空调装饰工程、电气音响与灯具装饰等工程概算费用。

2. 其它工程和费用概算

其它工程和费用包括的费用项目，详见本章第四节其它工程和费用概算。

按现行工程建设概预算编制的规定，如果某大中型单独承包的装饰工程，仅编制综合概算书，其它费用概算书可列入综合概算书内，为综合概算的组成部分；如果其它费用概算不是和一个单项装饰工程有关，而是与单独承包的大中型装饰项目有关时，其它费用概算不应列入综合概算书内，而应列入装饰工程总概算书内；如果仅属于某一个单位的（或部位）装饰工程概算，而又发生了某些其它费用，既可作为该单位（或部位）装饰概算的组成部分，也可单独列表计算。

单项工程综合概算表，见表10—9。

表10—9　综合预（概）算汇总表

序号	工程和费用名称	预（概）算价值（元）						技术经济指标（元）		
		土建	给排水	采暖	通风	照明	总价	单位	数量	单位价值

表中的技术经济指标，是综合概算表的一项重要内容。在确定技术经济指标计算单位时，应反映生产的特点，并具有广泛的代表性。凡属生产车间或加工间的装饰工程，常以年产量或生产能力为指标来确定计量单位；凡属非生产性或商业、服务业、住宅的装饰工程，则常以单位装饰面积或以每张床位、每个座位等为指标来确定计量单位。

二、单项工程综合概算的编制步骤

(1) 在编制各单项工程概算的基础上，采用综合概算表的格式，将各单位工程概算价值按上述费用项目划分的原则，填入综合概算表内。

(2) 按规定计算有关的各项其它概算费用，当不编制总概算时，要计算全部费用；否则，只计算有关费用。

(3) 将各单位工程概算价值和建筑装饰工程其它工程和费用相加，求出单项工程综合概算价值。

(4) 求出单项工程综合概算的技术经济指标。

(5) 根据其它间接费定额、计划利润及税金取费标准，计算其它间接费、计划利润和税金。

(6) 将单项工程概算价值与其它间接费及税金相加，即为单项工程概算造价。

第四节　其它工程和费用概算

建设工程的其它工程和费用概算，是指与工程建设项目有关，而又不在单位工程概算和综合概算内计算的，需要单独列项计算的各种工程建设的经济文件。它是建设工程总概算（或综合概算）不可缺少的重要组成内容，一般不独立形成概算文件。

近年来，随着基本建设和城市建设体制改革的深入发展，工程概算中有关其它工程和费用项目均有变化和调整，同时也增加了一些新的费用项目。这部分费用项目，按其不同性质和用途，可分为生产准备费、城市建设费和建设期间预留调价费等三项费用。

在建设工程的其它工程和费用概算中，各项费用是分项独立计算的，其计算标准应按当地有关规定进行调整和变化。而计算项目的多少和所包含的内容，要根据工程的性质、特点、条件等因素进行增减或变更。

现将各项费用项目包括的内容和计算方法分述如下。

一、生产准备费

生产准备费，是指工程建设的前期准备和工程项目建成投产后试生产阶段的费用项目。

(一) 土地征购费

土地征购费，是指建设单位根据工程需要和规划要求，经有关部门批准为征用土地后所支付的费用。通常包括土地补偿费、青苗补偿费、农业人口转化为非农业人口安置费、新菜地建设基金、超转病残人员安置费等。这项费用可根据初步设计规划的土地面积，按国家和各省、市、自治区规定的费用指标计算。

(二) 建设场地各种障碍物拆迁和处理费

建设场地各种障碍物拆迁和处理费，是指建设场地规划范围内所有地上（下）影响施工和建设规划需要拆除的原有房屋、构筑物、树木、坟墓等所需的费用。其费用包括房屋拆迁费及赔偿费、树木赔偿费、坟墓迁移费等。此项费用可根据拆除的工程量，按各省、市、自治区规定的费用指标计算。

(三) 拆迁安置费

拆迁安置费，是指在征地范围内城乡居民住房、单位用房搬迁过程中所发生的各项开支和新建房屋费用。此项费用可按各省、市、自治区规定的拆迁居民的安置原则和有关各项费用指标计算。

(四) 建设场地“三通一平”费用

此项费用是指建设场地竖向土方的平衡，多余土方的外运以及为施工而修建的临时道路、上下水、供电、通讯等费用。此项费用可按有关工程概算定额编制概算费用。

（五）建设单位管理费

建设单位管理费，是指建设项目从筹建到正式投产或交付使用前，筹建单位管理机构的管理费用。包括筹建机构人员的工资、补贴、辅助工资、差旅费、办公费、职工福利费、水电费以及技术资料费等。此项费用一般是以投资额为计算基数，根据建设项目和投资的多少，由主管部门确定，通常占工程总投资的1%～2%。

（六）生产职工培训费

生产职工培训费，是指新建工程投产或使用所需的工人、技术人员和管理人员，在培训期间所发生的工资补贴、辅助工资、差旅费、福利费、实习费等项费用。此项费用根据培训时间的长短，平均每人每月按150～200元左右计算。

（七）新建单位办公和生活用具购置费

此项费用是指新建单位在工程建成后，为正式生产或使用而必须购置的办公和生活用具等费用。它包括办公室、宿舍、食堂、浴室以及设计中考虑的文化福利教育设施等的必需用具和生活家具的购置费用。这项费用一般按设计定员，根据建设项目所在地区规定的费用指标计算。即：

$$定员人数\times\frac{生活用品购置费}{(100\sim150\text{ 元})}+\frac{需办公用}{具的人员}\times\frac{办公用具购置费}{(250\sim300\text{ 元})}$$

（八）联合试车费

联合试车费，是指工业建设项目按计划要求全部竣工以后，移交生产以前，整个生产系统的设备进行联合试运转所发生的费用。由于生产工艺和设计要求不同，此项费用一般根据各主管部门制定的标准计算。

（九）工具器具及生产用具购置费

工具器具及生产用具购置费，是指新建设项目开工生产时，各车间、试验室等部门必须配备的第一套工具、器具的购置费。此项费用一般按全部设备总值，以规定的费率或每个生产工人规定的费用指标计算。

（十）勘测设计费

勘测设计费，是指建设项目委托给勘测设计单位或自行组织的设计部门所支付的费用。此项费用一般按国家计委颁发的工程勘测设计标准和有关规定计算。

（十一）合同预算审查费

合同预算审查费，是指基本建设主管部门为了监督和管理建设所发生的费用，对承包工程的工程概（预）算进行审核所需要支付的费用。一般为工程造价的万分之五。

（十二）招标费用

招标费用，是指组织工程建设招、投标所发生的费用。一般控制在工程造价的0.3%～0.5%以内。

（十三）工程质量监督费

工程质量监督费，是指建设单位委托政府工程质量监督部门，对建设工程质量进行监督和对竣工工程进行质量验收所支付的费用。一般按工程造价的0.5%计算。

（十四）绘制竣工图费

绘制竣工图费，是指重点建设项目和有代表性的建设项目应绘制竣工图所发生的费用。一般占建设工程设计费的8%～10%。

二、城市建设费

城市建设费，是指地方政府为了城市规划及配套基础设施的需要，作出统一规定向建设项目收取的各种费用。

（一）“四源”建设费

“四源”建设费，是指自来水厂、煤气厂、供热厂及污水处理厂的建设费用。此项费用，一般工业项目以批准的初步设计用量，住宅项目以实际建筑面积，按地区主管部门规定的费用指标计算。

（二）市政支管线分摊费

市政支管线分摊费，是指建设项目所在地区尚无市政支线或市政支线需改建，并由有关建设单位集资的市政工程费用。一般按工程总投资额，以地区主管部门规定的费率计算。

（三）电贴费

电贴费，是指用户应承担的由供电局统一规定并负责建设的110KVA以下，各级电压用户外部供电工程的新建、扩建和改建工程费用的总称。此项费用，一般按用户用电电压和装接容量，以地区规定的电贴费指标计算。

（四）厂区、场地绿化费

厂区、场地绿化费，是指新建工程按照设计规定，在交工验收前进行的厂区或场地绿化所需的费用。诸如种植树苗、草皮等所需费用。此项费用，按设计要求的绿化面积和规定的绿化费用指标计算。

（五）建筑税

建筑税，是指对国家预算外资金、地方机动财力、企事业单位留用的自有资金、银行贷款以及其它自筹资金所进行的自筹基本建设项目所应征收的一种税金。建筑税按自筹基本建设全部投资额，以主管部门规定的税率计算。

三、建设期间材料、设备价格预留费

近几年，随着价格体系的改革，市场材料价格变动频繁，调整幅度较大。原总概算项目划分中的不可预见费，已无法包括这种正常性材料价格调整。为了使工程建设投资得到有效地控制，在工程建设概算中设立了“预留调价指数项目”。一般按建设工程造价的百分数计算。

第五节　建筑装饰工程总概算的编制

建筑装饰工程总概算，是指确定某一单独承包大、中型装饰项目的全部装饰费用的总的计划性文件。它是大、中型装饰项目总体设计或总体规划文件的组成部分。

一、建筑装饰工程总概算文件的组成

建筑装饰工程总概算文件一般应包括编制总说明、建设项目总概算及它所包括的单项工程综合概算、单位工程概算以及其它工程和费用概算。

(一) 编制总说明

1.工程概况

即简要说明建设项目的规模、用途等主要情况。

2.编制依据

即说明编制概算时所依据的技术经济文件、各类定额以及费用指标等。

3.投资分析

即主要说明各项投资的比例以及与类似工程相比较的情况，分析该工程投资高低的原因，评估该工程设计是否经济合理、技术是否先进等情况。

4.主要设备和材料情况

即说明主要装饰设备、装饰零部件和装饰材料的规格、数量和解决途径等。

5.其它有关需要说明的问题

即说明建设项目存在的特殊问题以及需上级主管部门帮助解决的其它有关问题。

(二) 总概算表的内容

总概算表主要由三部分内容组成，即主要装饰工程项目、装饰工程其它费用项目和项目装饰工程预备费。

(1) 主要装饰工程项目，可以划分为：

①主要生产车间装饰工程项目。

②主要公寓、贵宾楼等装饰工程项目。

③辅助生产或生活服务等装饰工程项目。

④公用设施装饰工程项目，包括水暖、卫生器具、通风空调、电照灯具等动力、通讯系统的装饰工程。

⑤室外装饰及庭院美化装饰工程项目。

⑥附属设施的装饰工程项目，包括住宅、娱乐、图书馆、托儿所等的装饰工程。

(2) 装饰工程其它工程和费用项目，详见本章第四节。

(3) 装饰工程预留费项目。

二、建筑装饰工程总概算表的编制方法

在编制建筑装饰工程总概算时，通常采用表格形式进行。

(一) 汇总综合概算

在编制各单位工程概算的基础上，采用综合概算表的形式，汇总成单项工程综合概算。

(二) 汇总总概算的第一部分费用

将各单项工程综合概算，按总概算的表格形式作各项费用的分类，汇总为总概算表的第一部分费用。

(三) 汇总总概算的第二部分费用

将工程建设其它工程和费用项目中的各有关费用，按本地区有关规定计算后，汇总成总概算表的第二部分费用。

(四) 计算不可预见费

不可预见费，是指在编制工程概算中由于难以预料的因素，而在建设过程中又可能发生的工程和费用。

不可预见费的计算，可用下式表示。

$$不可预见费=\left(\begin{matrix}第一部\\分费用\end{matrix}+\begin{matrix}第二部\\分费用\end{matrix}\right)\times 规定费率$$

（五）计算回收金额

回收金额，是指施工过程或工程竣工后所获得的各种收入。例如，在建设期间使用的临时房屋、运输工具等，在工程竣工后回收的折旧费。

回收金额的计算方法，可按地区主管部门规定的计算方法及费用指标计算。

（六）计算总概算造价

建筑装饰工程总概算造价，可用下式表示。

$$总概算造价=\left(\begin{matrix}第一部\\分费用\end{matrix}+\begin{matrix}第二部\\分费用\end{matrix}\right)\times\left(1+\begin{matrix}不可预见\\费费率\end{matrix}\right)-\begin{matrix}回收\\金额\end{matrix}$$

复习思考题

1. 什么是工程概算？
2. 什么是单位工程概算？单位工程概算的作用是什么？
3. 编制单位工程概算有哪几种方法？其编制步骤是什么？
4. 什么是综合概算？综合概算包括哪些内容？
5. 如何编制建筑装饰工程综合概算？
6. 什么是其它工程和费用概算？其费用包括哪些内容？各项费用如何计算？
7. 什么是总概算？建筑装饰工程总概算文件都包括哪些组成部分？
8. 如何编制建筑装饰工程总概算？

第十一章

建筑装饰工程施工预算

第一节　建筑装饰工程施工预算的内容及编制依据

建筑装饰工程施工预算，是指在建筑装饰工程施工前，由施工单位编制的预算。它规定建筑装饰工程在单位工程或分部、分层、分段上的人工、材料、施工机械台班消耗量和直接费的标准。它是在施工图预算的控制下，根据施工定额编制并直接用于施工生产的技术文件。

一、建筑装饰工程施工预算的作用

1. 施工预算是编制施工计划的依据

施工计划部门可根据施工预算提供的建筑材料、构配件和劳动力等工程数量，进行备料和按时组织材料进场及安排各工种的劳动力计划进场时间。

2. 施工预算是施工队向施工班组签发施工任务单和限额领料单的依据

施工任务单是把施工作业计划落实到班组的计划文件，也是记录班组完成任务情况和结算班组工人工资的依据。施工任务单的内容可分为两部分：一部分是下达给班组的工程内容，包括工程名称、计量单位、工程量、定额指标、平均技术等级、质量要求以及开工、竣工日期等；另一部分，则是班组实际完成工程任务情况的记载及工人工资结算，包括实际完成的工程量、实用工日数、实际平均技术等级、工人完成工程的工资额以及实际开、竣工日期等。

3. 施工预算是计算计件工资和超额奖励、贯彻按劳分配的依据

施工预算是衡量工人劳动成果，计算应得报酬的依据。它把工人的劳动成果和个人应得报酬的多少直接联系起来，很好地体现了多劳多得的社会主义按劳分配的原则。

4. 施工预算是企业开展经济活动分析，进行“两算”对比的依据

经济活动分析主要是应用施工预算的人工、材料、机械台班消耗数量及直接费与施工图预算的人工、材料、机械汇总数量和直接费对比，分析超支或节约的原因，改进技术操作和施工管理，有效地控制施工中人力、物力的消耗，节约工程成本开支。

二、建筑装饰工程施工预算的内容

建筑装饰工程施工预算一般是以单位（或部位）工程为对象，按分部工程进行计算，主要包括工程量、人工、材料、机械四项指标。施工预算通常由文字说明及表格两大部分组成。

（一）文字说明部分

施工预算的编制说明，应简明扼要地叙述以下几方面的内容：

⑴ 单位工程概况。简要说明拟建单位工程建筑面积、层数、结构形式以及装饰标准等概况。

（2）图纸审查意见。说明采用的图纸名称及标准图集的编号。介绍图纸经会审后，对设计图纸及设计总说明书提出的修改意见。

（3）采用的施工定额。施工定额是施工预算的编制依据，定额水平的高低和定额内容是否简明适用，直接影响施工预算的编制质量。目前，在全国尚无统一施工定额的情况下，应该执行所在地区或企业内部自行编制的施工定额。

（4）施工部署及施工期限。

（5）冬雨季施工措施和降低工程成本的技术措施。

（6）在施工中急需建设单位配合解决的问题。

（二）表格部分

编制施工预算可采用表格形式进行。目前，由于没有全国统一的施工定额，各地区采用的表格形式也不尽相同，通常包括下面几种表格：

⑴ 计算工程量表格。

（2）施工预算表，亦称施工预算工料分析表。这是施工预算的基本表格。该表是根据工程量乘以施工定额中的人工、材料、机械台班消耗量而编制的。

（3）施工预算工、料、机费用汇总表。

（4）“两算”对比表。“两算”对比表，用于进行施工图预算与施工预算的对比。

（5）其它表格。其它表格，如周转材料用量表、门窗加工表、五金明细表等。

三、建筑装饰工程施工预算的编制依据

⑴ 会审后的施工图纸和说明书。施工图纸（包括标准图）和设计说明书必须经过有关单位的会审。施工预算是根据会审后的图纸和说明书以及会审纪要来编制的，目的是使施工预算更符合实际情况。

（2）本地区或企业内部编制的现行施工定额。

（3）单位工程施工组织设计。单位工程施工组织设计直接影响施工预算的编制质量。

（4）经过审核批准的施工图预算。施工预算的计算项目划分比施工图预算的分项工程项目划分要细一些，但有的工程量还是相同的。为了减少重复计算，施工预算与施工图预算工程量相同的计算项目，可以照抄使用。

（5）现行的地区人工工资标准、材料预算价格、机械台班单价和其它有关费用标准等资料。

四、建筑装饰工程施工预算的编制要求

结合目前施工企业内部经营承包和管理现状，对国有或集体独立核算的中小型施工企业来说，多数以两级承包方式往下发包，即一级为施工企业内部经营承包，实行内部核算的单位；另一级为发包给外部直接施工的承包单位（俗称发包给包工队）。无论是内部承包，还是外部承包，施工预算通常由经营承包单位编制或外包单位编制，由发包单位审查。编制施工预算时，都要提出不同的要求。

（一）内部经营承包核算单位

应根据上级单位下放的人、财、物自主权限，确定任务范围和各项施工管理措施，提出完成任务预期达到的目标。因此，施工预算应达到以下要求：

（1）计算承包工程造价总额。在和建设单位签订工程合同总价的基础上，扣除向上级单位应缴的各项费用，所余部分，作为经营承包的工程总价。上缴费用的类别和额度，由各施工企业内部测定，一般包括以下内容：

①利润。按规定费率计算后全部上缴企业。

②降低成本。按上级下达的指标计算。

③劳保基金。按规定费率计算后全部上缴企业。

④技术装备费。按规定费率计算后全部上缴企业。

⑤临时设施费。按规定费率计算后，上缴一部分，额度按本企业具体情况测定。

⑥施工流动津贴。是否上缴或部分上缴，按本企业具体情况确定。

⑦工资附加费。根据本企业具体情况，确定上缴额度。

⑧职工教育经费。按占取费定额比例，全部上缴企业。

⑨固定资产使用费。按占取费定额比例计算的收取数，结合本企业具体情况，确定上缴额度。

⑩上级管理费。按本企业具体情况测定上缴额度。

⑪按规定应上缴国家的其它费用。

（2）根据企业内部测定的总额度，在工程合同的包干总价或工程概预算总价内扣除上缴额，施工预算应控制在扣除上缴额以后的数值内。

（二）外部直接施工承包单位

承包任务一般是由发包单位按单位工程下达。施工预算根据承包范围和发包单位所确定的施工方案，至少要达到以下要求：

(1) 应完成的分部分项工程量。

（2）所需分工种用工量。

（3）所需的各类规格材料量、商品构配件量、商品门窗量，以及其它商品配件量。

（4）所需机械型号及台班量。

（5）周转材料一次使用量和摊销量。

（6）其它材料费控制量。

（7）按施工预算，计算出工程承包价。

（8）包干系数可能达到的幅度。

第二节　建筑装饰工程施工预算的编制方法和步骤

一、建筑装饰工程施工预算的编制方法

1.“实物法”

“实物法”即施工预算工、料、机分析表方法，目前应用比较普遍。它的编制方法是：根据施工图和设计说明书、劳动定额或施工定额工程量计算规则计算工程量，套用定额并用表格形式计算汇总，分析人工、材料及施工机械台班消耗量。

2.“实物金额法”

用“实物金额法”编制施工预算，有以下两种形式；

(1) 根据“实物法”编制施工预算的人工、材料、机械消耗量，分别乘以人工、材料、机械台班单价，并汇总求得人工、材料、机械费及直接费。即主、料、机费用汇总表。表内实物数量用于向施工班组签发施工任务单和限额领料单；直接费及所含人工、材料及机械费，可与施工图预算直接费和所含人工、材料费和机械费对比，分析节超原因。

(2) 根据施工定额工程量计算规则计算工程量，套用施工定额估价表单价，计算施工预算的人工、材料和机械台班使用费。

不论采用哪种方法，都必须根据当地现行施工定额规定的工程量计算规则、定额项目划分及定额的册、章、节说明，按分工管理的要求，分层、分段、分工种、分项进行工程量计算、工料分析以及人工费、材料费、机械费的计算。

二、建筑装饰工程施工预算的编制步骤

(1) 熟悉施工图纸（包括标准图）及有关设计说明书，了解施工组织设计和施工现场情况。

(2) 根据施工图纸、施工定额及现场情况，列出工程项目，计算工程量。

①如果工程计算项目的名称、计量单位、计算规则与施工图预算的相应工程计算项目一致时，则可以直接利用施工图预算的工程量，不必另行计算。

②不能直接利用施工图预算工程量的工程计算项目，则按本地区现行施工定额工程量计算规则和有关规定计算工程量。

③工程量汇总。工程量计算完毕经核对后，根据施工定额规定的分部分项工程的顺序，分层或分段汇总，整理列项填入施工预算表内。

(4) 计算施工预算直接费。

①计算施工预算人工、材料及机械费。如果采用的是施工定额，则将各计算项目相应施工定额的人工、材料、机械台班消耗量填入表内，进行人工工日、材料消耗数量、机械台班消耗数量的计算，编制施工预算工、料、机分析表，同时列出构配件明细表。用工、料、机分析表中的人工、材料、机械台班消耗量分别乘以相应的人工、材料、机械台班单价，即可求得施工预算人工费、材料费及机械费。若采用的是施工定额估价表单价，则可直接用工程量乘定额单价求得。

②将上述计算的人工费、材料费、机械使用费相加，即可求得施工预算直接费。

如果本地区或企业内部无统一施工定额，可按所在地区规定或企业内部自行编制的材料消耗定额及现行全国统一劳动定额套用。

(5) 编制施工预算说明书。

第三节 “两算”对比

施工预算与施工图预算的对比，称作“两算”对比。施工图预算确定的是工程预算成本，施工预算确定的是工程计划成本，它们是从不同的角度计算的两本经济帐。工程计划成本在通常情况下，不应大于工程预算成本。通过“两算”对比分析，可以预先找出工程节约或超支的原因，防止人工费、材料费及机械使用费的超支，避免发生成本亏损。

一、“两算”对比的方法

“两算”对比的方法，通常有两种：一种是“两算”直接费对比法；另一种，则是“两算”消耗量金额对比法。两种方法最后均能计算出费用差额。

(一) 直接费对比法

直接费对比法，是指以两种预算的分部分项（或部位）工程直接费中的工程量、人工费、材料费、机械（具）费和其它直接费进行对比分析的一种方法。施工预算中的直接费，应以施工预算工程量套用施工预算定额的预算单价，计算出分部分项工程直接费，即人工费、材料费、机械（具）费和按相应比例分摊到人工、材料、机械中的其它直接费。由于两种定额项目划分不一定对口，所以，也可将上述分部分项费用，按分部进行汇总，以分部汇总后的金额进行对比分析。按直接费进行对比计算表，见表 11—1。

表 11—1 “两算”直接费用对比计算表

单位（或部位）装饰名称：

序号	装饰工程名称	两算直接费用对比（元）											
		直接费			人工费			材料费			机具费		
		装饰概预算	施工预算	差额	装饰概预算	施工预算	差额	装饰概预算	施工预算	差额	装饰概预算	施工预算	差额
1	楼地面装饰工程												
2	墙柱面装饰工程												
	⋮												
5	天棚装饰工程												

(二) 消耗量金额对比法

消耗量金额对比法，是指以单位（或部位）工程为对比内容，分别以“两算”中的人工、材料、机械以及应包含的其它直接费的费用金额进行对比分析的一种方法。消耗量金额对比的计算基础是按单位（或部位）工程中，分技术等级进行的人工费计算；材料费是按材料名称、规格、数量进行的统计计算；机械台班费是按两算各自的机械费用总金额计算。最后，按两算费用差额合计数，计算出节约（+）或超支（—）的情况，填写在消耗量金额对比计算表内。两算消耗量金额对比计算表，见表 11—2。

表 11—2　两算消耗量对比计算表

序号	名　称	规格	单位	数量计算			单价（元）	合价（元）
				工　程概预算	施工预算	差　额（+、—）		
1	2	3	4	5	6	7=5—6	8	9=6×8
一	人工费							
	3 级工		工日					
	3、2 级工		工日					
	4、5 级工		工日					
	⋮							
	合计							
二	材料费							
	地面釉砖		块					
	壁纸		m^2					
	装饰线		m					
	⋮							
	合计							
三	机具费							
	机械费总额		台班					
	合计							
	总计							

二、“两算”对比的内容

（一）直接费对比

“两算”对比工、料、机分析中的直接费，应分别为“两算”中的人工费、材料费、机械费和分摊后的其它直接费四项费用之和。

1. 人工费对比

施工预算中的人工工日应比施工图预算中的人工工日低 10%～15%，其中应包括工程概预算定额的 10%左右人工幅度差，这是两种定额编制水平不同引起的差额，借以说明施工预算降低人工工日及提高劳动生产率的原因。

由于“两算”所依据的定额平均技术等级不一定完全一致，用绝对的工日数不一定是唯一的可比依据，必须依据“两算”各自的平均技术等级和工日数两个方面的比较才能对比。至于工效对比，只有依据“两算”的人工工资对比，才是可靠准确的。说明时一定要有定额以外用工措施，以防止施工预算在实施过程中，出现大量的定额以外的洽商用工，确保施工预算不超过施工图预算的人工工资额，并有所节余。

2. 材料费对比

施工预算中的材料费占直接费的比重最大，对降低工程成本有着决定性影响。为使施工预算中的材料费控制在施工图预算所确定的范围内，企业内部的技术、材料等部门都要制定材料节约措施计划，列入施工预算并加以说明。出现材料费超支时，其原因往往不在于施工预算的准确性，而在于施工管理不善造成的，如没有限额领料制度或领料时不限量，收料时验收马虎等原因。所以，如何落实两算的实施，关系到两算对比的内容是否能够实现。

3. 机械台班费对比

施工预算中的机械台班费是按单位（或部位）工程的施工内容，由施工组织设计或施工方案来决定机械的种类、规格和数量配置的，在很大程度上，“两算”中的机械台班费的计算是不一致的。因此，按照分部（或部位）工程进行机械台班费用对比是不可能的，只能按照单位（或部位）工程总的机械台班费来进行两算对比。经过对比分析，若施工预算中的机械台班费超出施工图预算中的机械台班费时，必须重新审查施工机械的配置方案，改变其中不合理的配置，使其机械台班费不发生超支。

4. 其它直接费对比

施工预算中的其它直接费，可制定出相应的比例，分摊到人工、材料、机械台班费用中去。也可按“两算”各自发生的其它直接费总金额进行对比分析。

（二）材料调价

“两算”中的材料差价，都应按各省市、各地区规定的调价办法来进行对比。如按材料系数调价时，应以“两算”中各自最后的直接费差额乘以调价系数确定。如果是调价系数以外的材料调价，则应按各省市、各地区规定的材料差价调价项目直接调整。

（三）其它调整

其它调整的内容，如劳动保险费、职工养老保险费及待业保险费等。“两算”对比中其它调整的内容要求，各地区也不尽相同，可按各省市规定的调整项目进行对比分析。

（四）差额对比中的节约或超支费用

“两算”对比分析中的差额节约或超支费用，一般是以“两算”费用对比中的直接费所包括的内容，进行节约或超支对比计算，以“两算”直接费差额系数、调价金额加上各项材料差价调价金额，最后计算出节约或超支金额占施工图预算直接费总计的百分比。

“两算”的具体对比内容，可结合本地区各施工单位的具体情况考虑。“两算”对比分析表，见表 11—3。

在经过工、料、机对比分析后，需对“两算”对比结果是否已达到预期目的、节约或超支原因、存在的问题及改进两算对比的内容和方法等，提出建议或看法。

表 11—3　“两算”对比分析表

单位（或部位）工程名称

序号	费用名称		概预算费用（元）		差　额（元）		说明
			装饰工程概预算	装饰工程施工预算	节约（+）超支（—）	(±)%	
1	2		3	4	5=3—4	6=5÷3	
一	直接费						
	其中	人工费					
		材料费					
		机具（械）费					
		其它直接费					
二	按系数材料调价						
三	系数外项目材料调价						
四	其它调整						
⋮	⋮						
五	总计						

复习思考题

1. 什么是施工预算？施工预算的作用是什么？
2. 施工预算包括哪些内容？
3. 施工预算的编制方法有几种？
4. 施工预算的编制步骤是什么？
5. 什么是“两算”对比？“两算”对比的内容是什么？

第十二章

建筑装饰工程竣工结算与决算

第一节 建筑装饰工程竣工结算

建筑装饰工程竣工结算，是指单位或单项建筑装饰工程完工点交后办理的工程结算，是确定单位或单项建筑装饰工程实际工程造价的经济文件。它是以施工图预算为基础，根据实际施工情况由施工单位编制的。

单项工程竣工验收后，由施工单位及时整理交工技术资料。主要工程应绘出竣工图并编制竣工结算，经建设单位审查，通过建设银行办理结算。因此，竣工结算是施工单位确定完成建筑装饰工程量，统计竣工率和核算工程成本的依据，是建设单位落实投资完成额的依据，也是结算工程价款和施工单位与建设单位从财务方面处理帐务往来的依据。

一、竣工结算方式

目前，承包工程的结算方式，通常有以下三种：

（一）施工图预算加签证结算方式

这种结算方式是把经过审定的原施工图预算作为工程竣工结算的依据。凡原施工图预算未包括的，在施工过程中发生的历次工程变更所增减的费用、各种材料（构配件）预算价格和实际价格的差价等，经设计、建设单位签证后，与原施工图预算一起在竣工结算中进行调整。这种结算方式，难以预先估计总的费用变化幅度，往往会造成追加工程投资的现象。

（二）预算包干结算方式

预算包干结算，也称施工图预算加系数包干结算。即在编制施工图预算的同时，另外计取预算外包干费。

预算外包干费＝施工图预算造价×包干系数

结算工程价款＝施工图预算造价×（1＋包干系数）

式中，包干系数是由施工单位、建设单位双方商定，经有关部门审批而确定的。

在签订合同条款时，预算外包干费要明确包干范围。包干费通常不包括下列费用：

(1) 建筑工程中的材料差价。

(2) 因工程设计变更（工程设计标准提高、建筑装饰面积扩大等）而增加的费用。

上述费用可在工程结算中进行调整。这种结算方式，可以减少双方在签证方面的扯皮现象，可以预先估计总的工程造价。

(三) 每 $1m^2$ 造价包干的结算方式

房屋建筑一般采用这种结算方式。它是双方根据一定的工程资料，事先协商好每 $1m^2$ 造价指标，然后再按建筑面积汇总造价，确定应付的工程价款。

二、编制竣工结算的原则和依据

(一) 竣工结算的编制原则

编制工程竣工结算是一项细致的工作，既要正确反映建筑装饰工人创造的工程价值，又要正确贯彻执行国家有关部门的各项规定。因此，编制竣工结算要遵循以下原则：

(1) 贯彻"实事求是"的原则。应对办理竣工结算的工程项目的内容全面清理。诸如分部分项工程数量，历次工程增减变更，现场洽商记录和工程质量等方面，都必须符合设计要求和施工及验收规范的规定。对未完工程不能办理竣工结算。工程质量不合格的应返工，质量合格后才能结算。返工消耗的工料费用，不能列入竣工结算。

工程竣工结算一般是在施工图预算的基础上，按照施工中的更改变动后的情况编制的。所以，在竣工结算中要实事求是，该调增的调增，该调减的调减，做到既合理又合法，正确地确定工程结算价款。

(2) 严格遵守国家和地区的各项有关规定，以保证工程结算价款的统一。

(二) 编制竣工结算的依据

(1) 工程竣工报告和工程竣工验收单。

(2) 经审批的原施工图预算和施工合同单，或甲、乙双方协议书。

(3) 设计变更通知单和施工现场工程变更洽商记录。

(4) 现行预算定额、地区人工工资标准、材料预算价格，以及各项费用指标等资料。

(5) 其它有关技术资料及现场签证记录。

三、工程竣工结算的编制内容和方法

(一) 竣工结算的编制内容

工程竣工结算的编制内容与施工图预算基本相同。其费用构成，仍然由直接费、间接费和盈利（计划利润和税金）三部分组成。

竣工结算的编制方法，与施工图预算也基本相同，只是结合施工中历次设计变更、材料差价等实际变动情况，在施工图预算的基础工作部分进行增减调整。

编制竣工结算的具体增减调整内容，主要有以下几个方面：

1. 工程量量差

工程量量差，是指施工图预算所列分项工程量与实际完成的分项工程量不相符而需要增加或减少的工程量。这部分量差，一般是由下列几个原因造成的：

(1) 建设单位提出的设计变更。工程开工后，由于某种原因，建设单位提出要求改变某些施工作法，增减某些具体工程项目等。经与施工单位研究并征求设计单位同意后，填写设计变更洽商记录。经三方（甲、乙方和设计单位）签证认可后，作为结算增减工程量的依据。

(2) 施工中遇到需要处理的问题而引起的设计变更。施工单位在施工过程中，遇到一些原设计未预料到的具体情况，需要进行处理。经设计单位、建设单位、施工单位研究，认为必须采取一定的措施，进行具体的处理，其设计变更的洽商记录，经三方签证认可后，可作为增减工程量的依据。

(3) 施工单位提出的设计变更。这是指施工单位在施工中，由于施工方面的原因，如由于某种建筑材料一时供应不上，需要改用其它材料代替，或者因施工现场要求改变某些工程项目的具体设计而需变更设计，除较大者需经设计单位同意外，一般只需要建设单位同意并在洽商记录上签证，即可作为增减工程量的依据。

(4) 施工图预算分项工程不准确。在编制竣工结算前，应结合工程竣工验收，核对实际完成的分项工程量。如发现与施工图预算所列分项工程量不符时，应按实际情况调整。

计算分项工程增减工程量的直接费，通常可用本地区规定的表格进行。表 12—1 是北京地区计算增减工程量直接费规定的计算表格。

表 12—1　工程设计变更预算书

年　月　日　　　　　　　　　　　　　　　　　　　　　　　　第　页

编号	洽商记录	定额编号	工程或费用名称	单位	增加部分					减少部分				
					数量	工料单位	工料合计	其中		数量	工料单价	工料合价	其中	
								人工单价	人工合价				人工单价	人工合价

2. 各种材料差价的调整

材料差价，包括因材料代用发生的价格差额和材料实际价格与预算价格存在的价差。

由施工单位采购的材料，其实际价格与预算价格价差的调整办法，详见第三章第三节定额项目换算中材料价格的换算。

在工程结算中，材料差价的调整范围，应按当地的有关规定办理，不允许擅自调整。

由建设单位供应的材料，按材料预算价格转给施工单位，在工程竣工结算时不调整材料差价。其材料差价由建设单位单独计算，在编制工程竣工决算时摊入工程成本。

3. 各项费用调整

间接费和盈利（计划利润和税金）是以直接费（或定额人工费总额）为基数计取的，工程量的增减变化，也会影响到这些费用的计取。所以，间接费和盈利也应作相应地调整。

各种材料差价，一般不调整间接费。因为费用定额是在正常条件下制定的，不能随材料价格的变化而变动。但各种材料差价应列人工程预算成本，计取盈利（计划利润和税金)。

其它费用，如因建设单位原因发生的窝工费用等，应一次结清，分摊到结算的工程项目中去。如果施工现场使用建设单位水、电费，其费用应在竣工结算时按有关规定，退还建设单位。

（二）单位（单项）工程竣工结算书的编制

目前，竣工结算书没有统一规定的表格，有的用预算表代用，有的则根据工程特点和实际需要自行设计表格。

竣工结算书通常包括下列内容：

(1) 编制说明。

(2) 工程竣工结算费用计取程序表，见表 12—2。

(3) 工程设计变更直接费计算明细表，见表 12—1。

(4) 各种材料差价明细表以及原施工图预算等。

表 12—2 工程竣工结算费用计取程序表

工程名称

序号	费用项目	费率(%)	金额(元)	说　明
(1)	原预算直接费			详见原施工图预算
(2)	历次工程设计变更直接费			详见表 12—1
(3)	竣工直接费小计			(3)=(1)+(2)
(4)	施工管理费			(4)=(3)×费率
(5)	小计			(5)=(3)+(4)
(6)	临时设施费			(6)=(3)×费率
(7)	冬雨季施工费			(7)=(3)×费率
(8)	远郊施工增加费			(8)=(3)×费率
(9)	材料调价费			详见附表(略)
(10)	小计			(10)=(5)+(7)+(8)+(9)
(11)	计划利润			(11)=(10)×费率
(12)	劳保支出			(12)=(10)×费率
(13)	资金利息			(13)=(10)×费率
(14)	营业税			(14)=(10)×费率
(15)	工程造价			(15)=(6)+(10)+(11)+(12)+(13)+(14)

第二节　建筑装饰工程竣工决算

工程竣工决算是在建设项目或单项工程完工后，由建设单位财务及有关部门，以竣工结算等资料为基础进行编制的。竣工决算全面反映了竣工项目从筹建到竣工投产全过程中，各项资金的使用情况和设计概（预）算执行的结果。它是考核建设成本的重要依据。

一、竣工决算的作用

1. 全面反映竣工项目的实际建设情况和财务情况

竣工决算反映竣工项目的实际建设规模、建设时间和建设成本，以及办理验收交接手续时的全部财务情况。

2. 有利于节约基建投资

及时编制竣工决算，办理新增固定资金移交转账手续，是缩短建设周期、节约基建投资的重要因素。例如，有些已具备交付条件或可以投产使用的工程项目，如不及时办理移交手续，不仅不能提取固定资产折旧费，而且所发生的维修费、更新费、工人工资等，都要继续在基建投资中开支。这样，既增加了基本建设支出，也不利于企业管理。

3. 有利于经济核算

及时编制竣工决算，办理交付手续，生产企业可以正确地计算已经投入使用的固定资产折旧费，合理计算产品成本、促进企业的经营管理。

4. 考核竣工项目设计概算的执行情况

竣工决算与概算进行比较，可以反映设计概算的执行情况。通过对比分析，可以肯定成绩，总结经验教训，为今后修订概算定额、改进设计、推广先进技术、制定基本建设计划、努力降低建设成本、提高投资效果，提供了参考资料。

二、竣工决算的编制依据

（1）竣工验收报告单、设计变更及竣工资料（竣工图、质量检查报告、隐蔽工程验收记录、施工记录、收方单等）。

（2）承包合同、施工图预算书。

（3）完成工程实物量（工程量）及增减情况。

（4）各种施工签证、拨款账单、建设单位（甲方）供料清单等。

三、竣工决算的内容和编制方法

工程竣工决算包括文字说明和财务决算报表两部分内容。

（一）文字说明

文字说明，主要包括工程概况、设计概算和基本建设计划的执行情况，各项技术经济指标完成情况，各项拨款使用情况，建设工期、建设成本、投资效果和基建结余资金的分析，以及建设过程中的主要经验、问题和各项建议等内容。

（二）竣工决算报表

按照规定，应根据建设项目的规模，分别编制大、中型建设项目竣工决算表和小型建设项目竣工决算表。

1. 大、中型建设项目的竣工决算表

它包括竣工工程概况表、竣工财务决算表和交付财产明细表。

（1）竣工工程概况表。该表是用设计概算所确定的主要指标和实际完成的各项主要指标对比，以说明大、中型建设项目的概况。

（2）竣工财务决算表。该表反映竣工的大、中型建设项目的全部资金运用情况。采用基建资金来源合计等于基建资金运用合计的平衡表形式，见表 12—3。

表 12—3 建设项目竣工财务决算表

建设项目名称

资金来源	金额（元）	资金运用	金额（元）		金额（元）
一、基建预算拨款		一、交付使用财产		补充资料：	
二、基建其它拨款		二、在建工程		基本建设收入总计	
三、基建收入		三、应核销投资支出		其中：应上交财政	
四、专用基金		1. 拨付其它单位基建款		已上交财政支出	
五、应付款		2. 移交其它单位未完工程			
		3. 报废工程损失			
		四、应核销其它支出			
		1. 器材销售亏损			
		2. 器材折价损失			
		3. 设备报废盘亏			
		五、器材			
		1. 需要安装设备			
		2. 库存材料			
		六、施工机具设备			
		七、专用资金财产			
		八、应收款			
		九、银行存款及现金			
		合　计			

(3) 交付使用财产明细表。该表反映竣工交付使用固定资产的详细内容，适用于大、中、小型建设项目，见表 12—4、表 12—5。

表 12—4 交付使用财产明细表（甲式）

（适用于房屋及建筑物）

单项工程：　　　　　　　　　　　　　　　　　　　　　　　　第　页

交付使用财产名称	结构	工程量			概算	实际			备注
		单位	设计	实际		建安工程投资	其它基建投资	合计	

移交单位：　　　　　　　　　　接受单位：

年　月　日　　　　　　　　年　月　日

2. 小型建设项目的竣工决算表

它包括竣工结算总表和交付使用财产明细表。

(1) 竣工决算总表。表 12—6 反映竣工小型建设项目概况和它的全部资金来源和资金运用情况。表格的内容，基本上与竣工工程概况表和竣工财务决算表相同。

（2）交付使用财产明细表。该表填列内容同大、中型建设项目的竣工决算表的《交付使用财产明细表》，见表12—4、表12—5。

表12—5　交付使用财产明细表（乙式）

（适用于需要安装设备）

单项工程：　　　　　　　　　　　　　　　　　　　　　　　　　　　　第　页

交付使用财产名称	规格、型号	单位	数量	概算	实际				备注
					设备投资	建安工程投资	其它基建投资	合　计	

移交单位：　　　　　　　　接受单位：

年　月　日　　　　　　年　月　日

表12—6　竣工决算总表

建设项目名称					
建设地址			占地面积	设计	实际
新增生产能力	能力（或效益）名称	设计	实际	初步设计或概算批准机关、日期	
建设时间	计　划	从　年　月开工至　年　月竣工			
	实　际	从　年　月开工至　年　月竣工			
建设成本	项　目	概　算（元）	实际（元）		
	建筑安装工程 设备、工具、器具 其它基本建设 应核销其它支出				
	合　计				

	项　目	金额（元）	主要事项说明
资金来源	1. 基建预算拨款 2. 基建其它拨款 其中：自筹资金 3. 应付款		
	合计		
资金运用	1. 交付使用财产 2. 应核销投资支出 3. 应核销其它支出 4. 在建工程 5. 设备 6. 材料 7. 银行存款及现金 8. 预付及应收款		
	合　计		

四、"三算"的关系

"三算"，是指设计概算、施工图预算及工程竣工决算。其中，设计概算和施工图预算，又总称为"基本建设预算"。

"三算"的关系：设计概算是基础。设计单位在进行施工图设计时，应按批准的初步设计和概算进行，不能任意突破。施工图预算和竣工决算，也必须控制在设计概算和工程总概算的范围内。若总概算被突破，又没有批准追加投资时，对超过的部分，建设银行将拒绝付款。

复习思考题

1. 什么是工程竣工结算？工程竣工结算通常有哪几种结算方式？
2. 施工图预算与工程竣工结算有什么不同？
3. 工程竣工结算的编制内容都包括哪些？
4. 什么是工程竣工决算？竣工决算编制内容包括哪些？
5. 竣工决算有哪些作用？

第十三章

建筑装饰工程投标报价

第一节 建筑装饰工程投标报价概述

一、建筑装饰工程投标报价的概念和特点

（一）建筑装饰工程投标报价的概念

建筑装饰工程投标报价，即建筑装饰工程投标价格，又称建设装饰工程投标标价，是指投标单位为了中标而向招标单位报出的拟投标的建筑装饰工程的价格。它是建筑装饰工程投标工作中的一个十分重要的环节，也是投标单位能否中标的一个关键性因素。投标报价的正确与否，对投标单位能否中标以及中标后的盈利情况，将起决定性的作用。

（二）建筑装饰工程投标报价的特点

投标单位的报价是根据本企业的生产经营管理水平、技术力量、劳动效率等实际情况，而估算的完成建筑装饰工程的实际造价，再考虑竞争策略、确定利润和考虑适当风险而作出的竞争决策。因此，它具有策略性和接近实际预算价的正确性。

建筑装饰工程的投标报价又不同于建筑装饰工程的概（预）算，它是根据企业的实际情况及对装饰工程的理解程度来计算的。对于同一工程而言，不同企业的投标报价是不同的。即使同一个企业，由于考虑的风险及利润不同，报价也不同。因此，投标报价直接反映了企业的实际水平及竞争策略。

二、建筑装饰工程投标报价的依据

建筑装饰工程投标报价的依据，主要有下列几个方面：

(1) 招标文件。它包括装饰工程综合说明、技术质量要求、工期要求，以及对装饰工程及装饰材料的特殊要求等。

(2) 装饰工程项目的施工图纸和说明书。

(3) 当地现行的装饰工程预算定额或单位估价表及装饰工程各项费用取费率标准。

(4) 材料、设备预算价格、预算价差及市场价格信息，采用新材料的补充预算价格。

(5) 施工方案及有关技术资料。

三、建筑装饰工程投标报价的基本原则

(一) 报价要按国家有关规定，并体现企业生产经营管理水平

报价计算要按国家有关规定进行，如有关费用标准等。报价计算还要从企业实际情况出发，发挥企业的优势和特点，所采用的定额水平要能反映企业的实际水平。一般定额水平的确定，是以当地现行装饰工程预算定额，以及装饰工程各项费用取费率标准为依据，结合本企业的实际工效、实际材料消耗水平、机械设备效率、装饰工程的实际条件等加以调整，综合反映企业的技术水平、管理水平。

(二) 报价计算要主次分明，详略得当

影响报价的因素很多，并且很复杂。在报价计算中，要抓住主要问题，如招标单位对装饰工程特殊要求的方面；影响报价大的方面；质量不易控制的方面等，都要认真细致地分析研究。如能较好地满足招标单位的特殊要求，则会吸引招标单位；对影响报价的主要方面采取有力措施，会使报价更有竞争力；加上强有力的质量保证措施，则会大大增加企业中标的机会。对次要的因素和次要的环节可简化计算。报价计算还要根据承包方式，如果是固定总价承包，则要详细计算，如考虑不准确，企业将会蒙受损失；如承包单价，则工程量只需大致估算。

(三) 报价要以施工方案为基础

施工方案选择是否恰当，不仅反映企业的经营管理水平和技术水准，同时对工程成本有直接影响。不同的施工方案会有不同的报价，因此企业应在技术经济分析的基础上，选择先进的施工方案。所采用的施工方案，应技术上先进、生产上可行、经济上合理，并能满足质量要求，使投标更有竞争力。

(四) 报价计算要从实际出发

投标报价不同于工程的概(预)算,概(预)算中各种费用的计算必须按规定的费率进行,如在报价中也采用这种方法,显然不会得到符合企业实际的报价,而应把实际可能发生的一切费用逐项来计算。因此,报价计算要实事求是,认真细致,避免漏项或重复。

四、建筑装饰工程投标报价的准备工作

(一) 分析报价原则

无论是招标还是议标，投标单位首先都要明确投标报价的原则，即对招标工程采取的态度。这实质上是一个兴趣问题，兴趣大小取决于企业的经济效益及企业内部的具体情况。当企业任务不饱满或为了在某个地区打开局面，占领某个市场时，企业的投标兴趣大，企业应采取积极态度，确定保本薄利的报价原则，易采用低标，但也不能太低，否则会适得其反；当企业不急于中标，兴趣一般时，应采取积极争取的态度，但对造价、工期等关键问题应有一定限度；对于难度大、风险大的装饰工程，或企业任务基本饱满时，可确定高利润的报价原则。

(二) 组织准备工作

投标报价是一项涉及因素很多的综合性工作，不只是单纯的计算，还包括收集各种信息及对各种因素的分析。为适应投标竞争的需要，企业应配备有经验的报价人员，大型项

目要组成强有力的报价班子，实行全面规划，有步骤地开展投标活动，不断总结和积累经验。

参加投标工作的人员，应有较高的技术业务水准，懂技术、懂经济、懂法律，了解市场行情，才能保证投标工作高质量、高效率地进行。平时要广泛收集、研究与报价有关的定额数据、市场信息，研究和采用现代化的计算手段和方法。

在报价前，还应根据报价时间编制工作计划，并准备好所需各种数据。

（三）熟悉招标文件

对于招标单位的招标文件等资料，要认真熟悉和掌握这些文件的内容和精神，在熟悉招标文件的过程中，认真研究装饰工程项目、特点、范围、工程量、工期、合同主要条款等要求，弄清承包责任和报价范围，避免遗漏。

（四）调查施工现场，确定施工方案

调查装饰工程施工现场，了解现场施工条件、当地劳动力资源及材料资源，调查各种材料、设备的供应情况和价格，包括国内或进口的各种装饰材料的价格及质量，以免因盲目估价而失去中标机遇。根据装饰工程的实际，制定施工方案，并经技术经济比较，选择最优施工方案。

（五）定额数据的整理

报价的工程量计算要求准确，不能出现漏项或重复，定额单价力求符合实际，各项费用要求合理，这样才能得到可靠的报价。企业的定额是计算工程成本的依据，它反映企业的施工管理水平，因此要根据企业实际水平确定定额数据。

（六）报价策略

报价策略是对一项工程投标时报价的决策，它对中标与否有重要作用。报价的策略是随装饰工程条件的不同而改变，同时又因各企业的生产经营管理水平和业务能力而异。报价策略的基本出发点，是使报价决策能够达到经济性和有效性。经济性，是指能合理运用企业有限资源，发挥企业优势，积极承揽工程，使企业实际施工能力与工程任务相平衡，获得经济效益。有效性，是指决策方案应当是合理可行的，综合考虑了投标的各种因素，能保证企业目标的实现。

报价应根据实际条件灵活掌握，要使报价更具有竞争力，还要考虑以下一些因素：(1) 估计招标单位的标底范围；(2) 估计竞争对手可能的标价范围；(3) 分析招标单位的意向及侧重点。

五、建筑装饰工程投标文件

建筑装饰工程投标文件，是指获得投标资格的施工单位，在分析研究招标文件，进行现场勘察的基础上，编制的有关工程施工及报价的文件。也称投标书或标函。一般包括以下一些内容：(1) 标函的综合说明，包括承担装饰工程的名称、范围等；(2) 装饰工程总报价及价格构成分析，包括工程量及单价汇总表等；(3) 计划开、竣工日期及施工总工期；(4) 主要施工方法及保证质量、工期的技术组织措施。

编制标书前，应仔细研究投标须知，按招标文件要求认真填写，不得擅自改动，避免因任何差错造成废标。投标文件在投标单位法人代表签字盖章后，密封并在投标截止日期前报送招标单位。在开标之前，如对已投出的标书有任何修订补充，可用书面形式密封提交招标单位，这些修订补充应视为标书的组成部分。

第二节 建筑装饰工程投标报价的计算

建筑装饰作为一个独立的行业时间不长，而其以投标竞争的方式承揽任务的历史更短。因此，如何进行投标报价的计算，甚至如何进行招投标，都处于探索和不断完善的过程中。目前，各地的做法仍然是依据建筑工程投招标的规定和方法进行，其报价计算的程序和方法，也与建筑工程报价的方法类似。

一、建筑装饰工程投标报价的计算程序

建筑装饰工程投标报价的计算程序，如图 13—1 所示。

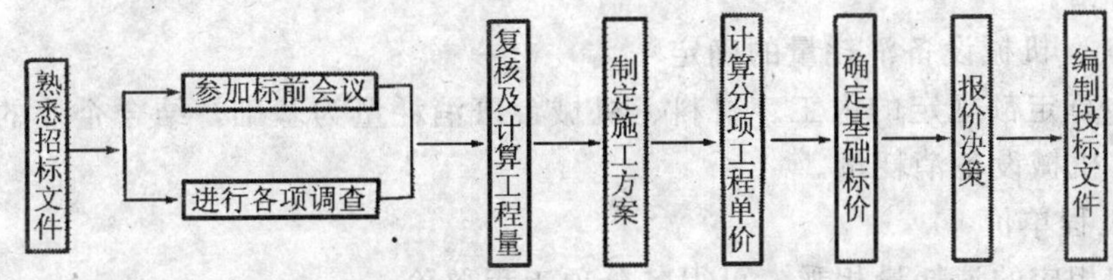

图 13—1 建筑装饰工程投标报价的计算程序

建筑装饰工程报价的计算程序，可以划分为三个阶段：

第一阶段，是准备阶段。它包括熟悉招标文件，参加标前会议，了解调查施工现场以及材料的市场情况等。

第二阶段，是报价费用计算阶段。即分析并计算报价的有关费用以及费率标准。

第三阶段，是决策阶段。即确定投标工程的报价并编写投标文件。

二、复核及计算工程量

工程量是计算标价的重要依据，如在招标文件中已给了实物工程量清单，但在进行标价计算前,还应认真进行复核是否遗漏或重复。这是因为招标文件中所提供的工程量是否准确，直接影响标价计算的准确性，从而影响到投标的成败和能否获得利润。核对的内容，主要有装饰工程项目是否齐全，工程量是否正确，工程做法及用料是否与图纸相符等。核对可采取重点抽查的方法进行。核对时如发现工程量清单中有某些错项或漏项，一般不能任意更改或补充，可以在标函中加以说明或得标后签订合同时再纠正。

对于有些招标工程，在招标文件中没有直接给出工程量，而只提供设计图纸及有关说明书。这样，承包单位则要根据给定资料，进行工程量计算。现在国内一些装饰工程招标都采用这种方法。工程量计算一般是按施工顺序或定额顺序进行，这样套用定额方便，但这种方法容易造成不合理的重复计算。为了克服其不足，减少重复计算工作，可根据装饰

工程本身内容，确定其计算顺序。即根据装饰工程是室内装饰还是室外装饰，分别确定几个基数,如室内净高，内墙长，门、窗尺寸等。这样，在计算时就可以合理安排，利用基数连续计算，减少计算工作量。另外，这样的计算顺序，也有利于电子计算机的应用。

三、计算分项工程单价

分项工程单价是计算标价的又一重要依据。装饰工程的分项工程项目，应按国家、省及各地区等规定的装饰工程预算定额来确定。

分项工程单价的计算，应以装饰工程预算定额或单位估价表为基础，再根据本企业的施工技术和管理水平适当调整，主要是向下浮动，以提高报价的竞争力。

1. 基础单价的确定

人工工资和机械台班单价，一般是以工程所在地的装饰工程预算定额或单位估价表来计算。材料和设备按招标文件规定的供应方式，分别确定预算价格。对企业自行采购的各种材料,应按材料的来源、市场价格信息，并考虑材料价格变动因素综合分析，确定符合实际情况的预算价格。

2. 人工、材料、机械设备消耗量的确定

以装饰工程预算定额规定的人工、材料、机械台班消耗量为基础，结合企业的实际，确定人工、材料、机械设备消耗量。

3. 计算分项工程单价

以基础单价和相应的消耗量相乘，可得各分项工程单价。

把各分项工程单价汇编成表，即编制分项工程单价表，以备报价使用。一般这种分项工程单价表不仅用于一项工程投标，在同一地区类似工程可以通用，或只修订一些有变化的分项工程单价。

四、确定基础标价

1. 计算直接费

将每一分项工程的工程量乘以相应的分项工程单价，即得出各分项工程的定额直接费，将各分项工程的定额直接费累加起来，再加上其它直接费，即为整个装饰工程的直接费。

2. 计算间接费

在报价计算中，间接费一般均按当地现行的装饰工程间接费取费率标准进行计算，但为了使报价更有竞争力，应结合企业的实际管理水平，实际测算得出间接费。

3. 确定利润和税金

利润要根据具体情况确定。可按规定，根据企业实际及投标竞争形势合理确定利润率。税金按当地政府规定的税种税率直接计算。

装饰工程中可变因素多，结合投标工程的特点，应考虑一些不可预见费。如随装饰材料品种的更新和发展而带来的材料费不断变化，考虑材料的浮动费；装饰级别高、难度大而带来的风险费等。不可预见费一般可取到3%～5%，视工程的难易而定。

将确定的直接费、间接费、利润和税金、不可预见费等进行汇总，就得到工程的造价。对造价进一步分析和调整，使造价准确合理，并根据本企业的实际和竞争形势，确定基础标价。

五、确定基础标价的间接法

以上工程造价是采用直接法计算，即把构成工程造价的各项费用累加而得出工程造价。这种计算方法对造价的估算准确，但当图纸及各种资料不完备，或为了快速报价的需要，有的也采用间接法计算造价，主要有按估算指标计算法和类似装饰工程对比法。

（一）按估算指标计算法

装饰工程的估算指标是按照各种类型，各种级别的装饰工程编制的，如高级宾馆的大厅、舞厅装饰，一般客房的装饰，影剧院、商店的门面装饰等。根据所设计的装饰工程图纸、设计要求和标准，根据装饰工程的分项工程查阅估算中相同类型的工程，如果设计图纸与投标中的项目相符合，即可直接套用。其计算过程如下：

$100m^2$ 的装饰工程：

$$\text{人工费}=\text{指标规定的工日数}\times\text{地区工资标准}$$

$$\text{主材费}=\sum(\text{主材指标用量}\times\text{地区材料预算价格})$$

$$\text{次材费}=\text{主材费}\times\text{次材费占主材费的百分比}$$

$$\text{机械使用费}=(\text{人工费}+\text{主材费}+\text{次材费})\times\text{机械使用费占百分比}$$

$$1m^2\ \text{装饰工程直接费}=(\text{人工费}+\text{主材费}+\text{次材费}+\text{机械使用费})\div 100$$

至于间接费、利润、税金等，仍按前面介绍的方法确定。

（二）类似工程对比法

利用类似装饰工程预算或决算来估算投标工程的造价。这里应考虑投标工程与类似工程各方面的不同，如工程量上的不同，离工程所在地的远近，地区工人工资标准的不同，材料预算价格的变化，分项工程具体算法的不同，间接费及其它费用的调整等。其计算过程如下：

$$\text{工资调整系数}(K_1)=\frac{\text{工程所在地区工资标准}}{\text{类似工程所在地区工资标准}}$$

$$\begin{array}{c}\text{材料预算价格}\\\text{调整系数}(K_2)\end{array}=\frac{\sum(\text{类似工程主要材料用量}\times\text{地区材料预算价格})}{\sum\text{类似工程主要材料费用}}$$

$$\begin{array}{c}\text{机械使用费}\\\text{调整系数}(K_3)\end{array}=\frac{\sum(\text{类似工程主要机械台班数}\times\text{地区机械台班价格})}{\sum\text{类似工程主要机械使用费}}$$

间接费率及其它费用结合企业实际情况来调整。

根据类似工程所求的调整系数即可对投标工程进行估算。

$$\text{人工费估算}=\text{类似工程人工费}\times\text{工资调整系数}(K_1)$$

$$\text{材料费估算}=\text{类似工程材料费}\times\text{材料预算价格调整系数}(K_2)$$

$$\text{机械使用费估算}=\begin{array}{c}\text{类似工程机}\\\text{械使用费}\end{array}\times\begin{array}{c}\text{机械使用费}\\\text{调整系数}(K_3)\end{array}$$

当投标工程与类似工程的某分项工程做法不同时，可计算出两者之间的差值（即应增减值），或另行计算。

$$\begin{array}{c}\text{投标工程直}\\\text{接费估算}\end{array}=\begin{array}{c}\text{人工费}\\\text{估算}\end{array}+\begin{array}{c}\text{材料费}\\\text{估算}\end{array}+\begin{array}{c}\text{机械使用}\\\text{费估算}\end{array}\pm\begin{array}{c}\sum\text{分项工}\\\text{程增减值}\end{array}$$

根据调整后间接费率，求出投标工程的间接费，则：

$$\text{投标工程估算单价}=\frac{\text{直接费估算}+\text{间接费估算}+\text{其他费用估算}}{\text{类似工程面积}}$$

$$\text{投标工程估算总价}=\text{估算单价}\times\text{装饰工程的面积}$$

六、报价决策

在投标实践中，基础标价不一定就作为正式报价，还要进行多方面的分析，考虑企业实际和竞争形势，确定投标策略和报价技巧，由企业决策者作出报价决策。

投标报价的策略和技巧，一般有以下几种：

(1) 免担风险，增大报价。对于工程情况复杂、技术难度较大，没有把握的工程，可采取增大报价来减少风险，但这种做法的中标机会很少。

(2) 活口报价。在工程报价中留下一些活口，表面上看好像报价较低，但在投标报价中附加多项备注或说明，留在施工过程中处理（如工程量增加、变更签证等），其结果不是低标，而是高标。

(3) 多方案报价。针对招标文件不明确或本身存在多个可选方案，投标单位即可作多方案报价，最后与招标单位协商处理。

(4) 薄利保本报价。对于招标条件优越，同时本单位做过类似的工程，而且在企业任务不饱满的情况下，为了争取中标，可采取薄利保本策略，按较低的报价水平报价。

(5) 亏损报价。企业在某种特殊情况下，可以采取亏损报价。例如，企业无施工任务，为了减少更大的损失，争取中标；企业为了创牌子，采取先亏后盈的方法；企业实力雄厚，出于长远考虑，为了占领某一地区市场，采取以东补西的方法等。

(6) 服务报价。这种报价策略和上述几种不同，它不改变标价，而是扩大服务范围，以取得发包方的信任，争取中标。例如，扩大供料范围、延长保修时间、提高质量等级等。

第三节　建筑装饰工程投标报价计算实例

一、工程名称

某市金银首饰店装饰工程。

二、工程概况

(一) 室内装饰

顶棚轻钢龙骨胶合板吊顶，顶棚喷塑。

墙面木龙骨胶合板衬背，贴镜面玻璃并做造型。

地面：营业厅地面大理石，精品屋地面木地板，铺地毯。

主要材料预算价格，见表 13—1。

表 13—1 主要材料预算价格表

序号	材料名称及规格	单位	预算价格（元）
1	胶合板三层 4×6	m^2	9.50
2	白色铝合金型材	kg	21.45
3	铝合金卷帘机	套	2400.00
4	法国进口宝兰镜	m^2	89.25
5	白色镜面 δ=3mm	m^2	14.00
6	天然大理石 20 厚	m^2	132.44
7	地砖 200×200	块	1.42
8	防火板	m^2	64.30
9	红松小方 30×40（一等）	m^3	1066.79
10	红色金丝绒	m^2	28.78
11	水泥（425 号综合）	kg	0.19
12	万能胶	kg	10.23

（二）单价分析及总价汇总

单价分析表，见表 13—2。

表 13—2 分项工程单价分析表

分项工程名称			墙面木龙骨胶合板衬背		墙裙防火板贴面	
工料名称及规格	单位	单价	数量	合计（元）	数量	合计（元）
人工费	工日	7.11	0.35	2.49	0.27	1.92
红松小方 30×40（一等）	m^2	1066.79	0.017	18.14	0.012	12.80
胶合板三层 4×6	m^2	9.50	1.20	11.40	1.10	10.45
万能胶	kg	10.23	0.4	4.09	0.4	4.09
防火板	m^2	64.30			1.10	70.73
其它材料费			4%	1.35	1%	0.98
综合费				1.00		1.30
总 计				38.47		102.27

分项工程名称			墙面贴天然大理石		踏步贴天然大理石	
工料名称及规格	单位	单价	数量	合计（元）	数量	合计（元）
人工费	工日	7.11	0.485	3.45	0.697	4.96
天然大理石 20 厚	m^2	132.44	1.01	133.76	1.84	243.69
铁件	kg	2.02	0.34	0.69		
水泥 425 号综合	kg	0.19			28.03	5.38
其它材料费						1.00
机械使用费				0.83		1.49
综合费				1.54		0.86
总 计				140.27		257.38

工程报价单，见表 13—3、表 13—4。

总价汇总，见表 13—5。工程总报价：114000 元。

表 13—3　室内装饰工程报价单

序号	分项工程名称	单位	数量	单价（元）	合计（元）	人工费	
						单价（元）	金额（元）
1	墙面、墙裙木龙骨胶合板衬背	m^2	192	38.47	7386.24	2.49	478.08
2	墙面贴镜片造型	m^2	93	59.20	5505.60	1.95	181.35
3	木压线制安	m^2	168	5.97	1002.96	0.10	16.80
4	墙柜内软包造型	m^2	36	56.55	2035.80	2.29	82.44
5	木龙骨、胶合板刷防火涂料	m^2	172	10.41	1790.52	0.32	55.04
6	墙裙贴防火板	m^2	28	102.27	2863.56	1.92	53.76
7	墙裙刷油	m^2	20	8.02	160.40	3.31	66.20
8	地面贴地砖	m^2	42	41.08	1725.36	2.13	89.46
9	地板楞制安	m^2	0.42	987.93	414.93	18.27	7.67
10	木地板制安	m^2	22	38.52	847.44	0.24	5.28
11	地毯安装	m^2	22	37.77	830.94	1.70	37.40
12	踢脚线制安（木制）	m	34	8.50	289.00	0.40	13.60
13	天棚木龙骨胶合板吊顶	m^2	77	38.47	2962.19	2.56	197.12
14	天棚清油麻丝找平层	m^2	69	7.85	541.65	1.95	134.55
15	天棚滚涂高分子涂料	m^2	42	10.89	475.38	2.10	88.20
16	天棚灯井法国进口宝兰镜片	m^2	6	227.43	1364.58	13.06	78.36
17	天棚灯光片制安	m	6	25.56	153.36	5.24	15.25
18	天棚灯井立面贴白镜	m^2	4	39.15	156.60	3.31	13.24
19	天棚刷亚光漆	m^2	22	11.56	254.32	2.10	46.20
20	天棚不锈钢 L10×10	m	178	13.48	2399.44	2.53	450.34
21	天棚宝石贴镜片	m^2	4	59.33	237.32	2.15	8.60
22	暖气罩制安	m^2	25	40.17	1004.25	3.50	87.50
23	木花格屏封制安	m^2	16	45.84	733.44	2.47	39.52
24	暖气罩木花格制安	m^2	11	138.64	1525.04	2.36	25.96
25	月亮门柱制安（塑料）	m^2	6	8.10	48.60	2.14	12.84
26	细木工板月牙门口	m^2	30	56.83	1704.90	1.95	58.50
27	珠宝柜台制安	个	79	60.10	4747.90	2.58	203.82
28	金品展柜制安	m^2	16.5	328.18	5414.97	10.11	166.82
29	珠宝柜台裙贴柚木板	m^2	36	33.96	1222.56	2.15	77.4
30	原室内门、窗封砌、隔断拆除	m^2			673.00	483.29	
31	原窗内货厨制安	m^2	30	378.18	1136.80	11.82	345.60
32	电线配线	m	146	2.67	389.82	0.58	84.68
33	日光灯 40W 双管制安	套	23	65.70	1511.10	6.46	148.58
34	筒灯制安	套	8	11.26	90.08	3.05	24.40
35	吊杆灯	套	13	90.14	1171.82	20.43	265.59
36	石英射灯	套	24	80.13	1923.12	20.43	490.32
37	方牛眼灯	套	12	19.3	231.60	8.21	98.52
38	圆球灯	套	2	64.22	128.44	20.43	40.86
合　计					67263.03		4782.13

表 13—4　室外装饰工程报价单

序号	分项工程名称	单位	数量	单价（元）	合计（元）	人工费	
						单价（元）	金额（元）
1	玻璃钢地弹门制安	m^2	5	621.36	3106.80	37.83	189.15
2	铝合金地弹门制安	m^2	5	374.30	1871.50	14.07	70.35
3	铝合金卷帘机安装	套	2	2400	4800.00		
4	铝合金卷帘门、窗制安	m^2	12	83.12	997.44	3.86	46.32
5	不锈钢门柱制安	m^2	6	258.54	1551.24	4.81	28.86
6	不锈钢拉手制安	m	3	260.10	780.30	7.60	22.80
7	雨篷木龙骨胶合板外贴红色有机玻璃	m^2	3	227.43	682.29	12.87	38.61
8	阳台下嵌贴不锈钢板	m^2	8	189.10	1512.80	2.51	20.08
9	铝合金厨窗制安	m^2	7	325.60	2279.20	10.90	76.30
10	不锈钢厨窗柜	m^2	7	310.14	2170.98	8.35	58.45
11	牌扁角钢架制安	t	0.68	2724.70	1852.80	426.24	289.84
12	牌扁贴法国进口宝兰镜	m^2	7	227.43	1592.01	13.06	91.42
13	铁管装饰线制安	m	39	85.70	3342.30	5.43	211.77
14	墙面贴理石	m^2	8	140.27	1122.16	3.45	27.60
15	踏步贴理石	m^2	7	257.38	1801.66	4.96	34.72
16	铜字制安	个	11	250.00	2750.00	41.00	451.00
17	外脚手架	m^2	28	6.51	182.28	0.81	22.68
18	其它费用				142.00		
合　计					32537.76		1679.95

表 13—5　总价汇总表

序号	费用构成	计算式	金额（元）
(一)	直接费		102633.76
(1)	定额直接费		99800.79
A	定额人工费		6462.08
(2)	其它直接费		2832.97
①	二次倒运费	A×6%	387.72
②	生产工具、用具使用费	A×6.86%	443.30
③	检验、试验费	A×0.98%	63.33
④	预算包干费	A×30%	1938.62
(二)	间接费		6397.46
(3)	施工管理费	A×68%	4394.21
(4)	临时设施费	A×8%	516.97
(5)	劳动保险基金	A×9%	581.59
(三)	计划利润	A×14%	904.69
(四)	其它费用		498.42
(6)	定额内流动资金贷款利息	(一)×0.4%	410.54
(7)	房产税	A×1.36%	87.88
(五)	税金	[(一)+(3)+(三)+(四)]×3.38%	3665.24
	合　计		114099.57

复习思考题

1. 什么是建筑装饰工程投标报价？它有何特点？
2. 建筑装饰工程投标报价的依据是什么？
3. 建筑装饰工程投标报价的原则有哪些？
4. 建筑装饰工程投标报价的计算程序是什么？
5. 建筑装饰工程投标报价的准备工作有哪些？
6. 建筑装饰工程投标报价的策略和技巧有哪些？

附　　录

附录一

抹灰分层厚度及砂浆种类表

（一）抹石灰砂浆（A）

厚度:mm

项目			底层		中层		面层		总厚度
			砂浆	厚度	砂浆	厚度	砂浆	厚度	
天棚	普级	混凝土	混合砂浆 1:3:9	10	—	—	纸筋灰浆	2	12
		板条及其它木质面	石灰草筋浆 1:3	15	—	—	纸筋灰浆	2	17
	中级	混凝土	混合砂浆 1:3:9	9	混合砂浆 1:1:6	7	纸筋灰浆	2	18
		钢板网	石灰麻刀浆 1:3	7	石灰砂浆 1:2.5	7	纸筋灰浆	2	16
		板条及其它木质面	石灰麻刀浆 1:3	7	石灰砂浆 1:2.5	7	纸筋灰浆	2	16
	高级	混凝土	混合砂浆 1:3:9	7	水泥石灰麻刀浆 1:2:4	6	石膏浆	2	18
		钢板网	混合砂浆 1:3:9	9	混合砂浆 1:1:6	7	石膏浆	2	18
		板条及其它木质面	石灰麻刀浆 1:3	7	混合砂浆 1:3:9	9	石膏浆	2	18
	装饰线	三道内	石灰麻刀浆 1:3	13	—	—	纸筋灰浆	2	15
		五道内	石灰麻刀浆 1:3	18	—	—	纸筋灰浆	2	20
墙面		毛石墙	石灰砂浆 1:3	20	石灰砂浆 1:2.5	10	纸筋灰浆	2	32
	普通	砖墙	石灰草筋浆 1:3	16	—	—	纸筋灰浆	2	18
		混凝土墙	混合砂浆 1:3:9	7	石灰砂浆 1:2.5	10	—	—	17
		钢板网墙	石灰草筋浆 1:3	16	—	—	纸筋灰浆	2	18
		板条及其它墙	石灰草筋浆 1:3	16	—	—	纸筋灰浆	2	18

（一）抹石灰砂浆（B）

厚度:mm

项目			底层		中层		面层		面层		总厚度
			砂浆	厚度	砂浆	厚度	砂浆	厚度	砂浆	厚度	
墙面	中级	砖墙	石灰砂浆 1:3	9	石灰砂浆 1:3	9	—	—	纸筋灰浆	2	20
		混凝土墙	混合砂浆 1:3:9	8	混合砂浆 1:3:9	8	—	—	纸筋灰浆	2	18
		钢板网墙	混合砂浆 1:3:9	9	石灰砂浆 1:2.5	7	—	—	纸筋灰浆	2	18
		板条及其它墙	石灰麻刀浆 1:3	9	石灰砂浆 1:2.5	7	—	—	纸筋灰浆	2	18

续　表

项目			底层		中层		面层		面层		总厚度
			砂浆	厚度	砂浆	厚度	砂浆	厚度	砂浆	厚度	
墙面	高级	砖墙	石灰麻刀浆 1:3	10	石灰麻刀浆 1:3	8	水泥石灰麻刀浆 1:2:4	5	石膏浆	2	25
		混凝土墙	混合砂浆 1:3:9	8	石灰麻刀浆 1:3	8	水泥石灰麻刀浆 1:2:4	5	石膏浆	2	23
		钢板网墙	石灰麻刀浆 1:3	9	石灰砂浆 1:2.5	8	水泥石灰麻刀浆 1:2:4	5	石膏浆	2	24
		板条及其它墙	石灰麻刀浆 1:3	9	石灰砂浆 1:2.5	8	水泥石灰麻刀浆 1:2:4	5	石膏浆	2	24
梁柱	中级	混凝土梁柱	混合砂浆 1:3:9	9	混合砂浆 1:1:6	7	—	—	纸筋灰浆	2	18
		砖柱	石灰砂浆 1:3	8	石灰砂浆 1:3	8	—	—	纸筋灰浆	2	18
	高级	混凝土梁柱	混合砂浆 1:3:9	7	混合砂浆 1:1:6	7	水泥石灰麻刀浆 1:2:4	5	石膏浆	2	21
		砖柱	石灰砂浆 1:3	10	混合砂浆 1:1:6	7	水泥石灰麻刀浆 1:2:4	5	石膏浆	2	24
内墙	两遍石灰砂浆		石灰砂浆 1:2.5	20	—	—	—	—	—	—	20
外墙			石灰砂浆 1:2.5	18	—	—	—	—	—	—	18

(二) 抹水泥砂浆(A)

厚度:mm

项目			底层		面层		总厚度
			砂浆	厚度	砂浆	厚度	
天棚	钢板网		混合砂浆 1:3:9	10	混合砂浆 1:1:2	6	16
	混凝土	水泥砂浆	水泥砂浆 1:3	11	水泥砂浆 1:2	7	18
		混合砂浆	混合砂浆 1:3:9	11	混合砂浆 1:1:2	7	18
		水泥石灰砂浆一次抹面	—	—	混合砂浆 1:1:6	8	8
	预制板下勾缝		混合砂浆 1:1:6		—		—
墙面	砖墙	水泥砂浆	水泥砂浆 1:3	13	水泥砂奖 1:2:5	7	20
		混合砂浆	混合砂浆 1:3:9	13	混合砂浆 1:1:6	7	20
	混凝土墙	水泥砂浆	水泥砂浆 1:3	12	水泥砂浆 1:2.5	7	19
		混合砂浆一次抹面	—	—	混合砂浆 1:1:6	5	5
	轻质墙	水泥砂浆	混合砂浆 1:3:9	13	水泥砂浆 1:2.5	7	20
		混合砂浆	混合砂浆 1:3:9	13	混合砂浆 1:1:6	7	20
	毛石墙	水泥砂浆	水泥砂浆 1:3	20	水泥砂奖 1:2.5	12	32
		混合砂浆	混合砂浆 1:3:9	20	混合砂浆 1:1:6	12	32
	钢网墙	水泥砂浆	水泥砂浆 1:3	15	水泥砂浆 1:2	5	20
		混合砂浆	混合砂浆 1:1:6	15	混合砂浆 1:1:2	5	20
	内墙裙	砖墙	水泥砂浆 1:3	17	水泥砂浆 1:2.5	8	25
		石墙	水泥砂浆 1:3	20	水泥砂浆 1:2.5	12	32
	外墙裙	砖墙	水泥砂浆 1:3	17	水泥砂浆 1:2.5	8	25
		毛石墙	水泥砂浆 1:3	20	水泥砂浆 1:2.5	12	32
挑檐、天沟、腰线栏杆、扶手		水泥砂浆	水泥砂浆 1:3	14	水泥砂桨 1:2.5	8	22
		混合砂浆	混合砂浆 1:3:9	14	混合砂浆 1:1:6	8	22
窗台线、门窗套压顶及其它		水泥砂浆	水泥砂浆 1:3	17	水泥砂浆 1:2	8	25
		混合砂浆	混合砂浆 1:3:9	17	混合砂浆 1:1:6	8	25
梁柱		水泥砂浆	水泥砂浆 1:3	10	水泥砂浆 1:2	7	17
		混合砂浆	混合砂浆 1:3:9	10	混合砂浆 1:1:6	7	17

续 表

项目			底层		面层		总厚度
			砂浆	厚度	砂浆	厚度	
	阳台雨蓬	平面	水泥砂浆 1∶2	20	—	—	20
	阳台雨蓬	顶面	混合砂浆 1∶3∶9	10	纸筋灰浆	2	12
	阳台雨蓬	侧面	水泥砂浆 1∶3	15	水泥砂浆 1∶2	7	22
	黑板		水泥砂浆 1∶3	14	水泥砂浆 1∶2	8	22
	单刷素水泥浆		—	—		1	1
水刷石	墙面、墙裙		水泥砂浆 1∶3	15	水泥白石子 1∶1.5	10	25
水刷石	毛石墙裙		水泥砂浆 1∶3	20	水泥白石子 1∶1.5	10	30
水刷石	梁柱		水泥砂浆 1∶3	15	水泥白石子 1∶1.5	10	25
水刷石	桃檐、腰线、栏杆、扶手		水泥砂浆 1∶3	15	水泥白石子 1∶1.5	10	25
水刷石	窗台线、门窗套、压顶及其它		水泥砂浆 1∶3	17	水泥白石子 1∶1.5	10	27
水刷石	阳台雨蓬	平面	水泥砂浆 1∶2	20	—	—	20
水刷石	阳台雨蓬	顶面	混合砂浆 1∶3∶9	10	纸筋灰浆	2	12
水刷石	阳台雨蓬	侧面	水泥砂浆 1∶3	15	水泥白石子 1∶1.5	10	25
水刷石	豆石墙面墙裙		水泥砂浆 1∶3	15	水泥豆石 1∶1.5	10	25

（二）抹水泥砂浆(B)

厚度:mm

项目			底层		中层		面层		总厚度
			砂浆	厚度	砂浆	厚度	砂浆	厚度	
干粘石	墙面、墙裙		水泥砂浆 1∶3	15	水泥砂浆 1∶2	7	—	—	22
干粘石	毛石墙面、墙裙		水泥砂浆 1∶3	20	水泥砂浆 1∶2	7	—	—	27
干粘石	挑檐、腰线、栏杆、扶手		水泥砂浆 1∶3	15	水泥砂浆 1∶2	7	—	—	22
干粘石	窗台线、门窗套、压顶及其它		水泥砂浆 1∶3	17	水泥砂浆 1∶2	8	—	—	25
干粘石	梁柱		水泥砂浆 1∶3	15	水泥砂浆 1∶2	7	—	—	22
干粘石	阳台雨蓬	平面	水泥沙浆 1∶2	20	—	—	—	—	20
干粘石	阳台雨蓬	顶面	混合砂浆 1∶3∶9	10	—	—	纸筋灰浆	2	12
干粘石	阳台雨蓬	侧面	水泥砂浆 1∶3	15	水泥砂浆 1∶2	7	—	—	22
剁假石	墙面、墙裙		水泥砂浆 1∶3	16	—	—	水泥石屑 1∶2	10	26
剁假石	挑檐、腰线、栏杆、扶手		水泥砂浆 1∶3	16	—	—	水泥石屑 1∶2	10	26
剁假石	窗台线、门窗套、压顶及其它		水泥砂浆 1∶3	18	—	—	水泥石屑 1∶2	10	28
剁假石	梁柱		水泥砂浆 1∶3	14	—	—	水泥石屑 1∶2	10	24
剁假石	阳台雨蓬	平面	水泥砂浆 1∶2	20	—	—	—	—	20
剁假石	阳台雨蓬	顶面	混合砂浆 1∶3∶9	10	—	—	纸筋灰浆	2	12
剁假石	阳台雨蓬	侧面	水泥砂浆 1∶3	15	—	—	水泥石屑 1∶2	10	25
水磨石	墙面、墙裙		水泥砂浆 1∶3	16	—	—	水泥白石子 1∶2.5	12	28
水磨石	挑沿、腰线		水泥砂浆 1∶3	16	—	—	水泥白石子 1∶2.5	12	28
水磨石	窗台板、门窗套		水泥砂浆 1∶3	18	—	—	水泥白石子 1∶2.5	12	30
水磨石	厕所、蹲台、小便槽		水泥砂浆 1∶3	18	—	—	水泥白石子 1∶2.5	12	30
水磨石	梁柱		水泥砂浆 1∶3	16	—	—	水泥白石子 1∶2.5	12	28
涂刷及拉毛	墙面	石灰拉毛	水泥砂浆 1∶3	14	—	—	纸筋灰浆	6	20
涂刷及拉毛	墙面	水泥拉毛	混合砂浆 1∶3∶9	14	混合砂浆 1∶1∶2	6	—	—	20
涂刷及拉毛	天棚	石灰拉毛	混合砂浆 1∶3∶9	12	—	—	纸筋灰浆	6	18
涂刷及拉毛	天棚	水泥拉毛	混合砂浆 1∶3∶9	12	混合砂浆 1∶1∶2	6	—	—	18
涂刷及拉毛	混凝土外墙面喷涂		水泥砂浆 1∶3	1	混合砂浆 1∶1∶2	4	—	—	5
涂刷及拉毛	砖外墙喷涂		水泥砂浆 1∶3	15	混合砂浆 1∶1∶2	4	—	—	19
涂刷及拉毛	外墙滚涂	混凝土墙	水泥砂浆 1∶3	1	混合砂浆 1∶1∶2	4	—	—	5
涂刷及拉毛	外墙滚涂	加气条板墙	水泥砂浆 1∶3	1	混合砂浆 1∶1∶2	4	—	—	5
涂刷及拉毛	外墙滚涂	砖墙	水泥砂浆 1∶3	15	混合砂浆 1∶1∶2	4	—	—	19

续 表

项目			底层		中层		面层		总厚度
			砂浆	厚度	砂浆	厚度	砂浆	厚度	
镶贴面层	马赛克	墙面、墙裙	水泥砂浆 1∶3	16	水泥砂浆 1∶1	5	—	—	21
		池槽、其它	水泥砂浆 1∶3	17	水泥砂浆 1∶1	5	—	—	22
	水磨石板墙面、墙裙		水泥砂浆 1∶3	20	—	—	—	—	20
	磁砖	墙面、墙裙	水泥砂浆 1∶3	16	混合砂浆 1∶1∶2	8	—	—	24
		池槽、其它	水泥砂浆 1∶3	17	混合砂浆 1∶1∶2	8	—	—	25
	大理石板	人造墙面、墙裙	水泥砂浆 1∶2	20	—	—	—	—	20
		天然墙面、墙裙	水泥砂浆 1∶2	25	—	—	—	—	25
	面砖墙面		水泥砂浆 1∶3	17	混合砂浆 1∶1∶2	7	—	—	24

附录二

粉化石灰或石灰膏的石灰用量参考表

生石灰块末比例		每 $1m^3$	
		粉化石灰	石灰膏
块	末	生石灰需用量	
10	0	392.70	—
9	1	399.84	—
8	2	406.98	571
7	3	414.12	600
6	4	421.26	636
5	5	428.40	674
4	6	460.50	716
3	7	493.17	736
2	8	525.30	820
1	9	557.94	—
0	10	590.38	—

注：1. 每 $1m^3$ 生石灰（块 70%末 30%）的容重是按 1050kg 计算的；淋制每 $1m^3$ 石灰膏所需的生石灰是按 600kg 计算的，包括场内外运输损耗及淋化后的残渣均考虑在内。

2. 如石灰质量不同，可以进行调整。

附录三

喷涂、滚涂、弹涂水泥浆配合比

(一) 聚合物水泥色浆参考配合比表(重量比)

项目	白水泥	107 胶或二元乳液	水	颜料	六偏磷酸钠
头遍浆	100	20	50～60	适量	0.1
二遍浆	100	30	70	适量	0.1

（二）弹涂用色浆参考配合比表（重量比）

项目	水泥	水	107胶	颜料
刷底色浆	1	普通水泥 0.90	0.20	适量
		白水泥 0.80	0.13	
弹花点用色彩	1	普通水泥 0.55	0.14	适量
		白水泥 0.45	0.10	

注：1. 配合比可根据气温情况加以调整。

2. 107胶的含固量为10%～20%，比重为1.05，PH值为6～7，粘滞度为3500～4000厘泊。用陶瓷、玻璃容器贮运。

3. 普通水泥为325号。

（三）喷涂饰面砂浆参考配合比表（重量比）

项目	水泥	石灰膏	细骨料	107胶	六偏磷酸钠	颜料
波面	100	100	400	20	0.1	适量
	100	—	200	15	0.1	适量
	100	—	200	10	0.1	适量
	100	—	100	15	0.1	适量

（四）滚涂饰面砂浆参考配合比表（重量比）

项目	白水泥	普通水泥	细骨料	107胶	水	颜料	备注
灰色	100	10	100	22	33		要求较高
白色	100	—	100	20	33		可有二元乳
青色	—	100	100	20	33	氧化铬绿	液代替107胶

附录四

各色水磨石参考配合比表

（一）赭石色水磨石

主要材料(kg)			颜料(水泥重量%)	
紫红石子	黑子	白水泥	氧化铁红	氧化铁黑
160	40	100	2	4

（二）绿色水磨石

主要材料(kg)			颜料(水泥重量%)
绿石子	黑石子	白水泥	铬绿
160	40	100	0.50

注：铬绿可用群青及氧化铁黄配用。

（三）浅粉红色水磨石

主要材料(kg)			颜料(水泥重量%)	
红石子	白石子	白水泥	氧化铁红	氧化铁黄
140	60	100	适量	适量

（四）浅黄绿色水磨石

主要材料(kg)			颜料(水泥重量%)	
绿石子	黄石子	白水泥	氧化铁黄	铬绿
100	100	100	4	1.5

(五)浅桔黄色水磨石

主要材料(kg)			颜料(水泥重量%)	
黄石子	白石子	白水泥	氧化铁黄	氧化铁红
140	60	100	2	适量

(六)本色水磨石

主要材料(kg)		
白石子	黄石子	普通水泥 425 号
60	140	100

(七)白色水磨石

主要材料(kg)			
白石子	黄石子	黑石子	白水泥
140	40	20	100

注:各色石子可采用下列大理石子,紫红石子:铁岭红、紫豆瓣;黑石子:江南黑、墨王、大连黑、桂林黑;绿石子:丹东绿、莱阳绿、安庆绿;红石子:东北红;白石子:白云石、山东石;黄石子:桔香、锦黄、松香黄。

附录五

彩色水泥浆配合比

(一)彩色水泥砂浆颜料参考用量表(重量比)

色调		水泥	颜料	
红色	浅红	93	7	
	中红	86	14	
	暗红	79	21	
黄色	浅黄	95	5	
	中黄	90	10	
	深黄	85	15	
青色	淡青	93	3	4
	中青	86	7	7
	暗青	79	12	9
绿色	浅绿	95	5	
	中绿	90	10	
	暗绿	85	15	
棕色	浅棕	95	5	
	中棕	90	10	
	深棕	85	15	
紫色	浅紫	93	7	
	中紫	86	14	
	暗紫	79	21	
褐色	浅褐	94	4	2
	咖啡	88	7	5
	暗褐	82	9	9
黑色	浅	95	5	
	中	90	10	
	黑	85	15	

注:1. 各种色调可用单一颜料,也可用两种或数种颜料配制,本表中的青色砂浆是用群青和白色颜料配制,褐色砂浆是用氧化铁红和黑色颜料配成。

2. 如用混合砂浆或白水泥时,表列颜料用量酌减 60%~70%,但青色砂浆不需另加白色颜料。

3. 如用彩色水泥时,则不需加任何颜色直接按体积比:彩色水泥:砂=1:2.5~3,但砂子必须用同一产地的,否则粉饰的颜色不均。

(二)各种色浆调配用料参考表

色浆名称	用料比例		各色								备注
	名称	重量比	红	绿	黄	蓝	紫	棕	灰	米黄	
石灰色浆	块石灰	100								用黑色颜料	适用于内墙粉刷还可以加入12%的骨胶水
	食盐	7									
	颜料		1～3	0.5～2	0.5～2	0.5～2	1.5～2.5	1～2.5	0.3～0.8	0.1～0.4	
老粉色浆	老粉	100							用黑色颜料		适用于内外粉刷
	龙须菜	2.5									
	骨胶	4.5									
	颜料		1～3	0.5～2	0.5～2	0.5～2	1.5～2.5	1～2.5	0.3～0.8	0.1～0.4	
钛白粉色浆	大白粉	100							用黑色颜料		适用于内外粉刷
	龙须菜	2.5									
	骨胶	4.5									
	颜料		1～3	0.5～2	0.5～2	0.5～2	1.5～2.5	1～2.5	0.3～0.8	0.1～0.4	
银粉色浆	银粉	100									适用于内粉刷
	大白粉	2.5									
	骨胶	4.5									
	颜料		1～3	0.5～2	0.5～2	0.5～2	1.5～2.5	1～2.5	0.3～0.8	0.1～0.4	

注:不同质量的粉料,对色彩的深浅影响较大,应做样板确定。

附录六

水油粉、油漆配合比(重量比)

(一)水粉和油粉参考配合比表

水性粉		油性粉	
调配成份	比例(%)	调配成份	比例(%)
大白粉	60.5	大白粉	65
清水	36	松香水	30
颜料	0.5～3	颜料	0.5～3
骨胶	0.2～0.5	熟桐油	2
干燥时间(18℃)	4小时	干燥时间	3～4小时

(二)油漆配色参考表

所配色漆	红漆	黄漆	蓝漆	白漆	黑漆
奶白色		2		92	
奶黄色		3.5		96.5	
灰色				93.5	6.5
深灰色			2.5	90	7.5
绿色		45	55		
墨绿色		37	56		7
天蓝色		0.5	4.5	95	
海蓝色		3	21.5	75	0.5
紫红色	85		0.5		14.5
棕色	62	30			8
豆绿色		15	10	75	
肉红色	3.5	3.5	0.2	92.8	
粉红色	3.5			96.5	

注:表中各种色漆配方中以最多者为主色,最少者为次色,调配时应把次色加入主色内,不得相反。

(三)漆片调配参考配合比表

工艺方法	原料	重量比例(kg)
排笔刷	干漆片 酒精	0.2～0.25 1
揩布	干漆片 酒精	0.15～0.17 1
酒色(上色)	干漆片 酒精	0.1～0.12 1

(四)金、银粉漆参考配合比表

金粉漆		银粉漆	
组成材料	比例(%)	组成材料	比例(%)
银粉	35	银粉	30
清漆	61	清漆	65
松 香 水	4	松 香 水	5

附录七

各类油漆涂盖面积

(一)各色调合漆涂盖面积表

色调合漆	涂盖面积(g/m²)	色调合漆	涂盖面积(g/m²)
白色	160	黑色	≤40
马黄色	160	天蓝色	100
乳黄色	160	浅蓝色	100
正黄色	120	正蓝色	80
桔黄色	≤100	豆绿色	120
浅绿色	≤80	砂色	≤80
正绿色	≤80	栗皮色	≤50
深绿色	≤80	银灰色	≤120
酱色	≤60	中灰色	≤80
紫红色	≤130	深灰色	≤70
浅驼色	≤100	浅灰色	≤80
朱红色	≤130	铁红色	≤50
草绿色	≤70	紫棕色	≤50

(二)各色原漆涂盖面积表

各色铅油	涂盖面积(g/m²)	各色铅油	涂盖面积(g/m²)
特号白色	≤160	一号绿色	≤180
一号白色	≤200	一 号 朱 红 色	≤200
一号黑色	≤40	一 号 铁 红 色	≤60
一号黄色	≤150	一号灰色	≤70
一号蓝色	≤120		

铝合金门窗用料消耗参考指标

形式 / 外框尺寸 / 每100m² 洞口面积用量(kg) / 外框用料规格	单扇地弹门				有上亮单扇地弹门					
	850×2075	950×2075	850×2375	950×2375	850×2675 a=2100	950×2675 a=2100	850×2975 a=2400	950×2975 a=2400	850×2475 a=2075	950×2475 a=2075
方管 76.2mm×44.5mm×1.5mm	749.86	695.37	721.95	670.56	666.57	688.00	691.01	643.50	733.82	693.55
方管 76.2mm×44.5mm×2.0mm	836.65	775.16	807.00	750.47	748.92	776.39	784.67	730.17	831.06	778.20
方管 101.6mm×44.5mm×1.5mm	800.04	(745.99)	774.55	719.80	767.84	(718.18)	750.66	700.01	799.05	748.44
方管 101.6mm×44.5mm×2.0mm	914.11	846.50	883.63	820.03	822.84	848.86	867.09	807.42	922.69	858.14

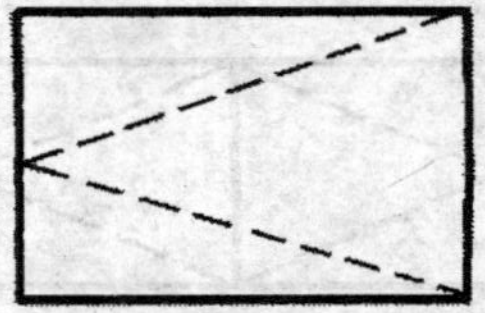

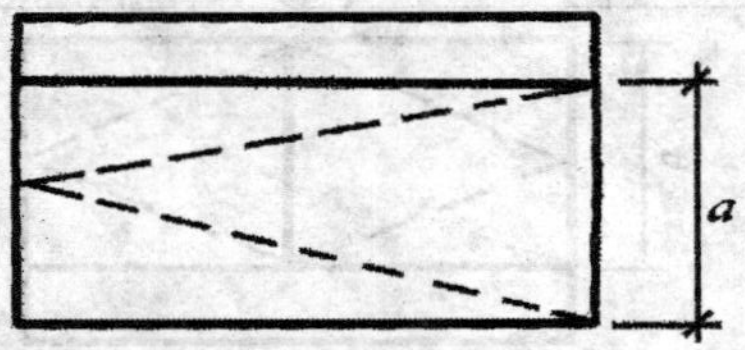

形式 / 外框尺寸 / 每100m² 洞口面积用量(kg) / 外框用料规格	双扇地弹门		有上亮双扇地弹门		
	1750×2075	1750×2375	1750×2475 a=2100	1750×2675 a=2100	1750×2975 a=2400
方管 76.2mm×44.5mm×1.5mm	641.19	614.04	628.06	595.36	577.91
方管 76.2mm×44.5mm×2.0mm	693.07	663.10	685.80	655.08	635.76
方管 101.6mm×44.5mm×1.5mm	(681.92)	654.09	645.24	(609.08)	591.68
方管 101.6mm×44.5mm×2.0mm	739.18	745.84	740.66	709.02	689.75

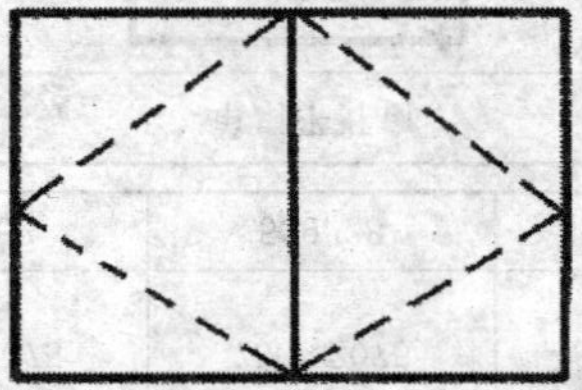

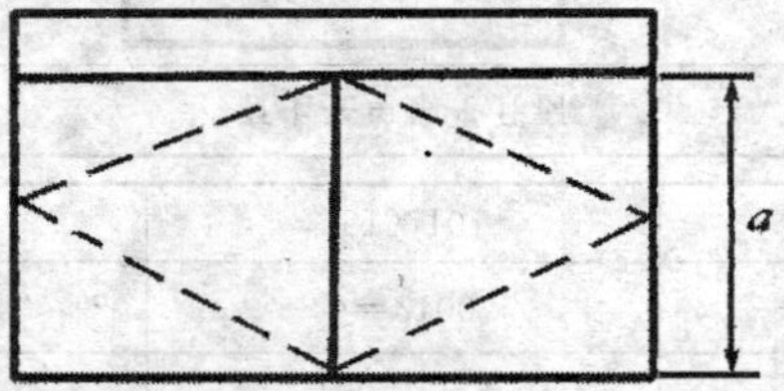

注:以上地弹门 101.6mm×44.5mm 方管,厚 1.5mm 为全国统一建筑装饰工程预算定额采用型材断面,括号中的数字,为定额采用同规格的数字。

续 表

形式 / 外框尺寸 / 每100m² 洞口面积用量(kg) / 外框用料规格	单扇平开门			有上亮单扇平开门		
	650×2075	750×2075	850×2075	650×2575 a=2100	750×2575 a=2100	850×2575 a=2100
38系列	585.52	539.28	503.32	557.42	515.10	482.19

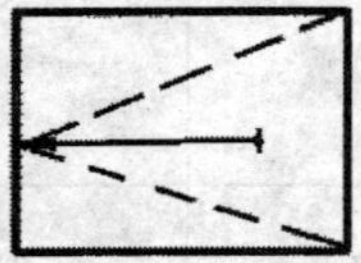

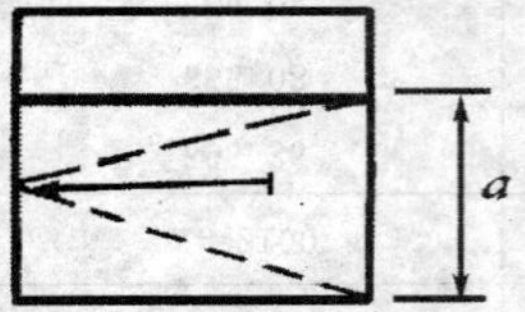

形式 / 外框尺寸 / 每100m² 洞口面积用量(kg) / 外框用料规格	单扇平开窗			有上亮单扇平开窗				
	550×550	550×850	550×1150	550×850 a=550	550×1150 a=850	550×1450 a=1150	550×1750 a=1150	550×2050 a=1400
38系列	716.19	609.78	(550.58)	648.08	585.30	547.63	438.52	370.59

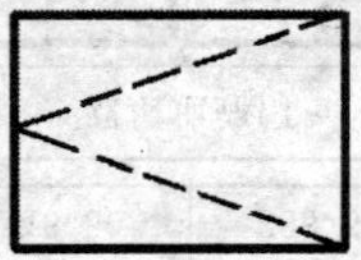

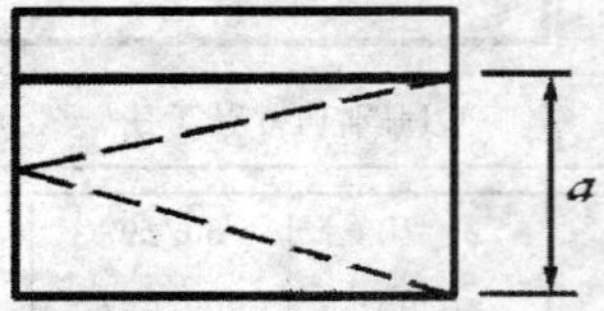

形式 / 外框尺寸 / 每100m² 洞口面积用量(kg) / 外框用料规格	双扇平开窗				有上亮双扇平开窗					
	850×550	850×850	850×1150	1150×1150	850×1150 a=850	850×1450 a=850	850×1750 a=1150	1150×1450 a=850	1150×1550 a=1150	1150×1750 a=1150
38系列	842.51	723.49	670.78	(554.49)	656.91	550.77	544.42	471.86	502.40	(457.30)

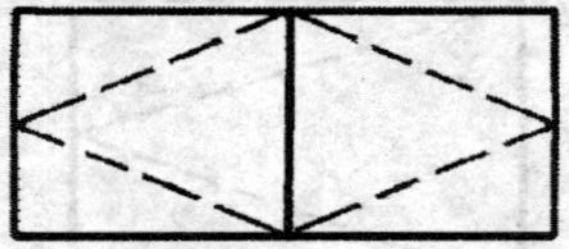

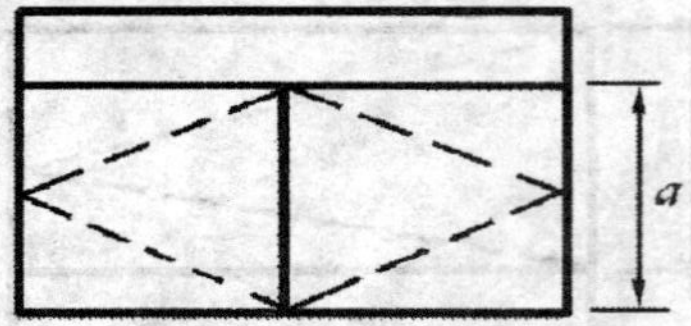

形式 / 每100m²洞口面积用量(kg) / 外框尺寸 / 外框用料规格	双扇推拉窗									
	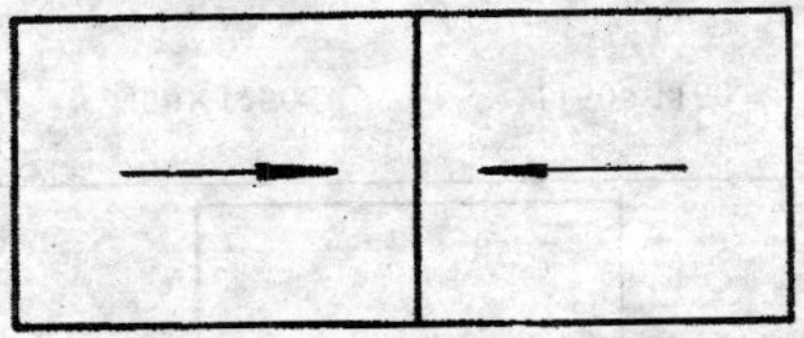									
	1150×1150	1150×1350	1150×1450	1150×1550	1450×1150	1450×1350	1450×1450	1450×1550	1750×1150	1750×1350
60系列1.25～1.3mm厚	369.20	347.46	338.13	332.36	327.02	305.74	297.15	289.37	300.94	278.44
70系列1.3mm厚	439.00	419.54	408.54	400.13	397.42	370.06	360.70	350.24	366.16	338.44
90系列1.35～1.4mm厚	660.57	631.89	617.21	604.37	595.46	557.46	542.26	528.96	546.74	507.84
90系列1.5mm厚	777.18	734.95	715.81	698.70	687.92	645.05	(633.60)	613.21	631.78	587.23

形式 / 每100m²洞口面积用量(kg) / 外框尺寸 / 外框用料规格	双扇推拉窗					三扇推拉窗				
	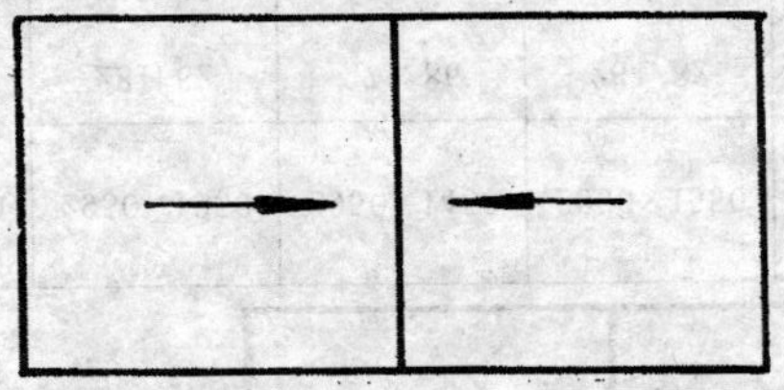					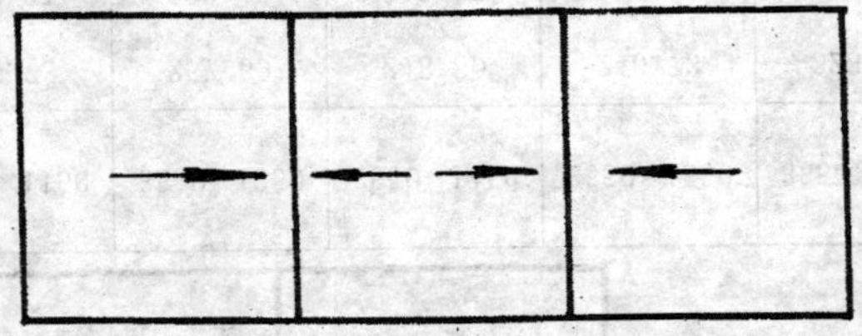				
	1750×1450	1750×1550	2050×1350	2050×1450	2050×1550	2950×1150	2950×1350	2950×1450	2950×1550	2950×1750
60系列1.25～1.3mm厚	268.79	261.83	257.92	250.07	242.10	274.23	251.28	242.39	235.29	221.80
70系列1.3mm厚	327.06	318.34	314.40	303.86	291.11	307.21	309.12	297.52	287.69	250.48
90系列1.35～1.4mm厚	492.29	529.54	472.41	456.60	442.77	503.81	463.83	447.84	433.83	410.51
90系列1.5mm厚	568.79	554.63	545.12	528.23	511.03	582.59	537.47	(522.05)	502.98	476.98

续 表

形式 / 外框尺寸 / 每 100m² 洞口面积用量(kg) / 外框用料规格	四扇推拉窗									
	2950×1150	2950×1350	2950×1450	2950×1550	2950×1750	3550×1150	3550×1350	3550×1450	3550×1550	3550×1750
60 系列 1.25～1.3mm 厚	303.44	281.62	271.86	264.82	252.39	279.73	257.69	248.80	240.73	228.18
70 系列 1.3mm 厚	376.94	349.89	338.40	328.65	312.62	348.71	320.45	308.85	299.01	282.82
90 系列 1.35～1.4mm 厚	571.48	532.56	516.99	503.38	480.69	526.74	487.09	471.24	457.37	440.97
90 系列 1.5mm 厚	666.09	622.24	605.12	(568.79)	663.45	611.96	567.26	549.40	534.04	507.20

形式 / 外框尺寸 / 每 100m² 洞口面积用量(kg) / 外框用料规格	单孔固定窗					
	550×550	550×1150	550×1750	1150×1150	1150×1750	1750×1750
38 系列	381.07	295.08	266.15	199.52	167.79	135.01
方管 76.2mm×44.5mm×1.5mm	—	—	572.87	429.65	361.15	290.59

续 表

形式 / 外框尺寸 / 每 $100m^2$ 洞口面积用量(kg) / 外框用料规格	双孔固定窗							
	1150×850	1150×1150	1150×1450	1450×850	1450×1450	1750×850	1750×1150	1750×1450
38 系列	283.29	266.81	286.33	226.63	231.96	258.29	226.36	207.19
方管 76.2mm×44.5mm×1.5mm	—	—	—	563.19	454.07	519.14	449.85	426.80

注:38 系列外框 0.408kg/m,中框 0.676kg/m,压线 0.176kg/m。方管 76.2mm×44.5mm×1.5mm,0.9675kg/m,压线 0.15kg/m。

附录九

墙面墙裙饰面基层木龙骨各种规格含量表

顺序	材料名称	规格(mm×mm)	中距(mm×mm)	每 100m² 面积含量(m³)
一	双向木龙骨	24×30	450×450	0.387
	双向木龙骨	25×40	450×450	0.537
	双向木龙骨	30×40	450×450	0.645
	双向木龙骨	40×40	450×450	0.860
	双向木龙骨	40×50	450×450	1.075
二	单向木龙骨	24×30	450×450	0.200
	单向木龙骨	25×40	450×450	0.277
	单向木龙骨	30×40	450×450	0.333
	单向木龙骨	25×50	450×450	0.347
	单向木龙骨	40×40	450×450	0.444
	单向木龙骨	40×50	450×450	0.555
三	双向木龙骨	24×30	500×500	0.343
	双向木龙骨	25×40	500×500	0.477
	双向木龙骨	30×40	500×500	0.572
	双向木龙骨	25×50	500×500	0.596
	双向木龙骨	40×40	500×500	0.763
	双向木龙骨	40×50	500×500	0.953
四	单向木龙骨	24×30	500×500	0.175
	单向木龙骨	25×40	500×500	0.243
	单向木龙骨	30×40	500×500	0.2991
	单向木龙骨	25×50	500×500	0.303
	单向木龙骨	40×40	500×500	0.388
	单向木龙骨	40×50	500×500	0.485

注:设计图纸的基层木龙骨规格中距不同时,可按本表相应的规格换算,但人工、机械不允许换算。

附录十

全国主要高级宾馆建筑技术经济指标

项　目	北京饭店	燕京饭店	建国饭店	华都饭店	香山饭店	上海宾馆	金陵宾馆
地点	北京	北京	北京	北京	北京	上海	南京
建筑体系	框剪	大模	大模	大模	砖混	内筒外框	内筒外框
建筑面积(m²)	93 900	40 725	29 615	43 647	36 572	44 600	58 690
用地面积(m²)	9 030	8 042	10 978	25 200	28 875	10 200	25 000
用地系数(%)	10	5.1	2.7	1.7	1.3	4.4	2.3
客房间数	695	574	527	541	327	608	804
床位数	1 166	1 030	972	1 114	586	1 208	1 288
建筑面积数间(m²)	135	71	56	80	112	73	73
地上层数	18	20	5—10	5—6	3—4	26	37
总高(m)	80	67	15.28	23	15	91	111
客房层高(m)	3.9	2.9	2.6	2.9	3.0	3.0	2.7

续 表

项　　目	北京饭店	燕京饭店	建国饭店	华都饭店	香山饭店	上海宾馆	金陵宾馆
开间(m)	4.65	3.34	3.8	3.9	4.25	3.75	4.05
进深(m)	5.3	5.1	5.3	5.1	6.0	4.9	5.15
净面积(m^2)	22.5	15.4	18.6	18.5	21.1	16.9	20
开工年月	1973.3	1978.12	1980.7	1980.8	1980.7	1980.7	1980.3
竣工年月	1974.6	1980.12	1982.3	1982.4	1982.9	1983.4	1983.4
总工期(月)	15.8	24.7	20.6	20.2	26.2	33	36
总投资(万元)	8 421	—	3 790	2 865	6 260	4 200	7 328
每间投资(万元/间)	12.1	—	7.2	7.1	19.1	6.9	9.1
建筑造价(元/m^2)	6 364	1 830	1 801	2 569	3 579	3 067	4 582
单方造价(元/m^2)	676	449	608	589	979	689	781
其中:土建(元/m^2)	452	257	395	404	690	418	388
钢材(kg/m^2)	166	66	61	92	50	115	75
水泥(kg/m^2)	406	254	286	232	291	382	—
电梯(部)	13	6	6	5	8	10	12
每 1m^2 用工(工日)	23.4	7.4	8.4	8.4	20	—	13
其中:土建(工日)	19.9	5.9	7.0	6.2	13.4	8.2	10

续 表

白云宾馆	白天鹅宾馆	中国大酒家	晴山饭店	西安饭店	国际饭店	苏州饭店	姑苏饭店
广州	广州	广州	武汉	西安	郑州	苏州	苏州
框剪	大模	滑模	内筒外框	框剪	框剪	框架	轻钢板墙
58 601	92 000	155 993	22 504	22 869	22 775	16 142	6 048
25 000	30 000	17 357	17 820	21 150	26 800	—	
2.3	2.9	9.0	1.3	1.1	0.9	—	—
721	1 014	1 203	327	287	264	151	110
1 194	1 760	2 400	572	552	506	300	220
81	91	105	69	81	86	107	60
33	31	19	23	13	14	3	2
112	102	60	89	52	56	39	7
3.3	2.8	2.75	3.1	3.1	3.0	3.2	2.7
4.0	4.0	4.0	3.8	—	3.6	4.0	4.5
5.2,7.2	6.2	5.0	4.5	—	4.8	4.6	3.6
18.8	17—18	18	15	15.3	14.5	16.1	15.6
74	79.11	81.7	79.11	79.5	78.11	76.12	79.7
77	83.2	—	—	81.12	81.6	79.4	80.2
36	39	—	—	31	32	28	7
—	—	—	2 260	1 736	1 562	731	530
—	—	—	6.9	7.6	5.9	4.8	4.8
—	—	—	1 697	1 427	1 296	698	46.2
—	—	—	754	624	508	432	—
—	—	—	493	414	305	165	—
73	68	94	102	56	59	80	—
306	232	315	449	233	225	150	—
9	10	18	6	4	4	2	—
15.5	21	—	—	11.2	13.6	—	—
9.5	13	—	—	8.5	10.2	4.2	—

附录十一

近期高层建筑技术经济指标

(一)公寓、住宅工程

项目		青年公寓	高层住宅	高层住宅	高层住宅
建筑面积(m^2)		11 626	21 521	12 059	8 268
层数		18	18	7—19 (地下二层)	18
结构		混合结构	内浇外挂	框架	内浇外挂
单方造价(元/m^2)		310	372	352	330
主要材料消耗(m^2)	钢材(kg)	52	78	40	85
	木材(m^3)	0.067	0.051	0.046	0.062
	水泥(kg)	239	292	261	283
	沥青(kg)		1.39	1.49	4.60
	油毡(m^2)				
	玻璃(m^2)		0.32	0.50	0.56

(二)贸易楼工程

项目		汽车配件贸易楼	畜产品贸易楼	农副产品贸易楼	农垦贸易楼
建筑面积(m^2)		18 860	12 385	22 850	16 300
层数		18	13	4—18	21
结构		框架	框架	框架	框剪
单方造价(元/m^2)		530	385	600.7	522.6
主要材料消耗(m^2)	钢材(kg)	112	76	79	80
	木材(m^3)	0.104	0.052	0.031	0.040
	水泥(kg)	315	351	293	350
	沥青(kg)	3.06	4.13	2.19	5.03
	油毡(m^2)				
	玻璃(m^2)	0.50	0.41	0.27	0.35

(三)综合楼工程

项目		旅游大楼	综合服务楼	工业综合楼	邮政综合楼
建筑面积(m^2)		19 333	16 109	10 011	9 000
层数		17	14	12	7—15
结构		混合结构	框架	框剪	框混
单方造价(元/m^2)		596	485.5	325	375
主要材料消耗(m^2)	钢材(kg)	77	65	45	40
	木材(m^3)	0.044	0.055	0.031	0.044
	水泥(kg)	347	275	230	222
	沥青(kg)	5.12	2.98	1.50	5.33
	油毡(m^2)	1.96			
	玻璃(m^2)	0.49	0.45	0.34	0.40

(四)商店、饭店工程

项目		百货大楼	百货商店	交易中心	营业饭店	旅游饭店
建筑面积(m^2)		20 149	9 003	12 132	4 221	12 240
层数		6	5	21	7	14
结构		混合	混合	混合	混合	框架
单方造价(元/m^2)		558	445	495	334	448
主要材料消耗(m^2)	钢材(kg)	90	68	46	45	53
	木材(m^3)	0.029	0.040	0.035	0.053	0.048
	水泥(kg)	285	230	206	176	240
	沥青(kg)	7.05	3.55	1.65	2.13	2.81
	油毡(m^2)	2.49	1.24	0.25	0.47	
	玻璃(m^2)	0.36	0.29	0.49	0.67	0.45

(五)剧场、教学楼、科技楼工程

项目		剧场	教学楼	办公楼	科技楼
建筑面积(m^2)		5 170	19 003	11 262	11 860
层数		2	7	15	12
结构		钢混	混合	框架	框剪
单方造价(元/m^2)		597	360	520	364
主要材料消耗(m^2)	钢材(kg)	94	33	92	72
	木材(m^3)	0.123	0.121	0.091	0.047
	水泥(kg)	358	248	315	265
	沥青(kg)	9.28	2.74	1.78	3.04
	油毡(m^2)	2.40	8.42		
	玻璃(m^2)	0.26	0.48	0.42	0.52

附录十二

有装饰的民用建筑造价指标

工程名称	结构类别	单方造价（元/m^2）	备注
(一)宿舍、住宅			
多层宿舍	砖混结构	275—286	室内装饰标准略高
高层青年公寓	内模外挂板	420—450	室内装饰标准略高
多层住宅	砖混结构	290—300	室内装饰标准略高
板式高层住宅	内模外挂板	430—450	室内装饰标准略高
塔式高层住宅	内模外挂板	450—470	室内装饰标准略高
(二)学校、幼托			
教学楼	框架结构	570—600	装饰标准略高
图书馆	框架结构	570—800	装饰标准略高
托儿所	砖混结构	340—370	装饰标准略高
(三)科研办公			
办公楼	框架结构	570—650	装饰标准略高
科技馆	框架结构	820—910	装饰标准略高
科研楼	框架结构	610—670	装饰标准略高
报告厅	框架结构	690—750	装饰标准略高
(四)医院			
综合医院	框架结构	610—680	装饰标准略高
病房楼	框架结构	570—660	装饰标准略高
(五)商业建筑			
商业楼	框架结构	550—600	装饰标准略高
综合商业楼	框架结构	610—720	装饰标准略高
书店营业楼	框架结构	580—710	装饰标准略高
(六)服务业建筑			
社会旅馆	砖混结构	350—400	室内装饰标准略高
社会旅馆	框架结构	660—770	室内装饰标准略高
高层招待所	框架结构	530—580	室内装饰标准略高
旅游饭店	框架结构 框架结构	1,500—1,700	中等标准、包括部分国外材料价格
旅游饭店	框架结构	2,100—2,300	较高标准、包括部分国外材料价格
综合服务楼	框架结构	570—600	装饰标准略高
营业饭店	混合结构	450—480	室内装饰标准略高
(七)文体建筑			
剧场		775—865	有空调
电影院		605—960	有空调
排演场		740—780	有空调
体育馆		880—990	标准高些
游泳馆		1,000—1,200	标准高些
俱乐部		605—690	标准高些
展览馆		715—780	标准高些
游艺厅		525—570	室内装饰较高

基本建设统计资料〔摘录〕

(一)基本建设百万元投资参考指标

序号	项目	投资分配 %						百万加指标		百万元指标建筑工程								
		建筑工程			设备及安装工程		其它	标准设备	非标准设备	钢筋	型钢	钢管	原木	水泥	石灰	砖	黄砂	碎石
		工业建筑	民用建筑	厂外工程	设备	安装		(t)	(t)	(t)	(t)	(t)	(m^3)	(t)	(t)	(千块)	(t)	(t)
1	冶金工业	33.4	3.5	1.3	48.2	5.7	7.9	148	82	66	62	29	208	496	27	328	2050	3500
2	电工器材工业	27.7	5.4	0.8	51.7	2.2	12.2			82	78	35	162	574	35	736	2810	3140
3	石油工业	22	3.5	1	50	10	13.5	189	154	108	30	125	305	324	20	416	3560	3150
4	机械制造工业	27	3.9	1.3	56	2.3	9.5	162	34	89	75	59	222	653	36	664	3680	4070
5	化学工业	33	3	1	46	11	9	169	61	79	74	41	230	552	49	784	3640	4260
6	建筑材料工业	35.6	3.1	3.5	50	2.8	7.8	242	43	95	34	19	236	589	27	320	3380	4070
7	轻工业	25	4.4	0.5	55	6.1	9			94	11	25	228	664	59	856	3560	3840
8	电力工业	30	1.6	1.1	51	13	3.3	95	43	55	50	39	209	363	19	296	1910	2650
9	煤炭工业	41	6	2	38	7	6	46	13	67	38	46	323	424	23	296	2580	2740
10	食品工业(冻肉厂)	55	3	0.5	30	9	2.5	85		150	21	31	287	960	43	560	3580	5110
11	纺织工业(棉纺厂)	29	4.5	1	53	4	8.5			70	5	14	246	864	70	480	3930	4310

(二)建筑工程每万元或每百平方米消耗工料指标

项目		人工及主要材料																	
		人工	水泥	钢材	模板	成材	砖	黄砂	碎石	毛石	石灰	白铁皮	玻璃	油毛毡	电焊条	铁钉	铁丝	沥青	油漆
		工日	t	t	m^3	m^3	千块	t	t	t	t	m^2	m^2	m^2	kg	kg	kg	kg	kg
工业与民用建筑综合	每万元	308	2.65	13.21	1.62	1.43	15.62	44	43	8	1.62	3	17	100	21	17	16	220	11
	$100m^2$	315	3.04	13.57	1.69	1.44	14.76	44	46	8	1.48	4	18	110	27	18	18	240	11
一、工业建筑	每万元	300	3.16	12.60	1.55	1.24	10.68	40	45	8	1.00	3	16	114	32	17	20	250	7
	$100m^2$	340	3.94	14.45	1.82	1.43	11.56	46	51	10	1.02	4	18	133	42	20	24	300	7
二、民用建筑	每万元	318	1.87	14.11	1.72	1.70	23.04	48	41	7	2.63	4	19	74	5	16	9	180	14
	$100m^2$	277	1.68	12.24	1.50	1.48	19.58	42	36	6	2.63	4	17	67	5	15	9	160	13

（三）每百平方米、每万元工业和民用建筑工程平均综合材料消耗

类别	结构	计量单位	钢筋 (t)	钢管 (t)	型钢 (t)	木材 (m^3)	水泥 (t)	砖 (千块)	瓦 (块)	石子 (m^3)	砂 (m^3)	毛石 (m^3)	石灰 (t)	沥青 (t)	油毡 (m^2)	铁皮 (m^2)	8 * 铁丝 (t)	电焊条 (t)	铁钉 (t)	玻璃 (m^2)	油漆 (t)	电线 (m)	暖气片 (片)
工业	钢混	万元	0.954	0.467	2.387	6.545	11.24	13.55		23.9	28.95	7.2	0.64	0.73	283	4.2	0.016	0.073	0.002	18	0.009	154	31
		100m²	1.24	0.84	3.1	8.5	14.6	17.6		31	37.6	10	0.83	0.945	368	5.4	0.021	0.095	0.003	23	0.012	200	40
	混合	万元	1.679	0.4	0.78	4.8	9.8	14.5		21	30.1	13.5	0.6	0.8	320	4.1	0.023	0.024	0.006	22	0.004	113	56
		100m²	1.93	0.46	0.9	5.5	11.52	16		24	34.6	15	0.7	0.945	368	4.7	0.026	0.028	0.007	24.5	0.005	130	64
	砖木	万元	0.238	0.113	0.013	9.4	4.20	31.3	2550	15	31.3	45	4		180	2.1	0.01		0.038	25	0.008	108	60
		100m²	0.19	0.095	0.01	7.5	3.3	25	2000	12	25	36	3		144	3.5	0.008		0.03	20	0.006	86	40
民用	混合	万元	1.525	0.307	0.037	7.08	10.9	25.62		35.3	39	15.8	5.5	0.75	298	6.6	0.029		0.012	24.4	0.007	146	44
		100m²	1.25	0.252	0.03	5.8	9.1	21		29	32	13	4.5	0.615	145	5.4	0.024		0.01	20	0.006	120	36
	砖木	万元	0.216		0.015	12.7	4.8	35.3	3080	17	35.4	52.4	6.47		222	4.9	0.011		0.048	33.8	0.01	116	
		100m²	0.14		0.01	8.3	3.1	23	2000	11	23	34	4.2		144	3.2	0.007		0.031	22	0.006	75	

注：1. 屋面防水按三毡四油考虑的（工业部分）。

2. 门窗是按木制考虑的。

3. 工业窗按单层考虑。民用窗按双层考虑。

(四)各类建筑工程每平方米耗用人工(单位:工日)

工程类别 / 结构层数 / 工种	24班中学	12班小学	家属宿舍	锅炉房	厂房	厂房(带生活楼)	装配厂房	库房	单身宿舍	砖烟囱
	混合结构 4 层	混合结构 3 层	混合结构 5 层	混合结构 单 层	混合结构 单 层	混合结构 单 层	3 层	混合结构 单 层	混合结构 5 层	高 32m (每1m用工)
普通工	0.97	0.699	1.06	0.72	0.52	0.688	0.89	0.483	1.2	4.86
油毡工	0.03	0.067	0.002	0.001	0.07	0.025	0.012		0.02	
抹灰工	0.62	0.683	0.55	0.27	0.22	0.131	0.504	0.065	0.69	0.21
瓦　工	0.40	0.287	0.33	0.50	0.28	0.057	0.196	0.22	0.56	5.32
白铁工	0.01	0.012	0.01	0.013	0.002	0.030	0.002	0.008	0.01	
木　工	0.69	0.693	0.34	0.51	0.66	0.713	0.442	0.184	1.14	0.15
油漆工	0.15	0.176	0.23	0.07	0.14	0.104	0.135	0.041	0.15	0.08
玻璃工	0.004	0.007	0.004	0.003	0.012	0.015	0.013	0.0033	0.01	
架子工	0.19	0.20	0.161	0.25	0.19	0.066	0.052	0.23	0.29	6.0
电焊工	0.005	0.004	0.014	0.002	0.16	0.014	0.08	0.0004	0.10 0.13	
钢筋工	0.09	0.089	0.06	0.089	0.22	0.083	0.072	0.10		
起重工	0.08		0.08	0.07	0.10	0.079				
水暖工	0.28	0.264	0.25	1.02	0.04				0.20	
电　工	0.11	0.076	0.09	0.17				0.01	0.05	
混凝土工	0.42	0.437	0.31	0.06	0.36	0.438	0.355	0.0864	0.30	0.71
石　工	0.005	0.0085					0.001		0.01	
合　计	4.06	3.702	3.49	4.29	2.97	2.45	2.77	1.33	4.77	17.43

附录十四

《全国统一建筑装饰工程预算定额》项目划分

分部(章)	定额编号	项目			细目、子目、步距	计量单位	工作内容	说明
一、楼地面工程	1001～1017	找平面	水泥砂浆(厚 20mm)		1∶2、2.5、3、4～厚增减 5mm 基层:填充材料,砼或硬基	100m²	清理、制备、灌筑、抹平、压实养护	配比不同可以调整
			沥青砂浆(厚 20mm)		厚度增减 5mm			
			细石混凝土(厚 20mm)		厚度增减 5mm			
	1018～1050	整体面层	水泥砂浆(厚 20mm)		楼地面、楼梯、阶台、防滑坡道、踢脚线			
			加浆随打随抹		厚 5、各种基层		清理、制备、灌筑、抹平、压光(磨光、打蜡)、(嵌条)、养护	①楼地面、楼梯(除菱苦土)均含踢脚线 ②踢脚线项目仅用于单独施工 ③菱苦土、现浇水磨石均含酸洗、打蜡、上光
			水泥豆浆		楼地面、楼梯～厚度调整			
			菱苦土楼地面					
			水磨石	楼地面	有无嵌条～配比 1∶1.5 1∶2 ～色彩～厚度			
				踢脚线				
				楼　梯	分色、不分色～配比 1∶1.5 1∶2			
				台　阶	配比 1∶1.5、1∶2			
				金属嵌条		100m		
			防滑条		金刚砂、金属板条、缸砖			
	1051～1115	块料面层及饰面	大理石		楼地面、楼梯、踢脚板、台阶、零星项目	100m²	清理、制备、刷素浆、粘贴、擦缝、净面、(打蜡、上光)、预埋	①楼地面不含踢脚板;当踢脚板高;H>300mm 时、作为墙面台度套价 ②酸洗、打蜡上光另列单项 ③主材单价可调整、但耗量不变
			花岗岩					
			预制水磨石		楼地面、楼梯、台阶、踢脚板			
			彩釉砖					
			水泥花砖		楼地面、台阶			
			缸砖		楼地面(勾缝、不勾缝)、楼梯、台阶、零星			
			马赛克		楼地面、台阶、踢脚板～拼花不拼花			
			楼地面拼碎块料		大理石、花岗岩、水磨石			
			镭射玻璃		楼地面			
			凸凹假麻石块		楼地面、楼梯、台阶			
			玉石板楼地面		汉白玉、蓝田玉			
			块料面层打蜡		楼地面、楼梯台阶			
			塑料板		楼地面、踢脚板			
			卷材楼地面		橡胶板、塑料卷材			
			木板	楼地面 板条硬木	企口、平口～木楞上、毛地板上	100m²	清理、配料、制安(含龙骨、撑、楞、毛板)、打磨、净面等	木材用料及树种可换算
				楼地面 硬木拼花	(粘贴)～水泥面、毛地板上			
				木踢脚板				
				硬木地板砖				
			防静电楼地板		木质、铝质			
		块料面层	地毯	楼地面	不固定～固定(单层、双层)	100m²	清理、放样、配料、拼接、固定、清扫	主材单价可调整
				楼梯	满铺(带胶垫、无胶垫)～不满铺			
				配件安装	压棍、压板	10 套/10m		
	1116～1132	扶手、栏杆、栏板	铝合金管扶手		铝合金栏杆；有机玻璃栏板、茶色半玻栏板、茶色全玻栏板	10m	预埋、配料、加工、安装	
			不锈钢管扶手		不锈钢栏杆；有机玻璃栏板、茶色半玻栏板、茶色全玻栏板			
			塑料扶手		型钢栏杆			
			钢管扶手		型钢栏杆			
			木扶手		木栏杆			
			靠墙扶手		不锈钢管、铝合金扁管、钢管、塑料、硬木			

续 表

分部(章)	定额编号	项目			细目、子目、步距	计量单位	工作内容	说明
二、墙柱面工程	2003～2071	一般抹灰	石灰砂浆	墙面、墙裙	二、三、四、遍～砖墙、砼墙、轻质墙、钢板网	$100m^2$	清理、润面、补洞、分层抹灰、找平、压光、清扫	①含洞口侧面、护角线 ②砂浆配比不同可调整，抹灰厚度也可按实调整
				独立柱面	矩形、多边形、圆形～砖柱、砼柱			
				二底纸筋灰	外砖墙、内砖墙			
				外墙粗砂灰	（二遍）～分格、不分格			
				其它	一遍成活、毛石墙面、零星、装饰线（100m）	$100m^2$ /100m		
			水泥砂浆	墙面、墙裙	砖面、砼墙、毛石墙、钢板网、轻质墙	$100m^2$		
				独立柱面	矩形、多边形、圆形～砖柱、砼柱			
				其它	零星、装饰线（100m）			
			混合砂浆	墙面、墙裙	砖墙、砼墙、毛石、钢板网、轻质墙	$100m^2$		
				独立柱面	矩形、多边形、圆形～砖柱、砼柱			
				其它	零星、装饰线（100m）			
			其它砂浆	石膏砂浆	砖墙柱、砼墙柱、零星、装饰线 100m			
				TG 砂墙	（墙面、墙裙）加气砼条板、加气砼砂块			
				石英砂浆	（搓砂墙面分格、不分格）			
				珍珠岩砂墙	（墙面、墙裙砖墙、砼墙）			
			调整	抹灰厚度	（增减 1mm）各种砂浆			
				墙面做法	（工艺调增）光变毛面、嵌条、分格、压线			
			水泥砂浆勾缝		砖墙、石墙～凹缝、凸缝			
			假饰面砖墙面					
	2072～2114	装饰抹灰	水刷石	水刷豆石	砖砼墙、毛石墙、柱面、零星	$100m^2$	清扫修补、润墙、备料、刷石工艺、清扫、（干粘石工艺）	含门窗洞侧块
				水刷白石子				
				水刷玻璃渣				
			干粘石	白石子				
				玻璃渣				
			干粘石粘结层换算		（不同的砂浆、胶料）	$100m^2$	清扫修补、润面备料、刷浆找平、斩石〔水磨、拉条、甩毛〕工艺、清场	
			斩假石		墙（砖、砼毛石）、柱、零星			
			水磨石					
			抗条		［墙柱面］～砖墙、砼墙			
			甩毛					
			厚度嵌条换算					
	2115～2170	镶贴块料层	大理石	挂贴	砖、砼～墙、柱面	$100m^2$	清理修补、润面刷浆、找平层、［制发钢筋预埋件、块料加工挂装、灌］、贴面、擦缝洁面、打蜡养护	①圆弧、锯齿形等复杂性墙面、人工乘 1.15 系数 ②块料面层按实贴面积计算 ③主材单价允许调整 ④踢脚线高大于 0.3m 按墙裙，高大于 1.5m 按墙面
				拼碎	砖墙、砼墙			
				粘贴				
				干挂	内墙、外墙（密、勾缝）、柱面			
			花岗岩	挂贴	砖、砼～墙、柱面			
				拼碎	砖墙、砼墙			
				干挂	内墙、外墙（密、勾缝）、柱面			
			汉白玉		砖墙、砼墙、砖柱、砼柱			
			蓝田玉					
			预制水磨石					
			凹凸假麻石块		墙面（裙）、柱面			
			马赛克		墙面（裙）、梁柱面、零星			
			瓷板		墙面（裙）、池槽及其它			
			无釉面砖		墙面（裙）、零星～密、缝 10、缝 20			
			金属面砖		墙面～密缝、缝 10、缝 20			
			劈离砖					

续 表

分部(章)	定额编号	项目			细目、子目、步距	计量单位	工作内容	说明
二、墙柱面工程	2171～2241	饰面、隔墙、隔断	不锈钢（黄铜）饰面	圆柱	木龙骨、钢龙骨	100m²	定位弹线、加工安装、预埋、刷防腐油、铺钉粘贴、洁面清理。	①主材单价可以调整 ②轻钢、铝合金龙骨耗量可换算，人工、机械不变 ③木材材种不同，可按规定增加人工（隔墙系数1.2、墙裙1.4）
				方柱	ϕ800mm 内、外			
			茶色玻璃幕墙		铝合金（古铜色、金黄色）			
			玻璃隔墙		铝合金			
			硬木板条墙面、墙裙					
			硬木条吸音、内墙面					
			石膏板隔音墙					
			竹片内墙面					
			丝绒		（贴）墙面（裙）			
			人造革		［木龙骨、夹板］包柱面、贴墙面（裙）			
			塑料板		［木龙骨、无夹板］、钉墙面（裙）			
			胶合板					
			镜面玻璃		［木龙骨、夹板］、钉墙面（裙）梁柱面 ［砂浆面上］～粘贴			
			镭射玻璃					
			镁铝曲板		柱面			
			电化铝板		墙面			
			铝合金装饰板		外墙面、内墙面（裙）			
			石膏板隔墙	轻钢骨架	单面、双面			
				木骨架				
				石膏龙骨	有无隔音～带否棉毡			
			玻璃砖隔断					
			铝合金板隔断					
			隔墙（间壁）	活动塑料				
				板条	方木、圆木～单面、双面			
				钢板网	单面、双面			
				胶合板				
				纤维板				
				刨花板	方木～单面、双面			
				薄板				
				玻璃	全玻、半玻			
			浴厕木隔断		（含小门）			
			石棉板墙		木架上、钢架上			
			石棉瓦墙		砼柱上、钢架上、木柱上			
			隔断	菱镁板				
				碳化板				
				珍珠岩板				
				菱苦土板				
			护壁板	刨花板	带压条、不带压条			
				镀锌铁皮				
				木丝板				
				吸音板				
				胶合板纤维板				
			粘贴柚木皮					

续 表

分部（章）	定额编号	项目			细目、子目、步距	计量单位	工作内容	说明
三、天棚工程	3001～3021	砂浆面层	砼基面	石灰砂浆	现浇面、预制板面	100m²	清理修补、备料找平、罩面压光、清场养护	①工程量为主墙间净面积；非平面按展开面 ②抹灰厚度不调整
				水泥砂浆				
				拉　毛	现浇、预制～石灰砂浆、混合砂浆			
				一次抹灰	石灰砂浆、混合砂浆			
				板底勾缝	水泥砂浆、混合砂浆			
			钢板网天棚		混合砂浆底面			
			板条及其它木质面		石灰砂浆（二、三、四遍）			
			装　饰　线		三道内、五道内	100m		
	3022～3081	天棚骨架	半圆木龙骨		墙上、薄板下～跨 3m 内、4m 内	100m²	定位弹线、配料加工、预埋安装、调整清场、（木结构含防腐）	①规格不符可调整材料 ②平面为一级、高差 200mm 以上、为二级或三级
			方木龙骨		屋架砖墙、砼板梁下～3.4m 与双层楞			
			U 型轻钢龙骨		300×300 上人、～450×450～一级、 不上人 600×600 二、三级 600 以上			
			T 型铝合金龙骨					
			铝合金	方　板	嵌入、浮搁～上人、不上人～500、600、600 以上			
				轻型方板	500、600、600 以上、			
				条板龙骨	中型、轻型			
				格片式龙骨	(a)100、150mm			
	3082～3125	天棚面层及饰面	板　条			100m²	定位弹线、加工安装、清场	①主材单价可以调整；材质不同可以换算 ②工程量与基层相同（龙骨）
			薄　板					
			胶合板					
			水泥压木丝板					
			胶压刨花木屑板					
			吸音板					
			埃特板					
			玻璃纤维板					
			塑料板					
			钢板网					
			铝板网		[龙骨上]搁置、钉装			
			铝塑板		粘贴砼板下、龙骨底			
			矿棉板		粘贴砼板下、搁放龙骨上			
			钙塑板		安在 U 型轻钢龙骨上、T 型铝合金龙骨上			
			石膏板					
			防火胶板		贴在木龙骨上			
			竹　片					
			不锈钢板					
			镜面玲珑胶板					
			镜面玻璃					
			宝丽板					
			柚木夹板					
			隔音板					
			铝合金	条　板	闭缝、开缝			
				方　板	嵌入、浮搁			
			铝栅假天棚					
			铝骨架铭条天棚		雨篷底吊置			
			铝合金扣板		天棚、雨篷			
			采光天棚	中空玻璃	铝结构、钢结构			
				钢化玻璃				
			木方格吊顶天棚					
			天棚风口		柚木、铝合金～送风口、回风口	10 个		

续 表

分部(章)	定额编号	项目		细目、子目、步距	计量单位	工作内容	说明
四、门窗工程	4001～4027	铝合金门窗制作安装	单扇地弹门	带上亮、无上亮（无侧亮 带侧亮）	100m²	放样配料、加工制作、安装校正、玻璃配件、清场。	①按设计洞口面积计算工程量 ②主材规格、单价可调整 ③场外运费按地方规定。
			四扇地弹门				
			双扇地弹门				
			双扇全玻地弹门	（带上亮、无侧亮）			
			单扇平开门	无上亮、带上亮、带顶窗			
			单扇平开窗				
			双扇平开窗				
			推 拉 窗	二、三、四扇～带亮、不带亮			
			固 定 窗	39 系列、25.4×101.5			
			不锈钢片包门框	木龙骨、钢龙骨			
			铝合金门窗安装	地弹门、双扇地弹门、平开门、推拉窗、固定窗、平开窗、防盗窗、百叶窗		清洞定位、预埋安装框扇、玻璃	①主材单价可调 ②卷闸门工程量为:(洞口高+0.6m)×玻璃洞口宽
		卷闸门	卷帘门安装	铝合金、电化铝合金、着色电化铝合金			
			电动装置		个		
			活动小门				
	4028～4055	彩板组角钢门窗安装	彩 板 门		100m²	配件、塞口清扫	③门窗形式见定额附表
			彩 板 窗				
			附 框		100m		
		塑料门安装		带亮、不带亮	100m²		
		塑料窗安装					
		钢门窗安装	普通钢门	单层、带纱			
			普通钢窗				
			钢 天 窗				
			组合钢窗				
			钢防盗门				
			钢门窗安玻璃				
五、油漆、涂料工程	5001～5165	木材面油漆	底油一遍、刮腻子、调和漆二遍	单层木门、单层木窗、木扶手、其它	100m²	清底层砂、披腻、分层刷油	①木扶手以100m计量 ②木材面油漆工程量为：构(配)件实际面积×调整系数 ③调整系数见定额说明及规则 ④不同颜色不予调整换算
			底油一遍、刮腻子、调和漆三遍				
			润油粉、刮腻子、调和漆三遍				
			底油一遍、刮腻子、调和漆二遍、磁漆一遍				
			润油粉、刮腻子、调和漆二遍、磁漆一遍				
			润油粉、刮腻子、调和漆一遍、磁漆二遍				
			润油粉、刮腻子、调和漆一遍、磁漆三遍				
			润油粉、石膏油腻子二遍、调和漆三遍、磁漆面				
		每增加一遍	调 和 漆				
			清 漆				
			醇酸磁漆				
			醇酸清漆				
			聚氨酯漆				
			色聚氨酯漆				
			润油粉、刮腻子、聚氨酯漆二遍				
			润油粉、刮腻子、聚氨酯漆三遍				
			刷底油、刮腻子、聚氨酯漆二遍				
			刷底油、刮腻子、色聚氨酯漆三遍				
			刷底油、油色、清漆二遍				
			润油粉、刮腻子、油色、清漆二遍				

续 表

分部(章)	定额编号	项目		细目、子目、步距	计量单位	工作内容	说明
五、油漆、涂料工程	5001～5165	木材面油漆	润油粉、刮腻子、油色、清漆三遍		100m²	清底层砂、刮腻、分层刷油	①木扶手以100m计量 ②木材面油漆工程量为：构(配)件实际面积×调整系数 ③调整系数见定额说明及规则 ④不同颜色不予调整换算
			润油粉、刮腻子、油色、清漆四遍、出亮				
			润油粉、刮腻子、硝基清漆、磨退出亮				
			润水粉、刮腻子、漆片、硝基清漆、磨退出亮				
			润油粉二遍、刮腻子、漆片、硝基清漆、磨退出亮				
			润油粉、满腻子、醇酸清漆一遍、丙烯酸清漆三遍出亮				
		过氯乙烯	单层木门	五遍成活，每增加一遍（底漆 磁漆 清漆）			
			单层木窗				
			其它木材面				
			木 扶 手				
			底油一遍，熟桐油一遍	单层木窗 单层木窗 木 块 手 其 他			
			底油一遍，熟桐油二遍				
			熟桐油二遍				
			润油粉、刮腻子、防火漆二遍				
			熟桐油、色底油、广(生)漆二遍				
		木地板	满刮腻子、地板漆二遍				
			底油、地板漆二遍				
			烫硬蜡(润水粉、本色)				
			油粉一遍、漆片二遍、擦蜡				
			润油粉二遍、油色、漆片、擦软蜡				
			润油粉、油色、清漆二遍				
			底油、油色、清漆二遍				
		防火漆	二 遍	隔墙、隔断、护型木龙骨(单向双间) 圆柱、方柱木龙骨 木地板、木龙骨及带毛地板 天棚骨架(圆木、方木)			
			每增二遍				
		木材面刷臭油水		一 遍			
	5166～5193	金属面油漆	调和漆	二遍、每加一遍	10m²	清洗除锈及刷漆工艺全过程、清场	①其它金属面按重量(t)计量 ②工程量=实际工程量×折算系数
			醇酸磁漆				
			过氯乙烯漆	五遍、每加一遍(底砖清) 单层钢门窗、其它金属面(t)			
			红丹防锈漆	一遍			
			银粉漆	二遍			
			防火漆	二遍			
			沥青漆	三遍、每加一遍 平板屋面、其它金属面(t)			
			刷臭油水	一遍 金属面			
			磷化底漆及锌化底漆	各一遍 平板屋面			
	5194～5211	抹灰面油漆	调和漆 墙、柱、天棚 拉毛面	底油一遍、调和漆三遍	100m²	清扫、备浆、刮腻磨砂、油刷工艺、清场	
			调和漆 墙、柱、天棚	底油一遍、调和漆二遍			
				每增加一遍调和漆			
			乳胶漆 抹灰面	二、三遍			
			乳胶漆 拉毛面	二遍			
			乳胶漆 砖墙面				
			乳胶漆 砼花格窗、栏杆、苑饰				
			乳胶漆 阳台、雨篷、窗间墙、隔板等小面积				
			乳胶漆 清水墙腰线、檐口线、门窗套、窗台板				
			水性水泥漆	抹灰面			
			过氯乙烯	五遍成活、每加一遍(底、磁、清漆)			
			油漆面画石纹				
			抹灰面做假木纹				

续 表

分部（章）	定额编号	项目			细目、子目、步距	计量单位	工作内容	说明
五、油漆、涂料工程	5212～5266	涂料裱糊	喷塑	墙、柱、梁面	一塑三油～大压花、中压花喷中点（幼点）、平面	100m²	清扫、配浆、刮腻、磨砂、喷涂（刷）等裱糊饰面工艺、清场	①不分手工、机械操作、执行统一基价 ②单价已改滤同一平面的分色 ③工程量与相应标准装饰工程的计算相同（楼地面、天棚、墙柱梁面）
				天棚				
			喷（刷）涂料	外墙涂料	砖、砼、加气砼 JH801			
				仿瓷涂料	二遍			
				多彩涂料	（抹灰面）三遍、每加一遍（底、中）			
				彩色喷涂	抹灰墙、砼墙			
				砂胶涂料	墙柱面、天棚			
				106 涂料	抹灰面			
				803 涂料				
				107 胶水泥	彩色地面			
				777 涂料	席纹地面			
				177 涂料	乳液罩面			
				刷白水泥二遍	抹灰面（光面、毛面）、砼栏杆花饰、阳台雨篷栏杆等小面积			
				刷石灰油浆二遍				
				抹灰面	石灰浆三遍、石灰大白浆三遍、刮腻大白浆三遍			
				清水墙、腰线、门窗套、窗台板	檐口线：白水泥浆三遍、石灰浆二遍、红土子浆一遍			
				抹灰面	普通小泥浆、刮腻可赛银浆三遍			
				砼面	刮石膏腻二遍 大白腻二遍、大白泉三遍			
			裱糊	墙纸	对花、不对花　墙面 柱面 天棚			
				金属墙纸				
				织绵缎				
六、其他工程	6001～6005	招牌		平面招牌	木结构、钢结构～一般、复杂	10m²	放样、配料、加工安装及固定	招牌面层另计、按天棚定额×0.8
				箱式招牌	钢结构　矩形、异形～厚 500 内、500 外	10m³		
				竖式招牌	钢结构　矩形、异形～厚 400 内、400 外			
		美术字		泡沫塑料有机玻璃	0.2m² 内、0.5m² 内、1.0m² 内～砼面、砖墙、其它	10 个	编排、安装、固定	字体加工另计
				木质字				
				金属字				
		压条、装饰条		压条	木条、金属条	100m	定位配料、安装固定	
				金属装饰条	角线、槽线			
				木装饰条	三道内、外～宽 25mm 内、外			
				木装饰压角遍	大、小～宽 30 内外、60 内外			
				其它材料	硬塑料、石膏、镜面玻璃、铝镁曲板			
	6056～6088	零星装饰		暖气罩	柚木板、塑料板、木夹板、铝合金、钢板～挂板式、平墙式、明式	10m²	预埋、配料、制作、安装、清理	
				硬木窗台板	厚 25mm	100m²		
				硬木筒子板	带木筋、不带木筋			
				窗帘盒	硬木（单双轨）、塑料（无轨）	100m		
				铝合金窗帘轨	明装（单、双轨）			
				铜筋窗帘杆	双轨			
				挂镜线	硬木、金属、塑料			
				挂镜点		100 个		
				镜面玻璃	每 1m² 内外～带柜、不带柜	10m²		
				大理石洗漱台	单孔、双孔	个		
				盥洗室镜箱	木、塑料	10m²/100 个		
				帘子杆	金属	100 个（根）		
				浴缸拉手				
				毛巾棍	不锈钢、壁料			

续表

分部(章)	定额编号		项目	细目、子目、步距	计量单位	工作内容	说明
六、其他工程	6080～6100	柜类	柜台	带柜、不带柜　两面、四面玻璃	m	配料、制作、安装、玻璃、配件、清理	主材可按实调整
			货架	带柜、不带柜	10m²		
			高货架	单面、双面	10m²		
			酒吧台	1000×1150×450	m		
			酒吧吊柜	1070×1200×315	m		
			服务台	1000×960×450	m		
			收银台		m²		
	6010～6100	铲除	楼地面铲除	预制块(水磨石、大理石、花岗岩)、缸砖与地砖、马赛克与瓷砖、水泥砂浆	100m²	铲除、清理、运出室外30m内	楼梯套楼地面×1.40
			天棚铲灰壳	砼、板条、钢板网(基层)			
			墙面铲除	砖墙、砼墙、板条墙～石灰砂浆、混合砂浆、水泥砂浆			
			钢板网墙铲灰壳				
			墙裙铲除	瓷板(砖)、马赛克			
			旧门窗铲油皮	木门窗、钢门窗			

附录十五

《全国统一建筑装饰工程预算定额》摘录

(一)彩釉砖、水泥花砖

工程内容:清理基层、调制水泥砂浆、刷素水泥浆、锯板磨边、贴面层、擦缝、清理净面　　单位:100m²

	定额编号			1065	1066	1067	1068
	项目			彩釉砖			
				楼地面(每块周长在mm以内)			楼梯
				600	800	1200	
	名称	单位	单价	数量			
	基价	元	—	2907.00	3370.32	3853.38	4797.19
其中	人工费	元	—	424.52	361.52	318.26	1196.79
	材料费	元	—	2453.85	2980.17	3506.49	3518.36
	机械费	元	—	28.63	28.63	28.63	82.04
	综合人工	工日	10.50	40.43	34.43	30.31	113.98
材料	彩釉砖　150×150	m²	21.97	102.00	—	—	—
	彩釉砖　200×300	m²	27.13	—	102.00	—	—
	彩釉砖　300×200	m²	32.29	—	—	102.00	—
	彩釉砖　200×100	m²	21.97	—	—	—	145.00
	水泥砂浆1∶2	m³	139.98	1.10	1.10	1.10	1.50
	白水泥	kg	0.46	10.00	10.00	10.00	14.00
	素水泥浆	m³	294.32	0.10	0.10	0.10	0.14
	棉纱头	kg	3.74	1.00	1.00	1.00	1.40
	锯木屑	m³	8.69	0.60	0.60	0.60	0.82
	石料切割锯片	片	48.03	0.32	0.32	0.32	1.29
	水	m³	0.22	2.60	2.60	2.60	3.50
机械	砂浆搅拌机	台班	10.17	0.18	0.18	0.18	0.25
	(塔式起重机)	台班	146.86	(0.16)	(0.16)	(0.16)	(0.22)
	卷扬机	台班	31.33	0.36	0.36	0.36	0.52
	石料切割机	台班	12.32	1.26	1.26	1.26	5.13

工程内容：清理基层、调制水泥砂浆、刷素水泥浆、锯板磨边、贴面层、擦缝、清理净面　　单位：100m²

定额编号				1069	1070	1071	1072
项　目				彩铀砖		水泥花砖	
				台阶	踢脚板	楼地面	台阶
名称		单位	单价	数　量			
基价		元	—	4820.13	3278.99	1254.07	2215.62
其中	人工费	元	—	952.04	791.91	246.65	624.54
	材料费	元	—	3803.25	2458.45	970.80	1519.34
	机械费	元	—	64.84	28.63	36.62	71.74
综合人工		工日	10.50	96.67	75.42	23.49	59.48
材料	彩铀砖　200×100	m²	21.97	157.00	102.00	—	—
	水泥砂浆	m²	7.38	—	—	102.50	157.00
	水泥砂浆 1：2	m³	139.98	1.63	1.10	1.10	1.63
	白水泥	kg	0.46	15.00	20.00	10.00	15.00
	素水泥浆	m³	294.32	0.15	0.10	0.10	0.15
	棉纱头	kg	3.74	1.50	1.00	1.00	1.50
	锯木屑	m³	8.69	0.89	0.60	0.60	0.89
	石料切割锯片	片	48.03	1.26	0.32	0.35	1.40
	水	m³	0.22	4.00	2.60	2.60	4.00
机械	砂浆搅抖机	台班	10.17	0.27	0.18	0.18	0.27
	（塔式起重机）	台班	146.86	—	（0.16）	（0.24）	—
	卷扬机	台班	31.33	—	0.36	0.56	—
	石料切割机	台班	12.32	5.04	1.26	1.40	5.60

（二）陶瓷锦砖（马赛克）

工程内容：清理修补基层表面、打底抹灰、塌饼、弹线、选料镶贴面层、修嵌缝隙及调运砖隙、刷水泥浆、清洁表面等全部操作过程　　单位：100m²

定额编号				2151	2152	2153	2154
项　目				墙面、墙裙		柱（梁）面	
				马赛克	玻璃马赛克	方柱贴马赛克	方柱贴玻璃马赛克
名称		单位	单价	数量			
基价		元	—	2893.09	2604.66	3169.84	2787.10
其中	人工费	元	—	702.87	784.67	950.78	897.54
	材料费	元	—	2164.32	1797.12	2200.44	1877.14
	机械费	元	—	25.90	22.87	18.62	12.42
综合人工		工日	10.50	66.94	74.73	90.55	85.48
材料	水泥砂浆 1：3	m³	114.84	1.33	1.56	1.40	1.63
	水泥砂浆 1：2	m³	139.98	0.51	—	—	—
	混合砂浆 1：0.2：2	m³	135.72	—	0.82	—	0.86
	混合砂浆 1：1：2	m³	118.01	0.31	—	0.32	—
	素水泥浆	m³	294.32	0.10	—	0.11	—
	白水泥浆	m³	691.03	—	0.10	—	0.11
	白水泥	kg	0.46	26.00	26.00	27.00	—
	马赛克（陶瓷锦砖）	m²	17.93	102.00	—	107.00	—
	玻璃马赛克	m²	13.58	—	102.00	—	107.00
	107 胶	kg	1.55	16.00	20.56	19.13	22.68
	水	m³	0.22	3.47	3.61	3.51	3.79
	棉纱头	kg	3.74	1.00	1.00	1.10	1.10
	其它材料费	元	—	4.06	4.06	4.06	4.06
机械	砂浆搅拌机	台班	10.17	0.36	0.40	0.29	0.42
	（塔式起重机）	台班	146.86	（0.29）	（0.25）	（0.21）	（0.63）
	卷扬机	台班	31.33	0.71	0.60	0.50	0.26

注：柱圆形、多边形人工乘以系数 1.159。

(三)无釉面砖

工程内容：清理修补基层、打底抹灰、选料、镶贴面，修嵌缝隙及调运砂浆、清洁表面　　单位：100m²

定额编号				2159	2160	2161
项目				墙面、墙裙		
				面砖密缝	面砖灰缝 10mm 内	面砖灰缝 20mm 内
名称		单价	单位	数量		
基价		元	—	6105.68	5345.58	4717.71
其中	人工费	元	—	667.28	738.26	738.26
	材料费	元	—	5415.94	4583.10	3948.75
	机械费	元	—	22.46	24.22	30.70
综合人工		工日	10.50	63.55	70.31	70.31
材料	水泥砂浆 1∶3	m³	114.84	0.89	0.89	0.89
	水泥砂浆 1∶1	m³	180.75	—	0.16	0.26
	混合砂浆 1∶0.2∶2	m³	135.72	1.22	1.22	1.22
	素水砂浆	m³	294.32	0.10	0.10	0.10
	YJ320 型粘结剂	kg	12.14	15.44	14.29	13.48
	107 胶	kg	1.55	2.10	2.10	2.10
	面砖 150×75	千块	540.00	9.11	7.54	6.35
	水	m³	0.22	3.73	3.73	3.73
	棉纱头	kg	3.74	1.00	1.00	1.00
	其它材料费	元	—	4.06	4.06	4.06
机械	砂浆搅拌机	台班	10.17	0.36	0.38	0.40
	(塔式起重机)	台班	146.86	(0.24)	(0.27)	(0.35)
	卷扬机	台班	31.33	0.60	0.65	0.85

(四)天棚骨架

工程内容：1. 定位、弹线、射钉、膨胀螺栓及吊筋安装。
2. 选料、下料组装、吊装。
3. 安装龙骨及横撑、临时固定。
4. 预留空洞、安、封边龙骨。
5. 调整、校正。

单位：100m²

定额编号				3078	3079	3080	3081
项目				铝合金条板天棚龙骨		铝合金格片式天棚龙骨	
				中型	轻型	间距(mm)	
						100	150
名称		单位	单价	数量			
基价		元	—	1402.81	1384.57	664.05	646.77
其中	人工费	元	—	224.28	226.59	150.15	134.82
	材料费	元	—	1176.65	1156.10	512.02	510.07
	机械费	元	—	1.88	1.88	1.88	1.88
综合人工		工日	10.50	21.36	21.58	14.30	12.84
材料	铝合金大龙骨 T 型 h=45	m	5.64	97.28	97.28	—	—
	铝合金条板龙骨 h=35	m	4.27	94.38	94.38	101.88	101.88
	主接件	个	0.88	42	42	—	—
	铝合金大龙骨垂直吊挂件	个	0.78	83	83	—	—
	铝合金条板龙骨吊挂件	个	0.13	83	83	75	60
	吊筋	kg	2.56	12.95	4.92	0.20	0.20
	预埋铁件	kg	2.56	22	22	20	20
	螺帽	百个	1.19	4.12	4.12	—	—
	半圆头螺丝	百个	1.14	0.83	0.83	—	—
	射钉	百个	20.70	0.83	0.83	0.75	0.75
机械	(塔式起重机)	台班	—	(0.04)	(0.04)	(0.04)	(0.04)
	卷扬机	台班	—	0.06	0.06	0.06	0.06

（五）天棚面层及饰面

工程内容：安装天棚面层　　　　单位 100m²

定额编号				3110	3111	3112	3113
项目				铝合金条板		铝合金方板	
				闭缝	开缝	嵌入式	浮搁式
名称		单位	单价	数量			
基价		元	—	8524.80	6300.71	5972.91	5360.09
其中	人工费	元	—	371.10	251.27	310.80	301.35
	材料费	元	—	8147.43	6045.05	5657.72	5054.35
	机械费	元	—	6.27	4.39	4.39	4.39
综合人工		工日	10.50	35.34	23.93	29.60	28.70
材料	铝合金条板	m²	62.71	87.90	87.90	—	—
	铝合金方板 0.8mm	m²	50.08	—	—	100.00	100.00
	铝合金靠墙条板	m	11.15	29.17	29.17	—	—
	铝合金插缝板	m²	48.23	43.02	—	—	—
	铝合金靠墙方板	m²	120.57	—	—	—	5.00
	纸面石膏板 9mm	m²	9.27	—	—	5.00	—
	接插件	个	0.60	346.00	346.00	—	—
	膨胀螺丝 M8×75	百个	43.00	0.64	—	1.09	—
机械	（塔式起重机）	台班	146.86	(0.01)	(0.06)	(0.06)	(0.06)
	卷杨机	台班	31.33	0.20	0.14	0.14	0.14

（六）铝合金门窗安装

工程内容：现场搬运、安装框扇、校正、安装玻璃及配件、周边塞口、清扫等　　　　单位：100m²

定额编号				4028	4029	4030	4031
项目				地弹门	双扇全玻地弹门	平开门	推拉窗
名称		单位	单价	数量			
基价		元	—	(4898.32)	(5076.71)	(7318.28)	5851.27)
其中	人工费	元	—	913.61	1092.00	777.00	794.96
	材料费	元	—	(3839.35)	(3938.35)	(6494.92)	(5009.35)
	机械费	元	—	46.36	46.36	46.36	46.36
综合人工		工日	10.50	87.01	104.00	74.00	75.71
材料	平板玻璃 6mm	m²	15.84	110.00	100.00	100.00	100.00
	玻璃胶	支	6.13	43.70	43.70	59.48	50.20
	密封毛条	m	2.32	151.56	151.56	—	413.29
	密封胶条	m	2.75	—	—	606.44	—
	地脚	个	1.27	391.00	391.00	724.00	498.00
	膨胀螺栓	套	1.14	781.20	781.20	1448.70	995.60
	螺钉	百个	4.30	8.68	8.68	—	—
	密封油膏	kg	1.50	27.63	27.63	52.51	36.67
	软填料	kg	7.85	31.77	31.77	24.54	39.75
	不锈钢全玻地弹门	m²	（ ）	96.68	96.68	—	—
	铝合金平开门	m²	（ ）	—	—	92.51	—
	铝合金推拉窗	m²	（ ）	—	—	—	94.64
	不锈钢上、下帮	m	（ ）	—	47.11	—	—
	其它材料费	元	—	19.55	19.55	36.20	24.90
机械	安装综合机械	元	—	2.50	2.50	2.50	2.50
	（塔式起重机）	台班	146.86	(0.56)	(0.56)	(0.56)	(0.56)
	卷扬机	台班	31.33	1.40	1.40	1.40	1.40

(七)卷闸门安装

工程内容:卷闸门、支架、直轨、附件、门锁安装、试无等全部操作过程

单位:100m²

定额编号				4036	4037	4038
项目				铝合金	电化铝合金	着色电化铝合金
名称		单位	单价	数量		
基价		元	—	27375.81	31275.81	34275.81
其中	人工费	元	—	699.30	699.30	699.30
	材料费	元	—	26614.02	30514.02	33514.02
	机械费	元	—	62.49	62.49	62.49
综合人工		工日	10.50	66.60	66.60	66.60
材料	铝合金卷闸门	m^2	259.00	100.00	—	—
	电化铝合金卷闸门	m^2	298.00	—	100.00	—
	着色电化铝合金卷闸门	m^2	328.00	—	—	100.00
	连接固定件	kg	3.20	28.80	28.80	28.80
	膨胀螺栓	套	1.14	530	530	530
	电焊条	kg	3.49	5.06	5.06	5.06
机械	电焊机	台班	65.78	0.95	0.95	0.95

(八)喷 塑

工程内容:清扫、清铲、执补墙面、门窗框贴粘合带、遮盖门窗口、调制、刷底油、喷塑、胶辘、压平、刷面油等全部操作过程

单位:100m²

定额编号				5212	5213	5214	5215
项目				墙、柱、梁面			
				一塑三油			
				大压花	中压花	喷中点、幼点	平面
名称		单位	单价	数量			
基价		元	—	1155.82	954.10	846.88	485.81
其中	人工费	元	—	119.70	107.63	97.34	56.07
	材料费	元	—	974.13	790.92	699.21	429.43
	机械费	元	—	61.99	55.55	50.33	0.31
综合人工		工日	10.50	11.40	10.25	9.27	5.34
材料	底层巩固剂	kg	10.61	21.75	17.10	15.07	8.70
	中层涂料	kg	2.26	142.50	93.10	65.61	—
	面层高光面油	kg	9.46	43.20	40.85	40.00	35.19
	水	kg	0.22	0.20	0.20	0.20	0.10
	其它材料费	元	—	12.60	12.60	12.60	4.20
机械	卷扬机	台班	31.33	0.04	0.03	0.02	0.10
	电动空气压缩机	台班	31.85	0.99	0.89	0.81	—
	灰浆泵	台班	29.50	0.99	0.89	0.81	—

（九）裱　糊

工程内容：清扫、执补、刷底油、刮腻子、磨砂纸、配制贴面材料、裱糊刷胶、裁墙纸(布)、贴装饰面等全部操作过程。

单位：100m²

定额编号				5255	5256	5257	5258
项目				墙面贴装饰纸			
				墙纸		金属墙纸	织锦缎
				不对花	对　花		
名称		单位	单价	数量			
基价		元	—	1058.02	1107.69	2089.59	3495.42
其中	人工费	元	—	195.62	209.16	209.16	240.56
	材料费	元	—	862.40	898.53	1880.43	3254.86
	机械费	元	—	—	—	—	—
综合人工		工日	10.50	18.63	19.92	19.92	22.91
材料	墙纸	m²	6.24	110.00	115.79	—	—
	金属墙纸	m²	14.72	—	—	115.79	—
	织绵缎(连裱宣纸)	m²	26.59	—	—	—	115.97
	酚醛清漆	kg	6.99	7.00	7.00	7.00	7.00
	聚醋酸乙烯乳液	kg	3.75	25.10	25.10	25.10	25.10
	油漆溶剂油	kg	1.26	3.00	3.00	3.00	3.00
	羧甲基纤维素	kg	8.67	1.65	1.65	1.65	1.65
	大白粉	kg	0.30	23.50	23.50	23.50	23.50
	其它材料费	元	—	7.80	7.80	7.80	7.80

（十）招牌基础

工程内容：包括下料、刨光、放样、裁料、组装、焊接成品、矫正、安装成型、清理等全部操作过程

单位：10m²

定额编号				6001	6002	6003	6004
项目				平面招牌			
				木结构		钢结构	
				一般	复杂	一般	复杂
名称		单位	单价	数量			
基价		元	—	604.03	695.40	655.23	772.94
其中	人工费	元	—	43.26	52.61	76.97	89.67
	材料费	元	—	554.61	635.98	528.50	628.72
	机械费	元	—	6.16	6.81	49.76	54.55
综合人工		工日	10.50	4.12	5.01	7.33	8.54
材料	一等杉方	m³	1498.84	0.288	0.31	0.134	0.155
	角钢 40×3	kg	1.62	—	—	118.30	130.17
	铁件	kg	2.90	—	—	6.66	7.37
	铁钉	kg	4.37	4.31	4.79	—	—
	镀锌白铁皮	m²	22.30	1.99	1.99	1.99	1.99
	膨胀螺栓	套	1.14	51	51	51	51
	电焊条	kg	3.49	—	—	3.30	3.60
	玻璃钉瓦	m²	13.49	—	0.99	—	0.99
	一等杉薄板	m³	634.00	—	0.02	—	0.02
	瓦钩钉带垫	个	0.18	—	112	—	112
	其它材料费	元	—	1.59	1.70	2.66	2.87
机械	圆锯机	台班	31.73	0.04	0.04	0.02	0.02
	压刨机	台班	23.89	0.17	0.19	0.11	0.12
	电焊机	台班	56.33	—	—	0.80	0.88
	手提电钻	台班	1.76	0.47	0.57	0.59	0.59

续 表

工程内容：包括放样、裁料、组装、焊接成品、矫正、安装固定等全部操作过程

单位：$10m^2$

定额编号				6005	6006	6007	6008
项目				箱式招牌			
				钢结构			
				厚 500 以内		厚 500 以外	
				矩形	异形	矩形	异形
名称		单位	单价	数量			
基价		元	—	3230.97	3483.97	2190.45	2399.48
其中	人工费	元	—	394.38	432.81	282.87	310.49
	材料费	元	—	2600.83	2793.23	1736.88	1902.14
	机械费	元	—	235.76	257.93	170.70	186.85
综合人工		工日	10.50	37.56	41.22	26.94	29.57
材料	角钢 40×3	kg	1.62	493.60	543.00	350.00	385.10
	钢拉杆	kg	2.90	116.90	128.60	89.96	97.97
	铁件	kg	2.90	17.17	17.17	10.71	10.81
	镀锌白铁皮	m^2	22.30	12.93	14.31	8.06	9.01
	玻璃钢瓦	m^2	13.49	9.87	10.82	6.20	6.72
	膨胀螺栓	套	1.14	122	122	82	82
	电焊条	kg	3.49	16.70	18.40	12.00	12.00
	一等杉方	m^3	1498.84	0.45	0.46	0.31	0.34
	一等松薄板	m^3	634.00	0.178	0.199	0.16	0.018
	瓦钩钉带垫	kg	0.18	10.91	12.04	6.83	7.55
	其它材料费	元	—	4.25	4.67	3.19	3.50
机械	电焊条	台班	56.83	3.95	4.34	2.85	3.13
	手提电钻	台班	1.76	1.80	1.80	1.80	1.80
	圆锯机	台班	31.73	0.06	0.06	0.04	0.04
	压刨机	台班	23.89	0.26	0.26	0.18	0.19

主要参考书目

1. 夏秀荣、郝书魁主编:《建筑装饰工程预结算》,同济大学出版社,1993年。
2. 任玉峰、刘金昌主编:《建筑装饰工程预算与投标报价》,中国建筑工业出版社,1993年。
3. 李子俊主编:《室内装饰工程预结算》,青岛海洋大学出版社,1993年。
4. 陈宪仁主编:《建筑装饰工程定额与预算》,河海大学出版社,1994年。
5. 史春珊主编:《建筑装饰工程预算》,辽宁科学技术出版社,1995年。
6. 湖南省建委编:《全国统一建筑装饰工程预算定额》,中国计划出版社,1993年。